高黎贡山蚂蚁图鉴

西南林业大学生物多样性保护学院
云南高黎贡山国家级自然保护区保山管护局
云南高黎贡山国家级自然保护区怒江管护局
组织编写

徐正会　等／著

中国林业出版社

内容简介

　　本书介绍了蚂蚁的基本知识和形态特征，回顾了高黎贡山蚂蚁研究历史，修订了以往研究中的错误，汇总了以往研究成果，分析了区系特征，探讨了物种多样性特点及其成因，以图鉴形式记录高黎贡山已知蚂蚁 11 亚科 67 属 245 种。书中物种记述部分依次介绍其分类地位、工蚁的形态特征、生态学特性及彩色图片。书后附有高黎贡山已知蚂蚁名录及其地理分布，方便读者和研究人员参考。该书首次提供了高黎贡山蚂蚁系统的物种及生态学本底资料，对认识我国横断山区蚂蚁区系及高黎贡山生物多样性保护具有重要参考价值。本书适合生物学领域的大专院校师生、科研人员、自然和生物多样性保护工作者、蚂蚁爱好者和青少年读者阅读参考。

图书在版编目（CIP）数据

高黎贡山蚂蚁图鉴 / 西南林业大学生物多样性保护
学院, 云南高黎贡山国家级自然保护区保山管护局, 云南
高黎贡山国家级自然保护区怒江管护局组织编写 ; 徐正
会等著. -- 北京 : 中国林业出版社, 2022.12

ISBN 978-7-5219-1951-6

Ⅰ. ①高… Ⅱ. ①西… ②云… ③云… ④徐… Ⅲ.
①蚁科－保山－图集 Ⅳ. ①Q969.554.2-64

中国版本图书馆CIP数据核字(2022)第205980号

中国林业出版社·自然保护分社（国家公园分社）

责任编辑： 葛宝庆
装帧设计： 张　丽　刘临川
出　　版： 中国林业出版社（100009 北京市西城区刘海胡同 7 号）
　　　　　　http://www.forestry.gov.cn/lycb.html
电　　话： （010）83143612
发　　行： 中国林业出版社
印　　刷： 北京博海升彩色印刷有限公司
版　　次： 2022 年 12 月第 1 版
印　　次： 2022 年 12 月第 1 次
开　　本： 889mm×1194mm　1/16
印　　张： 19
字　　数： 534 千字
定　　价： 220.00 元

Pictorial Book of Ants of Mt. Gaoligong

Compiling Organizers

College of Biodiversity Conservation, Southwest Forestry University

Baoshan Administrative and Protective Bureau of Yunnan Gaoligong Mountain
National Nature Reserve

Nujiang Administrative and Protective Bureau of Yunnan Gaoligong Mountain
National Nature Reserve

by

Zheng-hui Xu et al.

China Forestry Publishing House

2022

《高黎贡山蚂蚁图鉴》
编委会

主　　编　徐正会（西南林业大学生物多样性保护学院，云南省森林灾害预警与控制重点实验室）

　　　　　　姜　明（云南高黎贡山国家级自然保护区保山管护局）

　　　　　　杨桂良（云南高黎贡山国家级自然保护区怒江管护局）

副 主 编　赵　玮（云南高黎贡山国家级自然保护区保山管护局）

　　　　　　何晓东（云南高黎贡山国家级自然保护区怒江管护局）

　　　　　　和金福（云南高黎贡山国家级自然保护区怒江管护局）

　　　　　　张新民（西南林业大学生物多样性保护学院，云南省森林灾害预警与控制重点实验室）

编写人员　赵梦乔（西南林业大学生物多样性保护学院，云南省森林灾害预警与控制重点实验室）

　　　　　　黄　钊（西南林业大学生物多样性保护学院，云南省森林灾害预警与控制重点实验室）

　　　　　　和玉成（西南林业大学生物多样性保护学院，云南省森林灾害预警与控制重点实验室）

　　　　　　杨　林（西南林业大学生物多样性保护学院，云南省森林灾害预警与控制重点实验室）

　　　　　　钱怡顺（西南林业大学生物多样性保护学院，云南省森林灾害预警与控制重点实验室）

　　　　　　陈　超（西南林业大学生物多样性保护学院，云南省森林灾害预警与控制重点实验室）

　　　　　　段加焕（西南林业大学生物多样性保护学院，云南省森林灾害预警与控制重点实验室）

　　　　　　刘　霞（西南林业大学生物多样性保护学院，云南省森林灾害预警与控制重点实验室）

　　　　　　何兴有（云南高黎贡山国家级自然保护区保山管护局）

　　　　　　张富有（云南高黎贡山国家级自然保护区保山管护局）

　　　　　　余新林（云南高黎贡山国家级自然保护区保山管护局腾冲分局）

　　　　　　唐建彦（云南高黎贡山国家级自然保护区保山管护局隆阳分局）

　　　　　　张映安（云南高黎贡山国家级自然保护区怒江管护局）

　　　　　　杨贵伟（云南高黎贡山国家级自然保护区怒江管护局）

　　　　　　杨贵成（云南高黎贡山国家级自然保护区怒江管护局）

　　　　　　施建雄（云南高黎贡山国家级自然保护区怒江管护局泸水管护分局）

　　　　　　何国成（云南高黎贡山国家级自然保护区怒江管护局泸水管护分局）

　　　　　　和晓阳（云南高黎贡山国家级自然保护区怒江管护局贡山管护分局）

Compiling Committee

Chief Editors

Zheng-hui Xu Key Laboratory of Forest Disaster Warning and Control in Yunnan Province, College of Biodiversity Conservation, Southwest Forestry University

Ming Jiang Baoshan Administrative & Protective Bureau of Yunnan Gaoligong Mountain National Nature Reserve

Gui-liang Yang Nujiang Administrative & Protective Bureau of Yunnan Gaoligong Mountain National Nature Reserve

Associate Editors

Wei Zhao Baoshan Administrative and Protective Bureau of Yunnan Gaoligong Mountain National Nature Reserve

Xiao-dong He Nujiang Administrative and Protective Bureau of Yunnan Gaoligong Mountain National Nature Reserve

Jin-fu He Nujiang Administrative and Protective Bureau of Yunnan Gaoligong Mountain National Nature Reserve

Xin-min Zhang Key Laboratory of Forest Disaster Warning and Control in Yunnan Province, College of Biodiversity Conservation, Southwest Forestry University

Compilers

Meng-qiao Zhao, Zhao Huang, Yu-cheng He, Lin Yang, Yi-shun Qian, Chao Chen, Jia-huan Duan, Xia Liu Key Laboratory of Forest Disaster Warning and Control in Yunnan Province, College of Biodiversity Conservation, Southwest Forestry University

Xing-you He, Fu-you Zhang Baoshan Administrative and Protective Bureau of Yunnan Gaoligong Mountain National Nature Reserve

Xin-lin Yu Tengchong Sub-bureau, Baoshan Administrative and Protective Bureau of Yunnan Gaoligong Mountain National Nature Reserve

Jian-yan Tang Longyang Sub-bureau, Baoshan Administrative and Protective Bureau of Yunnan Gaoligong Mountain National Nature Reserve

Ying-an Zhang, Gui-wei Yang, Gui-cheng Yang Nujiang Administrative and Protective Bureau of Yunnan Gaoligong Mountain National Nature Reserve

Jian-xiong Shi, Guo-cheng He Lushui Sub-bureau, Nujiang Administrative and Protective Bureau of Yunnan Gaoligong Mountain National Nature Reserve

Xiao-yang He Gongshan Sub-bureau, Nujiang Administrative and Protective Bureau of Yunnan Gaoligong Mountain National Nature Reserve

前言
PREFACE

蚂蚁是地球陆地上分布最广泛、种类和数量最多的社会性昆虫。除了地球的两极和高山的雪线以上的极寒冷区域外，陆地上几乎到处都有蚂蚁的踪迹。蚂蚁的种类很多，估计有2万种。蚂蚁的数量很大，估计地球上蚂蚁个体的总数在10^{15}头以上。蚂蚁起源于距今8000万年前的白垩纪中后期，与被子植物同步进化繁荣，可以为地球上1.1万种植物传播种子，还能捕食约10万种其他昆虫，所以在生态系统中具有重要功能。蚂蚁能够改良土壤、分解有机质、为植物授粉、散布植物种子、控制害虫数量等，一些蚂蚁种类还具有食用和药用价值，少数蚂蚁种类危害农作物或人类健康。因此，研究蚂蚁的区系及多样性对认识和利用其生态功能和防控有害蚂蚁十分必要。

大陆漂移过程中的喜马拉雅造山运动造就了南北走向的横断山系，高黎贡山位于横断山系最西边，是青藏高原向横断山区过渡地带，因为连接着东喜马拉雅地区、横断山地区和印度-缅甸地区3个生物多样性热点地区，其生物多样性高度富集，是世界生物圈保护区和具有国际意义的陆地生物多样性关键地区。高黎贡山从北到南绵延约600km，南北最大相对高差4918m，因海拔高差巨大，从河谷到山顶随着海拔升高，依次出现干热河谷、中北亚热带、暖温带、中温带、寒温带气候，并相应演化出热带季雨林、亚热带常绿阔叶林、落叶阔叶林、针叶林、灌丛、草丛、草甸7个山地垂直植被类型，成为保护生物气候垂直带谱自然景观、多种植被类型和多种珍稀及濒危动植物种类的森林和野生动物类型自然保护区，被誉为人类的"双面书架"。

高黎贡山动植物区系多样而独特，很早就引起国内外学者的关注。早在明代崇祯年间，著名地理学家徐霞客长途跋涉进入高黎贡山，对地貌和植被作了考察记述。1868—1932年，先后有多位西方动植物学家进入高黎贡山调查兽类、鸟类、两栖类、鱼类、昆虫和植物，采集了大量动植物标本并运回欧美的博物馆作研究。20世纪30年代开始，我国的研究所和大学的动植物学家着手研究高黎贡山的生物多样性，目前已记载高等植物4897种、兽类154种、鸟类419种、爬行类56种、两栖类21种、鱼类49种、昆虫1690种。

与其他动植物研究相比，高黎贡山蚂蚁区系和多样性的研究起步较晚。直至1992年唐觉和李参在《横断山区昆虫》中才首次记录分布于高黎贡山的第一种蚂蚁，该报道比最早的西藏蚂蚁研究晚了103年。之后，从2001年起，西南林业大学徐正会等连续开展了高黎贡山自然保护区蚂蚁区系与物种多样性研究，并报道了相关研究成果。2019年，美国哈佛大学刘聪（Cong Liu）与国内外学者一起调查了高黎贡山的蚂蚁多样性，并于2020年报道了相关研究成果。为了完善高黎贡山蚂蚁区系和物种多样性研究，2019—2021年，西南林业大学生物多样性保护学院与云南高黎贡山国家级自然保护区保山管护局和怒江管护局合作对高黎贡山蚂蚁物种多样性开展了全面联合调查。

高黎贡山蚂蚁区系具有典型的东喜马拉雅地区、横断山地区和印度-缅甸地区区系汇聚特点，虽然北部山脊有少量古北界成分渗入，但是没有形成规模性群落，所以，高黎贡山龙陵至贡山区域在中国动物地理区划中应划入东洋界西南区范围。属级水平上与其他动物地理界的紧密度依次为古北界、澳洲界、非洲界、新北界和新热带界；种级水平上与其他动物地理界的紧密度依次为古北界、澳洲界、非洲界、新北界、新热带界，与其他动物地理区的紧密度依次为华南区、华中区、华北区、青藏区、蒙新区、东北区。

高黎贡山蚂蚁物种多样性主要受气温、湿度、坡向和人为干扰等因素的影响。从北向南随着纬度降低，气温升高，蚂蚁物种多样性升高；东坡有效积温高于西坡，其蚂蚁物种多样性高于西坡；蚂蚁个体密度主要受湿度影响，适宜的湿度有利于提高蚂蚁群落个体密度；在自然保护区外，过多的人为干扰降低了蚂蚁的物种多样性。

本书回顾了高黎贡山蚂蚁的研究历史，修订了以往研究中的错误，汇总以往研究成果，分析了区系特征，探讨了物种多样性特点及其成因，以图鉴形式记录高黎贡山已知蚂蚁11亚科67属245种。本书是高黎贡山蚂蚁区系和多样性研究的阶段性总结，然而高黎贡山蚂蚁多样性的研究尚未结束，以往研究中发现的待定物种还有待继续研究和命名，使之日臻完善，期待本书为后续研究提供参考和借鉴。

本书研究成果在下列基金项目或其部分经费支持下获得：云南省应用基础研究基金面上项目（97C006G）"高黎贡山自然保护区蚁科昆虫生物多样性研究"（1997/07—2000/07），国家自然科学基金经典分类项目（30260016）"滇西北地区蚂蚁区系分类与物种多样性研究"（2003/01—2005/12），国家自然科学基金面上项目（30870333）"藏东南地区蚂蚁区系与物种多样性研究"（2009/01—2011/12），国家自然科学基金地区项目（31260521）"喜马拉雅地区蚂蚁多样性研究"（2013/01—2016/12），国家自然科学基金地区项目（31860615）"青藏高原及邻近地区蚂蚁区系与物种多样性研究"（2019/01—2022/12），国家自然科学基金委员会应急管理项目（31750002）"《中国动物志》的编研"子课题"中国动物志 昆虫纲 膜翅目 蚁科（二）"（2018/01—2022/12）。本书由云南高黎贡山国家级自然保护区保山管护局和怒江管护局筹措项目资助出版。

云南省林业和草原局及其赵晓东、杨芳对联合开展蚂蚁调查和图书出版给以专业指导和全力支持；云南高黎贡山国家级自然保护区保山管护局隆阳分局及其杨祥、尹学建，腾冲分局及其毕争、黄湘元，云南高黎贡山国家级自然保护区怒江管护局及其郭龙洁，泸水管护分局及其胡国华，福贡管护分局及其饶才红、李登科、沈秀英，贡山管护分局及其熊云、孙军等，对联合开展高黎贡山蚂蚁多样性调查给予全力支持，并对野外调查进行组织协调；云南高黎贡山国家级自然保护区保山管护局隆阳分局坝湾管护站巡护员余跃江，腾冲分局大蒿坪管护站巡护员彭光林、彭明统、杨国亮、李天在，云南高黎贡山国家级自然保护区怒江管护局泸水管护分局鲁掌管护站巡护员乔新华、福贡管护分局亚坪管护站巡护员友叶恒等，参与了野外调查；广西师范大学生命科学学院周善义和陈志林提供猛蚁属和切胸蚁属部分物种的模式标本或照片供使用；美国哈佛大学刘聪（Cong Liu）和保山学院柳青提供其野外调查情况信息；波尔顿（Bolton）允许使用其全球蚂蚁分类目录，AntWeb和AntWiki允许使用其部分蚂蚁物种彩色照片，AntWiki和AntMaps允许使用其全球蚂蚁地理分布信息；《西南林业大学学报》编辑部韩明跃对出版该书给以专业指导；西南林业大学教师王仁师、杨比伦、吴伟、李巧、周雪英、许国莲、和秋菊参与了前期课题研究工作；西南林业大学生物多样性保护学院及其杨斌、庄翔麟、罗旭、杨松、付建生、唐甜甜、刘朝茂对研究和出版工作全力支持并协调提供研究条件；西南林业大学生物多样性保护学院硕士研究生祁彪、李彪、翟奖、郭宁妍、韩秀、李婷、杨蕊、崔文夏、李朝义、尹晓丹及本科生蒋兴成、陈志强、吴定敏、李继乖、付磊、龙启珍、赵远潮、武必念、都红，参与了该项目的部分研究工作；中国林业出版社葛宝庆对本书精心编辑，张丽和刘临川对装帧作悉心设计。在此一并致谢！

由于编写人员研究深度和编写能力所限，书中错误在所难免，期待广大读者和研究人员不吝指正。

著者

2022年10月

目录
CONTENTS

总　论

蚂蚁隶属于动物界Animalia，节肢动物门Arthropoda，昆虫纲Insecta，膜翅目Hymenoptera，蚁科Formicidae，是地球陆地上分布最广泛、种类和数量最多的社会性昆虫。除了地球的两极和高山的雪线以上的极寒冷区域外，陆地上几乎到处都有蚂蚁的踪迹。蚂蚁的种类很多，估计有2万种。蚂蚁的数量很大，估计地球上蚂蚁个体的总数在10^{15}头以上（Hölldobler & Wilson, 1990）。

所有蚂蚁种类均属于社会性昆虫，社会性昆虫有3个特征：一是同种个体间相互合作，集体生活；二是同种个体有明确分工，各司其职；三是同种蚁巢内至少有2个重叠的世代，成体照顾幼体。蚂蚁社会中通常包含蚁后、雄蚁、工蚁3个类型。蚁后为雌性，身体壮硕，早期有翅，交配后翅脱落，负责繁殖后代，寿命最长，可以生活几年至十几年，其寿命决定蚁巢的寿命。雄蚁为雄性，繁殖季节才出现，身体瘦弱，有翅，寿命短暂，交配后不久死亡。工蚁为雌性，不交配也不生育，性别上表现为中性，终生无翅，其职能复杂，包括筑巢、觅食、哺育幼蚁、照顾蚁后、清洁蚁巢、保卫蚁巢等，工蚁的寿命较短，半年至3年不等。一些种类的工蚁进一步分化为个体较大的兵蚁（大型工蚁）和个体较小的工蚁（小型工蚁）等。兵蚁性别与工蚁相同，终生无翅，其体型比工蚁大得多，其职能侧重于保卫，也包括搬运大型食物和咬碎坚硬食物等，寿命与工蚁相仿。一些类群还分化出中型工蚁，其大小介于大型和小型工蚁之间。

蚂蚁在亲缘关系上与胡蜂和蜜蜂接近，均属于比较进化的全变态类昆虫，一生经历卵、幼虫、蛹、成虫4个虫态，与白蚁的亲缘关系很远。白蚁属于相对原始的不全变态类昆虫，一生只经历卵、若虫、成虫3个虫态，与蜚蠊（蟑螂等）和螳螂亲缘关系较近。蚂蚁与蜜蜂、白蚁的共同点是均为社会性昆虫，在进化历程中均演化出了社会性。蚂蚁通常在春夏季繁殖，雨后初晴时蚁巢内出现大量有翅雌蚁和雄蚁，它们在空中飞舞或在地面聚集，称为婚飞，与人类的集体婚礼类似，寻找配偶，组建新巢。但是大多数繁殖蚁被鸟类、兽类、蛙类或其他昆虫捕食，只有少数个体成功建巢。蚂蚁的巢包括游动巢、土壤巢、地表碎屑巢、木质巢、层纸巢、丝质巢六大类（徐正会，2002）。蚂蚁的食物很复杂，归纳起来有动物、植物、蜜露、真菌四大类。产于南美洲热带雨林的切叶蚁用上颚切割树叶，运回蚁巢培养真菌作为食物，属于菌食性蚂蚁，不过我国尚未发现此类切叶蚁。

蚂蚁起源于距今8千万年前的白垩纪中后期，与被子植物同步进化繁荣（Moreau et al., 2006），可以为地球上1.1万种植物传播种子（Lengyel et al., 2010），还能捕食约10万种其他昆虫（Thomas & Settele, 2004），所以在生态系统中具有重要功能。它们能够改良土壤、分解有机质、为植物授粉、散布植物种子、控制害虫数量等，一些蚂蚁种类还具有食用和药用价值，少数蚂蚁种类危害农作物或人类健康。因此，研究蚂蚁的区系及多样性对认识利用其生态功能和有害蚂蚁防控具有重要意义。

目前，全球已记录现存蚂蚁16亚科346属14068种（Bolton, 2022）。中国大陆已记录的蚂蚁有12亚科117属1026种（AntWiki, 2022），仅占全球已知物种的7.3%，这说明我国还有很多蚂蚁有待发现。我国台湾已记录11亚科69属264种（Terayama, 2009），占大陆已知物种的25.7%。云南是我国蚂蚁种类最丰富的省份，已经记载12亚科99属550种（Liu et al., 2020），占我国大陆已知种类的53.6%。在云南，滇南西双版纳热带雨林区蚂蚁最丰富，已记载343种（徐正会，2002；Liu et al., 2015）；滇中哀牢山自然保护区已记载206种（钱怡顺等，2021）；滇西南南滚河自然保护区已记载189种（宋扬等，2013）；昆明西山森林公园已记载58种（梅象信等，2006）。本书记载滇西高黎贡山蚂蚁245种。

1 蚁科Formicidae昆虫形态特征

真社会性昆虫，蚁巢多年生，存在无翅的工蚁，有性个体具有同步婚飞习性。头部前口式，下唇和下咽之间具下口腔囊。工蚁和雌蚁触角在柄节和鞭节间呈膝状弯曲。足的基节端孔向侧面开口，完全包围转节基部，包括转节前关节，因而所有基节端膜隐藏。中足和后足基节窝小，圆形，单关节，向腹面开口，基节端部强烈弯向侧面。后胸侧板腺存在。并胸腹节气门位于侧面，远离并胸腹节前上角，通常位于并胸腹节中部。雌蚁的翅可脱落，在交尾后脱去。前翅缺3rs-m和 2m-cu脉，后翅C脉未延伸到翅前缘，后翅基室不向端部延伸（AntWiki, 2022）。

　　蚂蚁主要特征为胸腹部之间有细腰，形态学上的腹部第1节并入胸部成为并胸腹节，第2节或第2节至3节在细腰处形成1个或2个独立的腹柄，其余腹节组成后腹部。极少数腹部第2节前面缢缩，后面不缢缩，与后腹部宽阔连接（Bolton, 1994）。

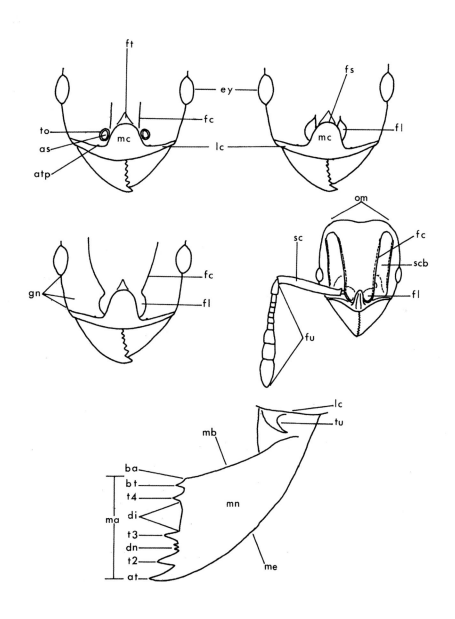

图1　工蚁头部分类特征（引自Bolton, 1994）

as-触角槽；at-上颚端齿；atp-前幕骨陷；ba-上颚基角；bt-上颚基齿；di-齿间隙；dn-细齿；ey-复眼；
fc-额脊；fl-额叶；fs-额唇基缝；ft-额三角区；fu-触角鞭节；gn-颊区；lc-唇基侧区；ma-上颚咀嚼缘；
mb-上颚基缘；mc-唇基中区；me-上颚外缘；mn-上颚；om-头后缘；sc-触角柄节；scb-触角沟；
t-上颚齿数目；to-触角窝；tu-上颚凹陷

　　蚁科物种全部为社会性昆虫，蚁巢内个体有形态和职能的分工。蚁后个体较大具翅，交配后翅脱落，腹部膨大，专司生殖；雄蚁体小瘦长，具翅，与蚁后一起负责生殖；工蚁是性腺不发育的雌体，在巢内数量最多，体小无翅；有些种类从工蚁中分化出个体显著较大的兵蚁（大型工蚁），主要负责作战。在少数种类中，工蚁呈现多型现象，个体大小呈现梯度变化。因为蚁巢中工蚁最常见，数量最多，所以蚂蚁的形态分类主要依据工蚁的特征，如果巢内个体分化出兵蚁则同时依据工蚁和兵蚁的特征（图1、图2）。

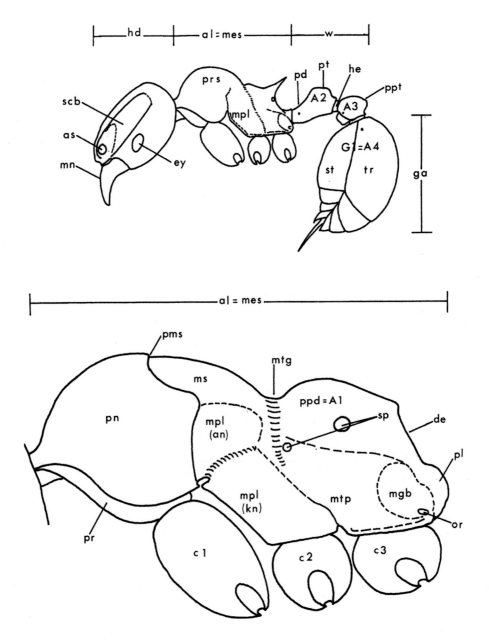

图2　工蚁整体分类特征（引自Bolton, 1994）

A-腹节数目；al-胸部；an-前上侧片；as-触角槽；c-基节数目；de-并胸腹节斜面；ey-复眼；
G-后腹部节数目；ga-后腹部；hd-头部；he-后腹柄收缩部；kn-前下侧片；mes-胸部；mgb-后胸侧板腺泡；
mn-上颚；mpl-中胸侧板；ms-中胸背板；mtg-后胸沟；mtp-后胸侧板；or-后胸侧板腺口；pd-腹柄小柄；
pl-并胸腹节侧叶；pms-前中胸背板缝；pn-前胸背板；ppd-并胸腹节；ppt-后腹柄；pr-前胸侧板；
prs-前中胸背板；pt-腹柄；scb-触角沟；sp-气门；st-腹板；tr-背板；w-腰部

2　蚁科分亚科检索表

依据Bolton（1995）分类系统，中国已知蚁科昆虫有12亚科。目前，高黎贡山蚁科昆虫已知有12亚科，其中，细蚁亚科Leptanillinae种类尚未定种，本书暂未记录。

中国蚁科工蚁分亚科检索表

1. 腹末臀板背面具1列或许多木钉状刺 …………………………………………… 粗角蚁亚科 Cerapachyinae
   腹末臀板背面缺木钉状刺 …………………………………………………………………………… 2

2. 胸部和后腹部之间具2个独立的节，即腹柄和后腹柄 ……………………………………………… 3
   胸部和后腹部之间具1个独立的节，即腹柄 …………………………………………………… 6

3. 前胸背板和中胸背板被前中胸背板缝完全分开 …………………………………………………… 4
   前胸背板和中胸背板完全愈合，前中胸背板缝在胸部背面消失或呈1条弱的横沟 ………… 5

4. 复眼缺如，或至多具1个至少数几个小眼 ……………………………… 细蚁亚科 Leptanillinae
   复眼发达，占据头侧缘的1/3以上 …………………………… 伪切叶蚁亚科 Pseudomyrmecinae

5. 正面观触角窝靠近头部前缘，缺复眼 ………………………………… 盲蚁亚科 Aenictinae
   正面观触角窝远离头部前缘，通常具复眼，少数缺复眼 ……………… 切叶蚁亚科 Myrmicinae

6. 腹末缺螯针，开口圆孔状或横缝状 ………………………………………………………………… 7
   腹末具螯针，从腹末伸出，可缩入体内，通过体壁可见 …………………………………… 8

7. 腹末圆锥形突出，开口呈圆孔状，孔口边缘具1圈放射状毛 ………………… 蚁亚科 Formicinae
   腹末不呈圆锥形突出，开口横缝状，孔口边缘缺放射状毛 ………… 臭蚁亚科 Dolichoderinae

8. 腹末臀板背面凹陷，具1～2对指向后侧方的刺 ………………………… 行军蚁亚科 Dorylinae
   腹末臀板背面不凹陷，缺指向后侧方的刺 …………………………………………………… 9

9. 腹柄与后腹部宽阔连接，节间不缢缩 ………………………… 钝猛蚁亚科 Amblyoponinae
   腹柄与后腹部狭窄连接，节间强烈缢缩 ……………………………………………………… 10

10. 额叶互相远离，窄于两额叶之间的唇基后延部。后足基节背面具1个刺 …………………………
    ……………………………………………………………………… 刺猛蚁亚科 Ectatomminae
    额叶互相接近，宽于或等宽于唇基后延部。后足基节背面无刺 …………………………… 11

11. 正面观触角窝紧靠头部前缘 ………………………………… 卷尾猛蚁亚科 Proceratiinae
    正面观触角窝远离头部前缘 ………………………………………… 猛蚁亚科 Ponerinae

3 高黎贡山蚂蚁的研究历史

大陆漂移过程中，印度次大陆向北漂移并插入亚洲古陆之下，亚洲古陆南缘抬升形成喜马拉雅山脉（魏格纳，2006），位于喜马拉雅山脉东端的区域被向东强烈挤压并褶皱呈南北走向的横断山系，从西到东依次形成了高黎贡山、怒山和云岭山脉。其中，高黎贡山位于横断山系最西边云南省西部，地处东经98°08′~98°50′，北纬24°56′~28°22′，面积40.52万km²，地势北高南低；北接青藏高原，南连中南半岛，西毗印缅山地，东邻怒山、云岭和云贵高原，是青藏高原向横断山区过渡地带（熊清华和艾怀森，2006）。因为高黎贡山连接着东喜马拉雅地区、横断山地区及印度-缅甸地区3个生物多样性热点地区（Conservation International，2022），因此其动植物区系具有南北过渡、区域交汇的显著特点，生物多样性高度富集，特有成分丰富。目前，高黎贡山已记载高等植物5726种、兽类154种、鸟类749种、爬行类56种、两栖类44种、鱼类44种、昆虫1722种。1986年，经国务院批准成立云南高黎贡山国家级自然保护区（以下简称"高黎贡山自然保护区"）；2000年，怒江省级自然保护区晋级并入该保护区管理（熊清华和艾怀森，2006）。

高黎贡山南北最大相对高差4918m，海拔最高点贡山县嘎娃嘎普峰海拔5128m，最低点盈江县中缅界河交汇处海拔210m。因海拔高差巨大，高黎贡山自然保护区成为以保护生物气候垂直带谱自然景观、多种植被类型和多种珍稀及濒危动植物种类的森林和野生动物类型自然保护区。从河谷到山顶随着海拔升高，依次出现干热河谷、中北亚热带、暖温带、中温带、寒温带气候，并相应演化出热带季雨林、亚热带常绿阔叶林、落叶阔叶林、针叶林、灌丛、草丛、草甸7个山地垂直植被类型，以及半常绿季雨林、河谷稀树灌丛、暖性针叶林、暖性竹林、季风常绿阔叶林、半湿润常绿阔叶林、温凉性针叶林、山顶苔藓矮林、寒温性针叶林、寒温性竹林、寒温性灌丛、寒温性草甸等植被亚型。2000年，高黎贡山被联合国教科文组织批准为世界生物圈保护区，《中国生物多样性》一书将其列为"具有国际意义的陆地生物多样性关键地区"（熊清华和艾怀森，2006）。在如此独特的生态系统中，研究蚂蚁区系及物种多样性具有重要意义，可为高黎贡山生物多样性保护和中国动物地理区划提供科学依据（徐正会等，2022）。

在分类研究方面，唐觉和李参（1992）在《横断山区昆虫》中首次记录了分布于高黎贡山泸水海拔1800~1850m的1种蚂蚁：侧扁弓背蚁 *Camponotus compressus* (Fabricius, 1787)。之后，Xu（2001a, 2001b）报道高黎贡山自然保护区蚂蚁5种：黄色猛蚁 *Ponera xantha* Xu, 2001、坝湾猛蚁 *Ponera bawana* Xu, 2001、二齿猛蚁 *Ponera diodonta* Xu, 2001、片马猛蚁 *Ponera pianmana* Xu, 2001、三叶钝猛蚁 *Amblyopone triloba* Xu, 2001。Xu（2003）报道高黎贡山自然保护区蚂蚁2种：钝齿稀切叶蚁 *Oligomyrmex obtusidentus* Xu, 2003、双角稀切叶蚁 *Oligomyrmex bihornatus* Xu, 2003。Xu 和 Chai（2004）报道高黎贡山自然保护区蚂蚁3种：叉唇细长蚁 *Tetraponera furcata* Xu & Chai, 2004、飘细长蚁 *Tetraponera allaborans* (Walker, 1859)、无缘细长蚁 *Tetraponera amargina* Xu & Chai, 2004。Xu（2006）报道高黎贡山自然保护区蚂蚁1种：怒江卷尾猛蚁 *Proceratium nujiangense* Xu, 2006。Xu（2012）报道高黎贡山自然保护区蚂蚁1属1种：高黎贡蚁属 *Gaoligongidris* Xu, 2012和平背高黎贡蚁 *Gaoligongidris planodorsa* Xu, 2012。Xu 和 Liu（2012）报道高黎贡山自然保护区蚂蚁1种：锥头小眼猛蚁 *Myopias conicara* Xu, 1998。至此，国内研究人员通过分类研究合计报道高黎贡山自然保护区蚂蚁6亚科8属14种。

在群落研究方面，徐正会等（2001a, 2001b, 2001c）依次报道了高黎贡山西坡垂直带、东坡垂直带和水平带的蚂蚁群落，分别记载蚂蚁群落优势种11种、17种和16种。徐正会等（2002）报道了高黎贡山自然保护区西坡水平带的蚂蚁群落，记载蚂蚁群落优势种11种。徐正会等（2006）比较研究了高黎贡山自然保护区东西坡的蚂蚁群落，记载蚂蚁群落优势种15种。除去重复种，徐正会等在群落研究方面共报道高黎贡山自然保护区蚂蚁优势种21种，分属于5亚科13属。

Liu等（2020）采用Winkler地被物分离法、树冠敲击法和手检法对高黎贡山自然保护区东西坡垂直带的蚂蚁物种多样性进行调查，合计记录9亚科49属130种，其中包括89个已知种和41个待定种，提供了每个种的彩色照片，并将云南省的蚂蚁名录更新至10亚科99属550种。

4 高黎贡山蚂蚁记载物种的甄别

自唐觉和李参（1992）报道高黎贡山自然保护区第一种蚂蚁至今，随着分子生物学等新兴技术的应用，世界蚂蚁分类系统已经发生不少变化，一些蚂蚁物种的分类地位已经变更；加之早期国内可查阅的分类学文献有限，以及年轻分类学家研究经验不足，一些蚂蚁物种的鉴定存在错误。现依据Bolton（2022）提供的An Online Catalog of the Ants of the World（AntCat, 世界蚂蚁分类在线目录），确定高黎贡山自然保护区发生分类地位变动的物种；再依据AntWeb（2022）和AntWiki（2022）提供的全球蚂蚁模式标本及已鉴定标本照片，订正早期鉴定错误的物种，具体情况分述如下。

4.1 1992—2012年分类研究中报道蚂蚁物种的变动

1992—2012年，国内研究人员共报道高黎贡山自然保护区蚂蚁6亚科8属14种，其中有4个种的分类地位发生了变化。

① 三叶钝猛蚁Amblyopone triloba Xu, 2001：变更为三叶点眼猛蚁Stigmatomma trilobum (Xu, 2001)（Yoshimura & Fisher, 2012）；

② 钝齿稀切叶蚁Oligomyrmex obtusidentus Xu, 2003：变更为钝齿重头蚁Carebara obtusidenta (Xu, 2003)（Guénard & Dunn, 2012）；

③ 双角稀切叶蚁Oligomyrmex bihornatus Xu, 2003：变更为双角重头蚁Carebara bihornata (Xu, 2003)（Guénard & Dunn, 2012）；

④ 怒江卷尾猛蚁Proceratium nujiangense Xu, 2006：修订为赵氏卷尾猛蚁Proceratium zhaoi Xu, 2000的次异名（Staab et al., 2018）。

4.2 2001—2006年群落研究中报道蚂蚁物种的甄别

2001—2006年，徐正会等在群落研究中报道高黎贡山自然保护区蚂蚁优势种21个，分属于5亚科13属，其中有5个种分类地位发生了变更，有8个种存在鉴定错误。

（1）发生分类地位变动的物种

① 黄足厚结猛蚁Pachycondyla luteipes (Mayr, 1862)：变更为黄足短猛蚁Brachyponera luteipes (Mayr, 1862)（Schmidt & Shattuck, 2014）；

② 迈氏小家蚁Monomorium mayri Forel, 1902：变更为迈尔毛发蚁Trichomyrmex mayri (Forel, 1902)（Ward et al., 2015）；

③ 小眼穴臭蚁Bothriomyrmex myops Forel, 1895：变更为小眼时臭蚁Chronoxenus myops (Forel, 1895)（Dubovikoff, 2005）；

④ 邵氏立毛蚁Paratrechina sauteri (Forel, 1913)：变更为邵氏拟立毛蚁Paraparatrechina sauteri (Forel, 1913)（LaPolla et al., 2010）；

⑤ 泰勒立毛蚁*Paratrechina taylori* (Forel, 1894)：变更为泰氏尼兰蚁*Nylanderia taylori* (Forel, 1894)（LaPolla et al., 2010）。

（2）鉴定错误的物种

① 维希努行军蚁*Dorylus vishnui* Wheeler, 1913：实为东方行军蚁*Dorylus orientalis* Westwood, 1835（AntWeb, 2022）；

② 沃森大头蚁*Pheidole watsoni* Forel, 1902：实为上海大头蚁*Pheidole zoceana* Santschi, 1925（Eguchi, 2008）；

③ 来氏大头蚁*Pheidole lighti* Wheeler, 1927：实为卡泼林大头蚁*Pheidole capellinii* Emery, 1887（Eguchi, 2008）；

④ 亮红大头蚁*Pheidole fervida* Smith, 1874：实为普通大头蚁*Pheidole vulgaris* Eguchi, 2006（Eguchi, 2008）；

⑤ 卡泼林大头蚁*Pheidole capellinii* Emery, 1887：实为平额大头蚁*Pheidole planifrons* Santschi, 1920（Eguchi, 2008）；

⑥ 凹缘毛蚁*Lasius emarginatus* (Olivier, 1792)：实为多色毛蚁*Lasius coloratus* Santschi, 1937（AntWiki, 2022）；

⑦ 印度立毛蚁*Paratrechina indica* (Mayr, 1894)：实为黄足尼兰蚁*Nylanderia flavipes* (Smith, 1874)（AntWiki, 2022）；

⑧ 普通拟毛蚁*Pseudolasius familiaris* (Smith, 1860)：实为埃氏拟毛蚁*Pseudolasius emeryi* Forel, 1911（AntWiki, 2022）。

4.3 2020年报道高黎贡山自然保护区蚂蚁物种的甄别

Liu et al.（2020）记录高黎贡山自然保护区蚂蚁9亚科49属130种，其中包括88个已知种和41个待定种，并提供了所有物种的显微叠加彩色图片。2021年，经徐正会依据相关文献（Eguchi, 2008; Bolton, 2022; AntWeb, 2022; AntWiki, 2022）逐一复核，Liu 等（2020）记录的130个已知种和待定种之中，有25个已知种鉴定有误，有3个种的属鉴定错误。经复核确认，Liu 等（2020）正确记录高黎贡山自然保护区蚂蚁9亚科49属78个已知种和47个待定种，合计125种。徐正会依据相关文献（Eguchi, 2008; Bolton, 2022; AntWeb, 2022; AntWiki, 2022）对文中图片补充鉴定，有22个待定种可以鉴定到种，其中*Aphaenogaster* sp. clm01和*Aphaenogaster* sp. clm04为相同物种，最终Liu 等（2020）的论文中实际记录9亚科45属124种，其中包括99个已知种和25个待定种。

（1）种名鉴定错误的物种

① *Aenictus artipus* Wilson, 1964, Fig. 1：并胸腹节后上角圆钝，不是健康盲蚁*Aenictus artipus* Wilson, 1964，而是盲蚁待定种1 *Aenictus* sp.1；

② *Aenictus brevinodus* Jaitrong & Yamane, 2011, Fig. 2：并胸腹节背面平直甚至轻微凹入，腹柄结后上角高于前上角，身体棕红色，不是短结盲蚁*Aenictus brevinodus* Jaitrong & Yamane, 2011，而是盲蚁待定种2 *Aenictus* sp.2；

③ *Ooceraea biroi* (Forel, 1907), Fig. 11：侧面观腹柄结正梯形，前上角与后上角等高，后腹柄很长，头部较长，不是比罗卵粗角蚁*Ooceraea biroi* (Forel, 1907)，而是卵粗角蚁待定种*Ooceraea* sp.；

④ *Dolichoderus squamanodus* Xu, 2001, Fig. 14：实为黑腹臭蚁*Dolichoderus taprobanae* (Smith, 1858)；

⑤ *Camponotus bellus leucodiscus* Wheeler, 1919，Fig. 20：实为白斑弓背蚁*Camponotus leucodiscus* Wheeler, 1919，不是*Camponotus bellus* Forel, 1908；

⑥ *Camponotus keihitoi* Forel, 1913，Fig. 21：小型工蚁头后缘隆起，并胸腹节背面显著长于斜面，腹柄结较厚，不是*Camponotus keihitoi* Forel, 1913，而是弓背蚁待定种*Camponotus* sp.；

⑦ *Formica japonica* Motschoulsky, 1866，Fig. 32：经比对高黎贡山标本照片，与欧亚大陆普遍分布的丝光蚁*Formica fusca* Linnaeus, 1758在形态结构、刻纹、毛被等特征上没有本质差异，因此确认为丝光蚁；

⑧ *Lasius obscuratus* Stitz, 1930，Fig. 33：实为多色毛蚁*Lasius coloratus* Santschi, 1937；

⑨ *Lasius himalayanus* Bingham, 1903，Fig. 34：实为多色毛蚁*Lasius coloratus* Santschi, 1937；

⑩ *Paraparatrechina sakurae* (Ito, 1914)，Fig. 39：实为孔明拟立毛蚁*Paraparatrechina kongming* (Terayama, 2009)；

⑪ *Polyrhachis tibialis* Smith, 1858，Fig. 49：腹柄结背面缺齿，不是光胫多刺蚁*Polyrhachis tibialis* Smith, 1858，而是多刺蚁待定种*Polyrhachis* sp.；

⑫ *Pseudolasius silvestrii* Wheeler, 1927，Fig. 55：实为埃氏拟毛蚁*Pseudolasius emeryi* Forel, 1911；

⑬ *Carebara acutispina* (Xu, 2003)，Fig. 64：图中名称为*Carebara affinis*，实为黑沟重头蚁*Carebara melasolena* (Zhou & Zheng, 1997)；

⑭ *Carebara affinis* (Jerdon, 1851)，Fig. 65：图中名称为*Carebara acutispina*，实为纹头重头蚁*Carebara reticapita* (Xu, 2003)；

⑮ *Carebara bihornata* (Xu, 2003)，Fig. 67：实为直背重头蚁*Carebara rectidorsa* (Xu, 2003)；

⑯ *Cataulacus marginatus* Bolton, 1974，Fig. 69：实为粒沟纹蚁*Cataulacus granulatus* (Latreille, 1802)；

⑰ *Crematogaster quadriruga* Forel, 1911，Fig. 70：实为大阪举腹蚁*Crematogaster osakensis* Forel, 1896；

⑱ *Pheidole magna* Eguchi, 2006，Figs 92：实为皱胸大头蚁*Pheidole rugithorax* Eguchi, 2008；

⑲ *Pheidole nodifera* (Smith 1858)，Fig. 94：实为强壮大头蚁*Pheidole fortis* Eguchi, 2006；

⑳ *Stenamma wumengense* Liu & Xu, 2011，Fig. 99：不是乌蒙窄结蚁*Stenamma wumengense* Liu & Xu, 2011，而是窄结蚁待定种*Stenamma* sp.；

㉑ *Temnothorax striatus* Zhou et al., 2010，Fig. 106：经比对模式标本照片，不是刻纹切胸蚁*Temnothorax striatus* Zhou et al., 2010，而是切胸蚁待定种*Temnothorax* sp.；

㉒ *Ectomomyrmex lobocarenus* (Xu, 1995)，Fig. 117：实为爪哇扁头猛蚁*Ectomomyrmex javanus* Mayr, 1867；

㉓ *Ectomomyrmex obtusus* Emery, 1900，Fig. 118：实为郑氏扁头猛蚁*Ectomomyrmex zhengi* Xu, 1996；

㉔ *Ponera xantha* Xu, 2001，Fig. 128：实为广西猛蚁*Ponera guangxiensis* Zhou, 2001；

㉕ *Tetraponera protensa* Xu & Chai, 2004，Fig. 136：实为飘细长蚁*Tetraponera allaborans* (Walker, 1859)。

（2）属名鉴定错误的物种

① *Prenolepis* sp. clm02，Fig. 53：实为多色毛蚁*Lasius coloratus* Santschi, 1937，不是前结蚁属*Prenolepis*待定种；

② *Vollenhovia* sp. clm03，Fig. 115：实为切胸蚁属待定种*Temnothorax* sp.，不是扁胸蚁属*Vollenhovia*待定种；

③ *Hypoponera* sp. clm03，Fig. 121：实为猛蚁属待定种*Ponera* sp.，不是姬猛蚁属*Hypoponera*待定种。

（3）待定种的鉴定结果

① *Camponotus* sp. clm01，Fig. 26：实为金毛弓背蚁*Camponotus tonkinus* Santschi，1925；

② *Camponotus* sp. clm04，Fig. 29：实为拟哀弓背蚁*Camponotus pseudolendus* Wu & Wang，1989；

③ *Nylanderia* sp. clm01，Fig. 36：实为黄足尼兰蚁*Nylanderia flavipes* (Smith，1874)；

④ *Nylanderia* sp. clm02，Fig. 37：实为泰氏尼兰蚁*Nylanderia taylori* (Forel，1894)；

⑤ *Paraparatrechina* sp. clm01，Fig. 40：实为尖毛拟立毛蚁*Paraparatrechina aseta* (Forel，1902)；

⑥ *Prenolepis* sp. clm01，Fig. 52：实为那氏前结蚁*Prenolepis naoroji* Forel，1902；

⑦ *Aphaenogaster* sp. clm01，Fig. 57：实为温雅盘腹蚁*Aphaenogaster lepida* Wheeler，1929；

⑧ *Aphaenogaster* sp. clm02，Fig. 58：头部正面观和整体背面观是费氏盘腹蚁*Aphaenogaster feae* Emery，1889，整体侧面观是日本盘腹蚁*Aphaenogaster japonica* Forel，1911；

⑨ *Aphaenogaster* sp. clm03，Fig. 59：实为贝卡盘腹蚁*Aphaenogaster beccarii* Emery，1887；

⑩ *Aphaenogaster* sp. clm04，Fig. 60：实为温雅盘腹蚁*Aphaenogaster lepida* Wheeler，1929；

⑪ *Aphaenogaster* sp. clm05，Fig. 61：实为凯氏盘腹蚁*Aphaenogaster caeciliae* Viehmeyer，1922；

⑫ *Crematogaster* sp. clm01，Fig. 71：实为煤黑举腹蚁*Crematogaster anthracina* Smith，1857；

⑬ *Crematogaster* sp. clm02，Fig. 72：实为立毛举腹蚁*Crematogaster ferrarii* Emery，1887；

⑭ *Gauromyrmex* sp. clm01，Fig. 75：实为棘棱结蚁*Gauromyrmex acanthinus* (Karavaiev，1935)；

⑮ *Myrmecina* sp. clm01，Fig. 82：实为条纹双脊蚁*Myrmecina striata* Emery，1889；

⑯ *Myrmecina* sp. clm02，Fig. 83：实为少节双脊蚁*Myrmecina pauca* Huang et al.，2008；

⑰ *Myrmecina* sp. clm03，Fig. 84：实为邵氏双脊蚁*Myrmecina sauteri* Forel，1912；

⑱ *Strumigenys* sp. clm01，Fig. 103：实为薄帘瘤颚蚁*Strumigenys rallarhina* Bolton，2000；

⑲ *Strumigenys* sp. clm03，Fig. 105：实为吉上瘤颚蚁*Strumigenys kichijo* (Terayama et al.，1996)；

⑳ *Tetramorium* sp. clm01，Fig. 110：实为阿普特铺道蚁*Tetramorium aptum* Bolton，1977；

㉑ *Tetramorium* sp. clm03，Fig. 112：实为双脊铺道蚁*Tetramorium bicarinatum* (Nylander，1846)；

㉒ *Hypoponera* sp. clm01，Fig. 119：实为邻姬猛蚁*Hypoponera confinis* (Roger，1860)。

通过以上分类修订甄别，1992年，浙江农业大学（现为浙江大学农学院）唐觉团队实际记载高黎贡山蚂蚁1亚科1属1个已知种。2001—2012年，西南林业大学徐正会团队实际记载高黎贡山自然保护区蚂蚁8亚科21属34个已知种。美国哈佛大学Liu 等（2020）实际记载高黎贡山自然保护区蚂蚁9亚科49属77个已知种；通过徐正会补充鉴定22种，Liu 等（2020）文章中合计记载9亚科49 属99个已知种。除去重复种类，前人共记载高黎贡山自然保护区蚂蚁9亚科48属121个已知种。

5 高黎贡山已知蚂蚁物种名录

为了完善高黎贡山蚂蚁区系和多样性研究，西南林业大学生物多样性保护学院蚂蚁课题组与云南高黎贡山国家级自然保护区保山管护局和怒江管护局于2019—2021年对高黎贡山龙陵至贡山段蚂蚁物种多样性开展全面联合调查，采用样地调查法（徐正会等，1999b）及搜索调查法（徐正会等，2011）调查了贡山段东西坡、福贡段东坡、泸水段东西坡、坝湾段东西坡、龙陵段东西坡共9个垂直带的蚂蚁群落。在每个垂直带上海拔每上升250m设置1块50m×50m的样地，合计66块样地，每块样地内调查5个1m×1m的样方，合计调查样方330个。依据采集标本，采用形态分类方法（Bingham，1903；吴坚和王常禄，1995；

周善义，2001；徐正会，2002；Eguchi，2008；Radchenko & Elmes，2010；Bolton，2022；AntWeb，2022；AntWiki，2022）鉴定出高黎贡山蚂蚁11亚科60属193种，其中包括162个已知种和31个待定种。

汇总前人研究成果，本书合计记载高黎贡山蚂蚁11亚科67属245个已知种，比前人研究新增19属124种，属和种的增长率分别为28.4%和50.6%。新增记录的19个属为：钩猛蚁属Anochetus Mayr、中盲猛蚁属Centromyrmex Mayr、隐猛蚁属Cryptopone Emery、真猛蚁属Euponera Forel、齿猛蚁属Odontoponera Mayr、摇蚁属Erromyrma Bolton & Fisher、无刺蚁属Kartidris Bolton、冠胸蚁属Lophomyrmex Emery、弯蚁属Lordomyrma Emery、角腹蚁属Recurvidris Bolton、火蚁属Solenopsis Westwood、切胸蚁属Temnothorax Mayr、虹臭蚁属Iridomyrmex Mayr、狡臭蚁属Technomyrmex Mayr、平头蚁属Colobopsis Mayr、刺结蚁属Lepisiota Santschi、长齿蚁属Myrmoteras Forel、立毛蚁属Paratrechina Motschulsky、斜结蚁属Plagiolepis Mayr。高黎贡山已知蚂蚁名录见附录。

6 高黎贡山蚂蚁区系分析

Wallace（1876）提出世界陆地动物地理区划方案，将全球陆地划分为6个界：古北界、东洋界、澳洲界、非洲界、新北界和新热带界。张荣祖（2011）提出中国陆地动物地理区划方案，将中国陆地划分为7个区：蒙新区、青藏区、西南区、东北区、华北区、华中区和华南区。现通过AntWiki（2022）和AntMaps（2022）获取高黎贡山蚂蚁已知属、种的地理分布信息，根据上述地理区划方案对高黎贡山蚂蚁区系做分析。

6.1 属级阶元区系分析

在高黎贡山已知67属之中，分布于东洋界的属67个，占100%，即所有的属在东洋界均有分布，位列第1；分布于古北界的属57个，占85.1%，位列第2；分布于澳洲界的属47个，占70.1%，位列第3；分布于非洲界的属40个，占59.7%，位列第4；分布于新北界和新热带界的属均为29个，占43.3%，并列第5。因此，在属级水平上，高黎贡山蚂蚁区系以东洋界成分为主，与古北界关系紧密，与澳洲界关系较紧密，与非洲界关系较疏远，与新北界和新热带界关系疏远（表1）。

表1　高黎贡山蚂蚁已知属在世界动物地理界的分布

动物地理界	东洋界	古北界	澳洲界	非洲界	新北界	新热带界
属合计（个）	67	57	47	40	29	29
百分比（%）	100.0	85.1	70.1	59.7	43.3	43.3

6.2 种级阶元区系分析

高黎贡山已知的245种之中，分布于东洋界的种最丰富，合计245个，占100%，位列第1；分布于古北界的种110个，占44.9%，位列第2；分布于澳洲界的种35个，占14.3%，位列第3；分布于非洲界的种21个，占8.6%，位列第4；分布于新北界的种16个，占6.5%，位列第5；分布于新热带界的种12个，占4.9%，位列第6。因此，在种级水平上，高黎贡山蚂蚁区系以东洋界成分占绝对优势，与古北界关系紧密，与澳洲界、非洲界、新北界的关系依次疏远，与新热带界关系最远（表2）。

表2　高黎贡山已知蚂蚁物种在世界动物地理界的分布

动物地理界	东洋界	古北界	澳洲界	非洲界	新北界	新热带界
物种合计（个）	245	110	35	21	16	12
百分比（%）	100.0	44.9	14.3	8.6	6.5	4.9

高黎贡山已知种之中，分布于西南区的种最丰富，合计245个，占100%，位列第1；分布于华南区的种180个，占73.5%，位列第2；分布于华中区的种119个，占48.6%，位列第3；分布于华北区的种54个，占22.0%，位列第4；分布于青藏区的种18个，占7.3%，位列第5；分布于蒙新区的种12个，占4.9%，位列第6；分布于东北区的种11个，占4.5%，位列第7。因此，在中国动物地理区划中，高黎贡山蚂蚁区系以西南区成分为主，与华南区关系紧密，华中区、华北区、青藏区、蒙新区成分依次递减，与东北区关系最远（表3）。

表3　高黎贡山已知蚂蚁物种在中国动物地理区的分布

动物地理区	西南区	华南区	华中区	华北区	青藏区	蒙新区	东北区
物种合计（个）	245	180	119	54	18	12	11
百分比（%）	100.0	73.5	48.6	22.0	7.3	4.9	4.5

6.3　区系归属

我国的陆地纵跨古北界、东洋界2个动物地理界，中东部以秦岭—淮河为界（张荣祖，2011），西部的具体界线不够明确。徐正会等（2021）依据西藏蚂蚁区系研究提出将海拔2750m等高线作为西藏境内喜马拉雅山南坡和藏东南地区古北界与东洋界的分界线。高黎贡山与藏东南地区毗邻，该分界观点适用于高黎贡山蚂蚁区系的界定。在高黎贡山，研究了海拔720～3550m的蚂蚁区系，其中分布于海拔720～2750m的物种归入东洋界没有问题，但是需要对分布于北部和中部海拔3000～3550m的高海拔范围的物种做进一步分析。

在高黎贡山北部和中部的贡山段、福贡段、泸水段调查了海拔3000～3550m的高海拔区域的蚂蚁，结果发现9个种，其垂直分布依次为皱纹红蚁*Myrmica rugosa* Mayr （2242～3243m）、异皱红蚁*Myrmica heterorhytida* Radchenko & Elmes （1750～3550m）、多皱红蚁*Myrmica pleiorhytida* Radchenko & Elmes （2517～3550m）、丽塔红蚁*Myrmica ritae* Emery （2515～2998m）、近丽红蚁*Myrmica pararitae* Radchenko & Elmes （2998m）、不丹弯蚁*Lordomyrma bhutanensis* Baroni Urbani （2517～3243m）、喜马毛蚁*Lasius himalayanus* Bingham （1221～3243m）、多色毛蚁*Lasius coloratus* Santschi （1221～3243m）、亮腹黑褐蚁*Formica gagatoides* Ruzsky （1288～3243m）。由此可知，除了近丽红蚁分布于海拔2750m分界线及以上外，其余8个种的垂直分布均跨越海拔2750m分界线，属于古北界与东洋界共有种。因此，在高黎贡山北部和中北部山脊虽然存在海拔超过2750m的区域，理应属于古北界范围，但是该区域没有出现规模性古北界蚂蚁群落，仅有极少量古北界成分的渗入，不宜划定独立的古北界范围，故高黎贡山龙陵至贡山区域应划入东洋界范围。

6.4　区系成分汇聚特点

高黎贡山连接着全球34个生物多样性热点地区中的东喜马拉雅地区、横断山地区和印度-缅甸地区（Conservation International, 2022），其蚂蚁区系具有3个区域成分交汇聚集的特点。属于东喜马拉雅地区的物种有不丹弯蚁、皱纹红蚁、棒结红蚁 *Myrmica bactriana* Ruzsky、喜马毛蚁、尖毛拟立毛蚁 *Paraparatrechina aseta* (Forel)等5种（徐正会等，2021），占高黎贡山已知物种总数的2.0%，这些蚂蚁种类不多，已经适应了高海拔地区寒冷、缺氧环境，可以从西藏东南部扩散进入高黎贡山，并沿山脊从北向南到达高黎贡山北部和中部。属于印度-缅甸地区的物种较多，有宾氏细颚猛蚁 *Leptogenys binghamii* Forel、费氏盘腹蚁 *Aphaenogaster feae* Emery、舒尔盘腹蚁 *Aphaenogaster schurri* (Forel)、钝齿重头蚁 *Carebara obtusidenta* (Xu)、乌木举腹蚁 *Crematogaster ebenina* Forel、光亮举腹蚁 *Crematogaster politula* Forel、特拉凡举腹蚁 *Crematogaster travancorensis* Forel、四刺冠胸蚁 *Lophomyrmex quadrispinosus* (Jerdon)、条纹双脊蚁 *Myrmecina striata* Emery、玛氏红蚁 *Myrmica margaritae* Emery、丽塔红蚁 *Myrmica ritae* Emery、阿伦大头蚁 *Pheidole allani* Bingham、康斯坦大头蚁 *Pheidole constanciae* Forel、尼特纳大头蚁 *Pheidole nietneri* Emery、塞奇大头蚁 *Pheidole sagei* Forel、亮火蚁 *Solenopsis nitens* Bingham、阿萨姆瘤颚蚁 *Strumigenys assamensis* Baroni Urbani & De Andrade、小眼时臭蚁 *Chronoxenus myops* (Forel)、罗氏时臭蚁 *Chronoxenus wroughtonii* (Forel)、费氏臭蚁 *Dolichoderus feae* Emery、二色狡臭蚁 *Technomyrmex bicolor* Emery、平和弓背蚁 *Camponotus mitis* (Smith)、辐毛弓背蚁 *Camponotus radiatus* Forel、缅甸多刺蚁 *Polyrhachis burmanensis* Donisthorpe、埃氏拟毛蚁 *Pseudolasius emeryi* Forel、扎姆拟毛蚁 *Pseudolasius zamrood* Akbar et al. 等26种（Bingham，1903; AntWiki，2022），占高黎贡山已知物种总数的10.6%，为典型的南亚次大陆物种，已经扩散至高黎贡山范围，甚至到达我国华南区和华东区。属于横断山地区的物种有梅里点眼猛蚁 *Stigmatomma meilianum* (Xu & Chu)、八齿点眼猛蚁 *Stigmatomma octodentatum* (Xu)、三叶点眼猛蚁 *Stigmatomma trilobum* (Xu)、龙门卷尾猛蚁 *Proceratium longmenense* Xu、赵氏卷尾猛蚁 *Proceratium zhaoi* Xu、郑氏扁头猛蚁 *Ectomomyrmex zhengi* (Xu)、孟子细颚猛蚁 *Leptogenys mengzii* Xu、坝湾猛蚁 *Ponera bawana* Xu、二齿猛蚁 *Ponera diodonta* Xu、片马猛蚁 *Ponera pianmana* Xu、黄色猛蚁 *Ponera xantha* Xu、高结重头蚁 *Carebara altinodus* (Xu)、双角重头蚁 *Carebara bihornata* (Xu)、平背高黎贡蚁 *Gaoligongidris planodorsa* Xu、异皱红蚁、多皱红蚁、尖齿刺结蚁 *Lepisiota acuta* Xu、安宁弓背蚁 *Camponotus anningensis* Wu & Wang等18种（AntWiki，2022），占高黎贡山已知物种总数的7.3%，是典型的横断山地区代表种。因此，高黎贡山蚂蚁区系具有典型的东喜马拉雅地区、横断山地区和印度-缅甸地区区系汇聚特点。

7　高黎贡山蚂蚁的物种多样性

7.1　典型地段物种多样性比较

在高黎贡山记录到蚂蚁11亚科67属245种，个体密度平均值为155.0头/m²，多样性指数为4.1489。从北到南的5个地段中，亚科数目在7～9个，其中，中部泸水段和中南部坝湾段各有9亚科，北部贡山段和南部龙陵段各有8亚科，中北部福贡段只有7亚科，与该地段缺少西坡数据有关，西坡为缅甸领土，未做调查。属的数目从北向南依次递增，从北部贡山段30属增至南部龙陵段46属，其中，中北部福贡段因只有东坡数据，属的数目偏低（28属）。物种数目从北向南依次递增，从北部贡山段的65种增至南部龙陵段的120种，其中，中北部福贡段因只有东坡数据，物种数目偏低（57种）。个体密度平均值从北向南依次递增，从北部贡山段的121.4头/m²增至南部龙陵段的258.1头/m²；其中，中北部福贡段因只有东坡数据，个体密度偏低（119.2头/m²）。多样性指数从北向南总体上依次递增，从北部贡山段的2.9148增至中南部坝湾段的3.5765，其中，中北部福贡段东坡多样性指数偏低（2.7964），南部龙陵段的多样性指数也偏低（3.5576），可能与龙陵段海拔高差较小（1310m），因位于自然保护区之外而受人为干扰较多有关（表4）。

表 4　高黎贡山典型地段蚂蚁物种多样性指标比较

地段名称	海拔范围（m）	海拔高差（m）	亚科数目（个）	属数目（个）	物种数目（个）	个体密度平均值（头/m²）	多样性指数
贡山段	3500～2020	1480	8	30	65	121.4	2.9148
福贡段	3550～1305	2245	7	28	57	119.2	2.7964
泸水段	3065～1265	1800	9	40	101	129.5	3.4767
坝湾段	2293～720	1573	9	45	119	172.6	3.5765
龙陵段	2060～750	1310	8	46	120	258.1	3.5576
高黎贡山	3550～720	2830	11	67	245	155.0	4.1489

注：中北部福贡段只有东坡数据，西坡属缅甸领土未做调查。

7.2　南北向物种多样性比较

在高黎贡山西坡记录到蚂蚁11亚科45属119种，个体密度平均值为174.9头/m²，多样性指数为3.6264。从北到南5个地段的亚科数目几乎均等，多为7亚科，只有南部龙陵段稍高（8亚科）；属的丰富度从北向南依次递增，从20属增至37属，但是北部贡山段偏高（22属）；种的丰富度从北向南依次递增，从30种增至84种，但是北部贡山段偏高（40种）；个体密度平均值从北向南依次递增，从78.3头/m²增至411.8头/m²，但是北部贡山段偏高（105.6头/m²）；多样性指数从北向南依次递增，从2.2309增至2.9602，但是北部贡山段偏高（2.3578）。北部贡山段多样性各项指标普遍偏高的原因，可能与该地段海拔高差偏大（2020m）有关（徐正会等，2021）（表5）。

在高黎贡山东坡记录到蚂蚁10亚科56属172种，个体密度平均值为138.6头/m²，多样性指数为4.0522。从北到南5个地段的亚科数目不等，在6～9个之间，其中，中部泸水段最丰富（9亚科），中北部福贡段次高（7亚科），其余3个地段均为6亚科；属的丰富度从北向南依次递增，从25属增至40属，但是南部龙陵段偏低（39属）；种的丰富度从北向南依次递增，从50种增至103种，但是南部龙陵段偏低（81种）。个体密度平均值缺乏规律，为119.2~163.6头/m²，中部泸水段最高（163.6头/m²），中北部福贡段最低（119.2头/m²）；多样性指数从北向南依次递增，从2.5534增至3.6871，但是南部龙陵段偏低（3.3982）。南部龙陵段多样性各项指标普遍偏低的原因，可能与该地段地处自然保护区之外且受人为干扰较大有关（徐正会等，1999a）（表5）。

表 5　高黎贡山典型地段东西坡蚂蚁物种多样性指标比较

坡向	西坡						
地段名称	海拔范围（m）	海拔高差（m）	亚科数目（个）	属数目（个）	物种数目（个）	个体密度平均值（头/m²）	多样性指数
贡山段	3241～1221	2020	7	22	40	105.6	2.3578
福贡段	—	—	—	—	—	—	—
泸水段	3041～1784	1257	7	20	30	78.3	2.2309
坝湾段	2276～1288	988	7	27	55	192.8	2.4902
龙陵段	2060～1011	1049	8	37	84	411.8	2.9602
高黎贡山	3241～1011	2230	11	45	119	174.9	3.6264

坡向	东坡					
地段名称	海拔范围（m）	海拔高差（m）	亚科数目（个）	属数目（个）	物种数目（个）	个体密度平均值（头/m²）	多样性指数
贡山段	3500～1465	2035	6	25	50	125.5	2.5534
福贡段	3550～1305	2245	7	28	57	119.2	2.7964
泸水段	3065～1265	1800	9	36	92	163.6	3.4347
坝湾段	2293～720	1573	6	40	103	158.2	3.6871
龙陵段	2023～750	1273	6	39	81	130.1	3.3982
高黎贡山	3550～720	2830	10	56	172	138.6	4.0522

注：中北部福贡段只有东坡数据，西坡属缅甸领土未做调查。

7.3　东西坡物种多样性比较

在高黎贡山，东西坡的亚科数目不等，西坡有11亚科，东坡只有10亚科；但是东坡的属、种丰富度和多样性指数均高于西坡，而西坡的个体密度高于东坡。在从北向南的5个地段中，北部贡山段、中南部坝湾段和南部龙陵段西坡的亚科数均高于东坡，而中部泸水段情况相反，东坡的亚科数高于西坡；中北部福贡段西坡缺乏数据，未做比较。除福贡段外，其余4个地段东坡的属、种丰富度和多样性指数均高于西坡，即使是海拔高差相近的贡山段东西坡也出现了相同的现象。个体密度的情况则不尽相同，北部贡山段和中部泸水段为东坡高于西坡，而中南部坝湾段和南部龙陵段为西坡高于东坡（表5）。

8　高黎贡山蚂蚁区系特征和多样性特点

高黎贡山动植物区系多样而独特，很早就引起国内外学者的关注。早在明代崇祯年间，著名地理学家徐霞客长途跋涉进入高黎贡山，对地貌和植被作了考察和记述。1868—1940年，先后有英国人Anderson（1868，1875）、法国人Sonlie（1895年前后）、奥地利人Handel-Mazzetti（1915）、英国人Ward（1922—1924）、美国人Rock（1902）、英国人Forrest（1904—1932）进入高黎贡山调查鸟类、两栖类、鱼类、兽类、昆虫和植物，采集大量动植物标本并运回欧美的博物馆作研究（薛纪如，1995）。20世纪30年代开始，中国北平静生生物调查所、北平研究院植物研究所、庐山植物园、中国科学院植物研究所、昆明植物研究所、云南大学、武汉大学、昆明动物研究所、西南林学院等研究所和大学的蔡希陶、刘慎谔、秦仁昌、薛纪如、毛品一、武素功、陈介、彭燕章、王应祥等先后进入高黎贡山开展动植物调查研究（熊清华和艾怀森，2006），但上述考察研究均未涉及高黎贡山的蚁科昆虫。1989—1995年，西南林学院等单位对高黎贡山自然保护区进行综合科学考察，记录野生植物资源902种，兽类115种，鸟类343种，爬行类48种，两栖类28种，鱼类47种，昆虫782种（薛纪如，1995），也没有记录蚁科昆虫。

与其他动植物研究相比，高黎贡山蚂蚁区系和多样性的研究起步较晚。直至唐觉和李参（1992）在《横断山区昆虫》中首次记录分布于高黎贡山泸水的1种蚂蚁，侧扁弓背蚁 Camponotus compressus (Fabricius, 1787)，该报道比最早的西藏蚂蚁研究（Mayr, 1889）晚了103年。2001—2012年，徐正会等先后报道高黎贡山自然保护区蚂蚁13种，其中发现1个新属和9个新种（Xu, 2001a, 2001b, 2003, 2006, 2012; Xu & Chai, 2004; Xu & Liu, 2012）；2001—2006年，徐正会等通过群落调查报道高黎贡山自然保护区蚂蚁21种（徐正会等，2001a，2001b，2001c，2002，2006）。Liu 等（2020）报道高黎贡山自然保护区蚂蚁130种，其中包括89个已知种和41个待定种。2019—2021年，西南林业大学生物多样性保护学院蚂蚁课题组、云南高黎贡山国家级自然保护区保山管护局和怒江管护局合作对高黎贡山蚂蚁物种多样性开展全面联合调查，记录蚂蚁193种，其中包括162个已知种和31个待定种。由于早期研究条件有限，前人记载的物种中存在部分种类鉴定错误问题，加之分类学一直处于完善之中，分类系统和系统发育关系不断更新，一些同物异名问题被发现，一些种的分类归属发生了变更。综合考虑上述因素，本书对前人记录的高黎贡山蚂蚁物种作了逐一甄别，汇总前人研究成果，合计记载高黎贡山蚂蚁11亚科67属245个已知，比前人研究新增17属124种，属和种的增长率分别为28.4%和50.6%，基本查清了高黎贡山蚂蚁区系和物种多样性。

高黎贡山地处亚洲动物地理中古北界与东洋界分界线附近（Wallace，1876；张荣祖，2011），是青藏高原向横断山区过渡地带，连接着东喜马拉雅地区、横断山地区和印度-缅甸地区3个全球生物多样性热点地区（熊清华和艾怀森，2006；Conservation International，2022），因此其蚂蚁区系具有3个区域成分交汇聚集的特点。北部喜马拉雅和青藏高原区系成分沿山岭向南扩散，南部中南半岛和滇南谷地热带亚热带区系成分沿河谷向北延伸，西部印度-缅甸区系向东渗透，在高黎贡山形成了丰富多样的蚂蚁区系，多达245个已知种，仅低于西双版纳热带雨林地区（326种）（徐正会，2002；Liu 等，2015），显著高于云南铜壁关自然保护区及邻近地区（130种）（李安娜等，2017）、云南哀牢山自然保护区（206种）（钱怡顺等，2021）、云南南滚河自然保护区（188种）（宋扬等，2013，2014）、滇西南地区（188种）（郭宁妍等，2021，2022）、滇东南地区（197种）（诸慧琴等，2019，2020）、滇东北地区（120种）（黄钊等，2019）和西藏自治区（183种）（徐正会等，2021）。从区系成分来看，高黎贡山蚂蚁区系以东洋界成分占绝对优势，古北界成分相对贫乏，与其他动物地理界存在一定渊源关系。属级水平上以东洋界成分为主，与其他动物地理界的紧密度依次为古北界、澳洲界、非洲界、新北界和新热带界；种级水平上以东洋界成分占绝对优势，与其他动物地理界的紧密度依次为古北界、澳洲界、非洲界、新北界、新热带界。在中国动物地理区划中，高黎贡山蚂蚁区系以西南区成分为主，与其他动物地理区的紧密度依次为华南区、华中区、华北区、青藏区、蒙新区、东北区。

中国的陆地动物地理纵跨古北界和东洋界，中东部以秦岭—淮河为界（张荣祖，2011）。在西藏境内，徐正会等（2021）通过研究蚂蚁区系，提出在喜马拉雅山区和藏东南地区以南坡海拔2750m作为古北界和东洋界分界线观点。高黎贡山毗邻藏东南地区，位于该分界线南侧，通过其蚂蚁区系成分分析，发现仅有9个物种分布于北段和中北段海拔3000～3550m的高海拔区域，其中除了近丽红蚁分布于海拔2750m分界线及以上外，其余8个种的垂直分布均跨越海拔2750m分界线，属于古北界与东洋界共有种。所以，高黎贡山龙陵至贡山区域应划入东洋界范围。

高黎贡山呈南北走向，5个典型地段蚂蚁群落的属种丰富度从北向南依次递增，个体密度从北向南依次递增，表明蚂蚁群落属种丰富度和个体密度与纬度和有效积温呈正相关关系（徐正会等，2021）。多样性指数从北向南依次递增，但是位于南部的龙陵段出现偏低现象，可能与该段的垂直高差较小（徐正会等，2021）和人为干扰较大有关（徐正会等，1999a），龙陵段垂直高差1310m，均低于其他地段的垂直高差（1480～1800m）。其次是龙陵段位于高黎贡山自然保护区之外，各海拔高度上的植被类型均受到不同程度人为干扰，所以多样性指数有所降低。中北部福贡段因缺乏西坡数据，未做比较讨论。从东西坡来看，西坡4个垂直带的属种丰富度、个体密度和多样性指数从北向南依次递增，但是北部贡山段的各项指标均出现偏高现象，可能与该垂直带的垂直高差较大有关，该垂直带海拔高差2020m，均高于其他3个垂直带的垂直高差（988～1257m），较大的垂直高差可以为蚂蚁群落提供更丰富的栖息生境，提高了物种的多样性（徐正会等，2021）；东坡5个垂直带的属种丰富度、多样性指数从北向南依次递增，但是南部龙陵垂直带的各项指标均偏低，与该垂直带的垂直高差较小和人为干扰较大有关（徐正会等，1999a），龙陵东坡垂直带海拔高差1273m，均低于其余4个垂直带的垂直高差（1573～2245m），且该垂直带位于自然保护区之外，其植被普遍受到人为干扰。东坡5个垂直带的个体密度从北向南缺乏规律，除了气温因素外，可能同时受到湿度因素影响（熊清华和艾怀森，2006）。

在高黎贡山东西2个坡面上，东坡的属种丰富度和多样性指数普遍高于西坡，即使是垂直高差相近的北部贡山段，其东坡的属种丰富度和多样性指数均高于西坡；而个体密度出现北部和中部东坡高于西坡，中南部和南部西坡高于东坡现象。上述两方面的现象主要与高黎贡山的降雨和湿度有关：一方面，孟加拉湾暖湿气流由印度洋北上，遇到喜马拉雅山脉和横断山系阻挡转而向东抬升，在高黎贡山西坡抬升过程中形成丰沛降雨，显著增加了西坡的湿度，不利于蚂蚁栖息繁衍；另一方面，通过高黎贡山山顶的暖湿气流到达东坡后，水汽大为减少，在东坡的降雨明显减少，加之气流沿东坡下降产生焚风效应，在东坡怒江河谷形成干热河谷气候（薛纪如，1995；徐正会等，2001a），虽然谷底过干不利于蚂蚁繁衍，但在东坡中上部则为蚂蚁群落营造了适宜的生存环境，因此，东坡具有较高的属种丰富度和多样性。个体密度的变化规律与属种丰富度和多样性指数不同，除了气温因素外，更多受到降雨及湿度因素影响。北部贡山段和中部泸水段西坡降雨显著高于中南部坝湾段和南部龙陵段，而中南部和南部西坡的湿度接近东坡，处于相对适宜的湿度范围，这样的条件更有利于提升蚂蚁个体密度。可见高黎贡山东西坡气候分异明显，东坡较高的气温和适宜的湿度更有利于蚂蚁生存，属种丰富度和物种多样性较高；中南部和南部西坡适宜的湿度则有利于提升蚂蚁个体密度。

分　论

工蚁是蚁巢内外最常见的类型，分论部分采用Bolton（1995）分类系统，依据工蚁的形态特征记载高黎贡山蚂蚁11亚科67属245种。每种蚂蚁提供其分类地位、工蚁的简要形态特征、生态学特性和显微叠加彩色照片，如果1种蚂蚁巢内的工蚁分化出大型工蚁（兵蚁）和小型工蚁，则同时记录其大型工蚁和小型工蚁。显微叠加彩色照片依据西南林业大学标本馆森林昆虫标本室蚂蚁标本分室馆藏的高黎贡山蚂蚁标本及其他蚂蚁标本，采用成都励扬精密机电有限公司生产的励扬显微叠加照相系统（Liyang Super Resolution System LY-WN-YH）拍摄，彩色照片采用Zerene Stacker（zerenesystems.com/cms/home）软件合成，最后采用Adobe Photoshop CS6工具对合成的照片进行剪裁处理。另外，有17种蚂蚁暂无馆藏标本，其彩色照片引自AntWeb（2022）或AntWiki（2022），已在物种照片引用处标明其出处和摄影师，并在书中表示了感谢。

鉴于迄今为止我国并未发现切割树叶培养真菌作为食物的真正切叶蚁，本书中对以往属名中含有"切叶蚁"字样的属名作了修订，删除了属名中"切叶"二字；删除"切叶"二字后不能使用的属名，重新修订了属名：盲切叶蚁属*Carebara* Westwood, 1840修订为重头蚁属，沟切叶蚁属*Cataulacus* Smith, 1854修订为沟纹蚁属，切叶蚁属*Myrmecina* Curtis, 1829修订为双脊蚁属。至于切叶蚁亚科Myrmicinae的名称，因为已经使用很广泛，不宜修改，继续沿用，也是对该亚科中文名称拟定者唐觉先生的纪念。

分论部分记载高黎贡山蚂蚁已知11亚科67属245种的归属及亚科顺序依次为钝猛蚁亚科Amblyoponinae 1属3种，刺猛蚁亚科Ectatomminae 1属2种，卷尾猛蚁亚科Proceratiinae 2属5种，猛蚁亚科Ponerinae 13属36种，粗角蚁亚科Cerapachyinae 2属2种，行军蚁亚科Dorylinae 1属1种，盲蚁亚科Aenictinae 1属6种，伪切叶蚁亚科Pseudomyrmecinae 1属4种，切叶蚁亚科Myrmicinae 24属109种，臭蚁亚科Dolichoderinae 6属14种，蚁亚科Formicinae 15属63种。亚科内各属按照属名拉丁字母排序，属内物种按照种名拉丁字母排序，具体顺序可参考书后的附录。

彩色照片引自AntWeb（2022）或AntWiki（2022）的17种蚂蚁，按书中出现的顺序依次为瓦氏盲蚁*Aenictus watanasiti* Jaitrong & Yamane, 2013、棕色举腹蚁*Crematogaster brunnea* Smith, 1857、特拉凡举腹蚁*Crematogaster travancorensis* Forel, 1902、江口双凸蚁*Dilobocondyla eguchii* Bharti & Kumar, 2013、少节双脊蚁*Myrmecina pauca* Huang et al., 2008、阿伦大头蚁*Pheidole allani* Bingham, 1903、长节大头蚁*Pheidole fervens* Smith, 1858、皱胸大头蚁*Pheidole rugithorax* Eguchi, 2008、亮火蚁*Solenopsis nitens* Bingham, 1903、吉上瘤颚蚁*Strumigenys kichijo* (Terayama et al., 1996)、沟瘤颚蚁*Strumigenys taphra* (Bolton, 2000)、白斑弓背蚁*Camponotus leucodiscus* Wheeler, 1919、辐毛弓背蚁*Camponotus radiatus* Forel, 1892、网纹弓背蚁*Camponotus reticulatus* Roger, 1863、西姆森弓背蚁*Camponotus siemsseni* Forel, 1901、孔明拟立毛蚁*Paraparatrechina kongming* (Terayama, 2009)、平滑多刺蚁*Polyrhachis laevigata* Smith, 1857。

梅里点眼猛蚁

Stigmatomma meilianum (Xu & Chu, 2012)

【分类地位】 钝猛蚁亚科Amblyoponinae / 点眼猛蚁属*Stigmatomma* Roger, 1859

【形态特征】 工蚁体长4.9mm。正面观头部梯形，向前变宽，后缘浅凹，前侧角具齿突。上颚狭长，咀嚼缘具8个齿，端部2个齿和基部2个齿简单，中间4个齿二叉状，端齿狭长，基齿粗大。唇基前缘中部圆形隆起，中叶具4个细齿，两侧各具1个小齿和1个大齿。额脊较短，额叶发达，遮盖触角窝。触角12节，柄节未到达头后角。复眼很小，具5个小眼。侧面观胸部背面轻度隆起，向后轻度降低，前中胸背板缝和后胸沟明显；并胸腹节后上角钝角状。腹柄与后腹部宽阔连接，前上角近直角形，窄圆，腹柄下突近长方形。后腹部伸长，近圆柱形，基部2节之间缢缩，腹末具螫针。头部具网状细刻纹，胸部侧面具倾斜细皱纹，腹柄和后腹部较光滑。身体背面具稀疏直立或亚直立毛和丰富倾斜绒毛被。身体红棕色，复眼浅黑色，上颚、触角和足黄棕色。

【生态学特性】 栖息于福贡东坡海拔2750m的苔藓常绿阔叶林内，在地表、朽木内觅食。

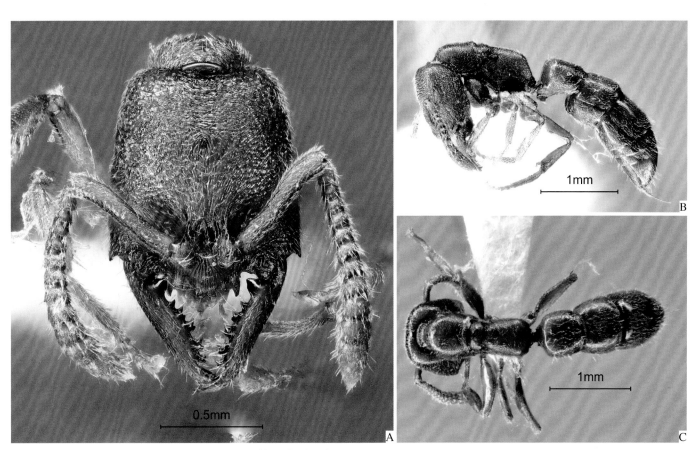

梅里点眼猛蚁*Stigmatomma meilianum*
A. 工蚁头部正面观；B. 工蚁整体侧面观；C. 工蚁整体背面观

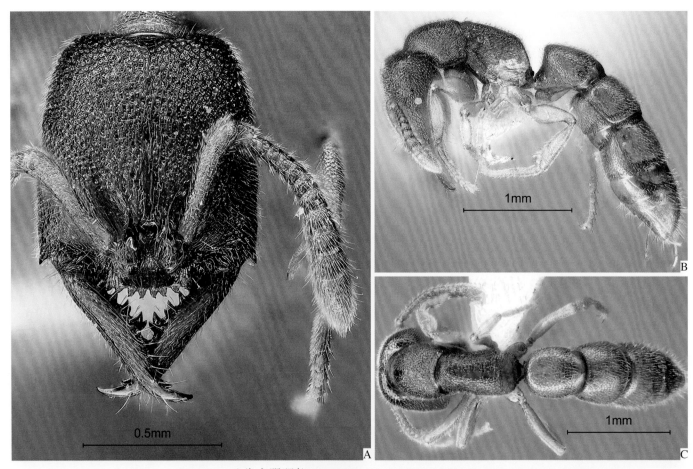

八齿点眼猛蚁 *Stigmatomma octodentatum*
A. 工蚁头部正面观；B. 工蚁整体侧面观；C. 工蚁整体背面观

八齿点眼猛蚁
Stigmatomma octodentatum (Xu, 2006)

【**分类地位**】 钝猛蚁亚科Amblyoponinae ／点眼猛蚁属*Stigmatomma* Roger, 1859

【**形态特征**】 工蚁体长4.2～4.5 mm。正面观头部梯形，向前变宽，后缘浅凹，前侧角具齿突。上颚狭长，咀嚼缘具8个齿，端部2个齿和基部2个齿简单，中间4个齿呈二叉状，端齿狭长，基齿粗大。唇基前缘中部圆形隆起，具8个简单齿。额脊较短，额叶发达，遮盖触角窝。触角12节，柄节未到达头后角。复眼很小，具5～6个小眼。侧面观胸部背面中度隆起，向后轻度降低，前中胸背板缝明显，后胸沟浅凹；并胸腹节后上角窄圆。腹柄与后腹部宽阔连接，前上角近直角形，前面轻度凹入，腹柄下突楔形。后腹部伸长，近圆柱形，基部2节之间缢缩，腹末具螫针。头部具网状细刻纹，胸部侧面具倾斜细皱纹，腹柄和后腹部较光滑。身体背面具丰富直立或亚直立毛和密集倾斜绒毛被。身体红棕色，复眼浅黑色，上颚、触角和足棕黄色。

【**生态学特性**】 栖息于泸水东坡海拔1500～2250m的季风常绿阔叶林、中山常绿阔叶林内，在地表、土壤内觅食。

三叶点眼猛蚁

Stigmatomma trilobum (Xu, 2001)

【分类地位】 钝猛蚁亚科Amblyoponinae / 点眼猛蚁属*Stigmatomma* Roger, 1859

【形态特征】 工蚁体长4.5mm。正面观头部梯形，向前变宽，后缘近平直，前侧角具齿突。上颚狭长，咀嚼缘具8个齿，端部2个齿和基部2个齿简单，中间4个齿呈二叉状，端齿狭长，基齿粗大。唇基前缘中部圆形隆起，具3个叶状突，中叶端部具4个细齿，侧叶各具2个细齿。额脊较短，额叶发达，遮盖触角窝。触角12节，柄节未到达头后角。缺复眼。侧面观胸部背面轻度隆起，向后轻度降低，前中胸背板缝和后胸沟明显；并胸腹节后上角钝角状。腹柄与后腹部宽阔连接，前上角近直角形，前面平直，腹柄下突近方形。后腹部伸长，近圆柱形，基部2节之间缢缩，腹末具螫针。头部具密集刻点，胸部侧面具倾斜细皱纹，腹柄和后腹部较光滑。身体背面具稀疏直立或亚直立毛和密集倾斜绒毛被。身体红棕色，上颚、触角和足棕黄色。

【生态学特性】 栖息于泸水西坡海拔2500m的中山常绿阔叶林内，在地表觅食。

三叶点眼猛蚁*Stigmatomma trilobum*

A. 工蚁头部正面观；B. 工蚁整体侧面观；C. 工蚁整体背面观

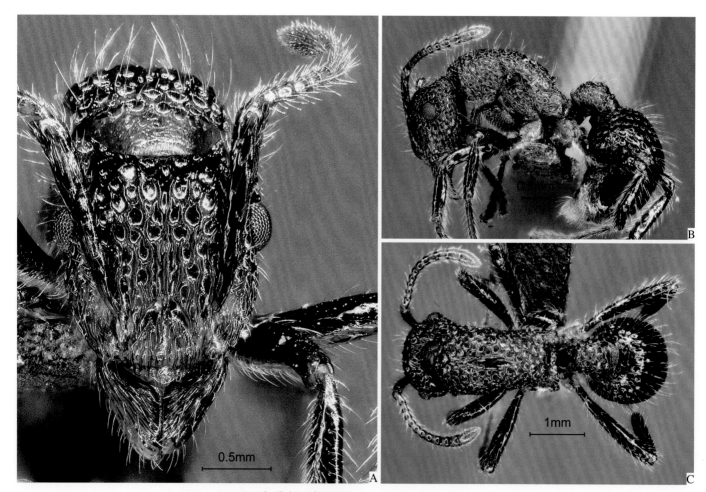

双色曲颊猛蚁*Gnamptogenys bicolor*
A. 工蚁头部正面观；B. 工蚁整体侧面观；C. 工蚁整体背面观

双色曲颊猛蚁

Gnamptogenys bicolor (Emery, 1889)

【分类地位】 刺猛蚁亚科Ectatomminae／曲颊猛蚁属*Gnamptogenys* Roger, 1863

【形态特征】 工蚁体长4.9~5.1mm。正面观头部近梯形，向前变窄，后缘深凹，后角突出呈叶状。上颚三角形，咀嚼缘具众多细齿。唇基前缘中度隆起呈钝角状。额脊到达复眼前缘水平，额叶遮盖触角窝，触角窝互相远离。触角12节，柄节超过头后角，鞭节向顶端轻度变粗。复眼中等大，隆起，位于头中线之后。侧面观胸部背面隆起呈弓形，向后降低，前中胸背板缝和后胸沟消失；并胸腹节刺呈小齿状，后侧叶宽大。腹柄结长而低，背面强烈隆起呈半圆形，腹柄下突发达，近梯形，前下角突出。后腹部近梭形，基部2节间收缩，腹末具螫针。上颚具细纵条纹，头部、胸部、腹柄和后腹部第1节具大型凹坑，其余腹节较光滑。身体背面具稀疏直立或亚直立毛和丰富倾斜绒毛被。身体红棕色，头部和后腹部棕黑色至黑色。

【生态学特性】 栖息于泸水东坡海拔1000m的干热河谷稀树灌丛内，在土壤内觅食。

方结曲颊猛蚁

Gnamptogenys quadrutinodules Chen et al., 2017

【分类地位】　刺猛蚁亚科Ectatomminae／曲颊猛蚁属*Gnamptogenys* Roger, 1863

【形态特征】　工蚁体长4.1～4.2mm。正面观头部近梯形，向前变窄，后缘中央浅凹，后角窄圆。唇基前缘强烈隆起呈钝角状。上颚三角形，咀嚼缘具众多细齿。额脊到达复眼水平，额叶遮盖触角窝，触角窝互相远离。触角12节，柄节末端刚到达头后角，鞭节向顶端变粗。复眼较小，隆起，位于头中线稍后处。侧面观胸部背面隆起呈弓形，向后降低，前中胸背板缝细弱，后胸沟消失；并胸腹节后上角钝角状。腹柄结厚而高，近方形，轻度后倾，后上角高于前上角，腹柄下突发达，近方形。后腹部近锥形，基部2节间收缩，腹末具螫针。上颚具细纵条纹，头部背面具小型凹坑和稀疏纵皱纹，胸部、腹柄和后腹部第1节具小型凹坑，胸部侧面下部具纵皱纹，后腹部其余腹节较光滑。身体背面具丰富直立或亚直立毛和丰富倾斜绒毛被。身体红棕色至黑棕色，上颚和附肢黄棕色。

【生态学特性】　栖息于贡山东坡海拔2442m的中山常绿阔叶林内，在地表觅食。

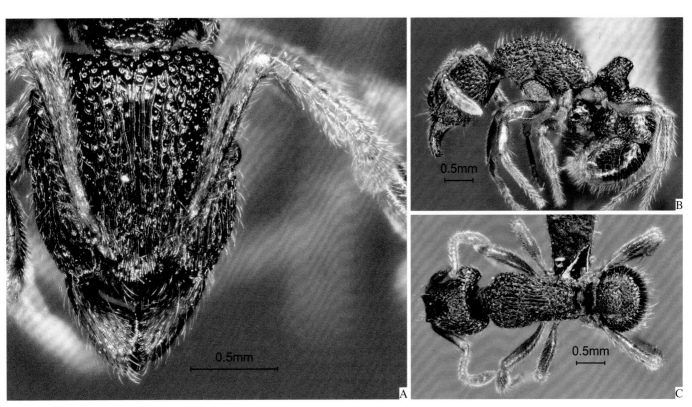

方结曲颊猛蚁*Gnamptogenys quadrutinodules*
A. 工蚁头部正面观；B. 工蚁整体侧面观；C. 工蚁整体背面观

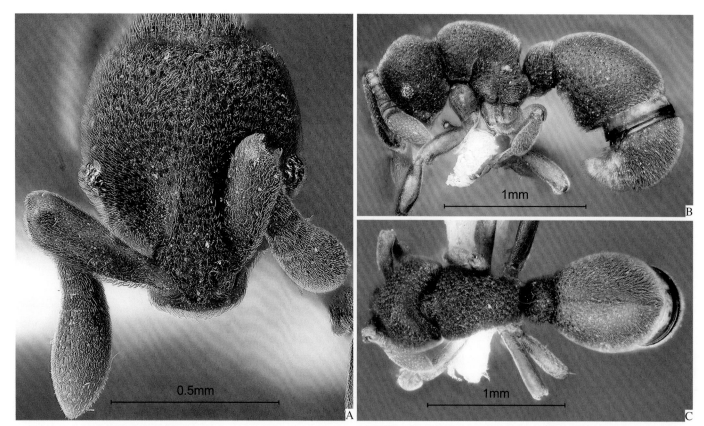

版纳盘猛蚁*Discothyrea banna*

A. 工蚁头部正面观；B. 工蚁整体侧面观；C. 工蚁整体背面观

版纳盘猛蚁

Discothyrea banna Xu et al., 2014

【分类地位】 卷尾猛蚁亚科Proceratiinae ／ 盘猛蚁属*Discothyrea* Roger, 1863

【形态特征】 工蚁体长2.5～2.9mm。正面观头部近梯形，向前急剧变窄，后缘平直，后角宽圆，侧缘强烈隆起。上颚小、三角形，被唇基遮盖。唇基狭窄，前缘轻度隆起。额区隆起近菱形，额脊到达复眼水平，额叶部分遮盖触角窝。触角短，9节，柄节未到达头后角，鞭节向顶端变粗，端节强烈膨大呈棒状。复眼中等大，位于头中线附近。侧面观胸部背面轻度隆起呈弱弓形，前中胸背板缝和后胸沟消失；并胸腹节后上角窄圆，斜面深凹。腹柄结近三角形，端部后弯，后缘凹陷。后腹部近梭形，基部2节间强烈收缩，端部2～5节向前下方强烈弯曲，腹末具螯针。头部、胸部、腹柄和后腹部第1节具密集粗糙刻点，其余腹节具细密刻点。身体背面具密集直立至倾斜绒毛被，缺立毛。身体红棕色，附肢浅棕色，复眼黑色。

【生态学特性】 栖息于高黎贡山南部低海拔区域的山地雨林、季雨林、常绿阔叶林内，在地表觅食。

滇盘猛蚁

Discothyrea diana Xu et al., 2014

【分类地位】 卷尾猛蚁亚科Proceratiinae / 盘猛蚁属*Discothyrea* Roger, 1863

【形态特征】 工蚁体长1.8～1.9mm。正面观头部近梯形，向前急剧变窄，后缘中央浅凹，后角宽圆，侧缘中度隆起。上颚小，三角形，被唇基遮盖。唇基狭窄，前缘近平直。额区隆起，近三角形。缺额脊，额叶部分遮盖触角窝。触角短，7节，柄节末端稍超过复眼，鞭节向顶端变粗，端节强烈膨大呈棒状。复眼小，隆起，位于头中线稍前处。侧面观胸部背面隆起呈弓形，前中胸背板缝和后胸沟消失；并胸腹节后上角突出呈锐角状，斜面深凹，后侧叶短而宽。腹柄结近三角形，端部后弯，后缘凹陷，背面中部横向浅凹，腹柄下突发达，三角形。后腹部近梭形，基部2节间收缩，2～5节向前下方强烈弯曲，腹末具螫针。头部、胸部、腹柄和后腹部第1节具密集粗糙刻点，其余腹节较光滑。身体背面具密集直立至倾斜绒毛被，缺立毛。身体红棕色，附肢和腹末浅棕色，复眼浅黑色。

【生态学特性】 栖息于高黎贡山南部低海拔区域的山地雨林、季雨林、常绿阔叶林内，在地表觅食。

滇盘猛蚁*Discothyrea diana*

A. 工蚁头部正面观；B. 工蚁整体侧面观；C. 工蚁整体背面观

长腹卷尾猛蚁*Proceratium longigaster*

A.工蚁头部正面观；B.工蚁整体侧面观；C.工蚁整体背面观

长腹卷尾猛蚁

Proceratium longigaster Karavaiev, 1935

【分类地位】 卷尾猛蚁亚科Proceratiinae / 卷尾猛蚁属*Proceratium* Roger, 1863

【形态特征】 工蚁体长3.0mm。正面观头部近梯形，向前变窄，后缘近平直，后角窄圆，侧缘轻度隆起。上颚三角形，咀嚼缘具7个齿。唇基极狭窄，前缘中部近平直。额脊达到头前部1/3处，额叶部分遮盖触角窝，触角窝到达头部前缘。触角短，12节，柄节未到达头后角，鞭节向顶端轻度变粗。复眼很小，具1个小眼，位于头中线附近。侧面观胸部背面隆起呈弱弓形，向后降低，前中胸背板缝和后胸沟消失；并胸腹节刺短而宽，扁齿状，斜面浅凹。腹柄结短而高，近梯形，背面窄圆，前面和后面近平直，腹柄下突楔形，指向后下方。后腹部近锥形，基部2节间收缩，3~5节向前下方强烈弯曲，腹末具螫针。上颚具稀疏刻点，头部具粗糙皱纹，胸部、腹柄和后腹部第1节具密集刻点。身体背面具丰富直立或亚直立毛和丰富倾斜绒毛被。身体棕红色，附肢棕黄色。

【生态学特性】 栖息于福贡东坡海拔2515m的苔藓常绿阔叶林内，在朽木下筑巢。

龙门卷尾猛蚁
Proceratium longmenense Xu, 2006

【分类地位】　卷尾猛蚁亚科Proceratiinae／卷尾猛蚁属*Proceratium* Roger, 1863

【形态特征】　工蚁体长3.2mm。正面观头部近长方形，后缘近平直，后角窄圆，侧缘轻度隆起。上颚长三角形，咀嚼缘具4个齿。唇基中央向前突出呈三角形。额脊短，额叶狭窄，触角窝大部外露。触角12节，柄节未到达头后角，鞭节向顶端变粗。复眼很小，具1个小眼。侧面观胸部背面隆起呈弓形，中部较平直，缺前中胸背板缝和后胸沟；并胸腹节刺短小，钝齿状，斜面轻度凹入。腹柄厚，近梯形，后倾，背面中度隆起，腹柄下突很小，近方形。后腹部近梭形，基部2节间收缩，3～5节向前下方强烈弯曲，腹末具螫针。上颚具细弱条纹。身体具密集细刻点。身体背面具稀疏直立或亚直立短毛和密集倾斜绒毛被。身体黄色。

【生态学特性】　栖息于高黎贡山中部、南部中低海拔区域的山地雨林、常绿阔叶林、针阔混交林内，在地表觅食。

龙门卷尾猛蚁*Proceratium longmenense*
A. 工蚁头部正面观；B. 工蚁整体侧面观；C. 工蚁整体背面观

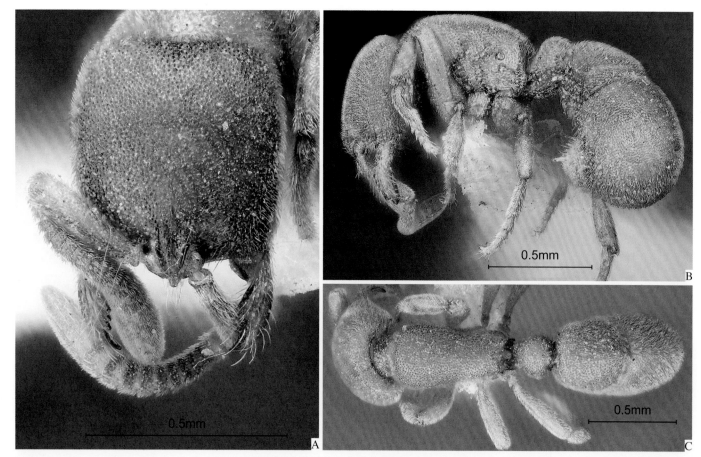

赵氏卷尾猛蚁*Proceratium zhaoi*

A. 工蚁头部正面观；B. 工蚁整体侧面观；C. 工蚁整体背面观

赵氏卷尾猛蚁

Proceratium zhaoi Xu, 2000

【分类地位】 卷尾猛蚁亚科Proceratiinae／卷尾猛蚁属*Proceratium* Roger, 1863

【形态特征】 工蚁体长2.0～2.5mm。正面观头部近方形，后缘轻微隆起，后角窄圆，侧缘轻度隆起。上颚长三角形，咀嚼缘具4个齿。唇基前缘隆起，中央向前突出呈尖齿状。额脊短，额叶狭窄，触角窝大部外露。触角12节，柄节未到达头后角，鞭节向顶端变粗。复眼很小，仅具1个小眼。侧面观胸部背面近平直，前上角窄圆，后上角宽圆，缺前中胸背板缝和后胸沟；并胸腹节后上角钝角状，斜面轻度凹入。腹柄近梯形，后倾，背面中度隆起，腹柄下突很小，近三角形。后腹部近梭形，基部2节间收缩，3～5节向前下方强烈弯曲，腹末具螫针。上颚具细纵条纹，身体具密集细刻点。身体背面具密集直立至倾斜绒毛被，缺立毛。身体黄棕色。

【生态学特性】 栖息于高黎贡山中部、南部中低海拔区域的山地雨林、常绿阔叶林、针阔混交林内，在地表觅食。

玛氏钩猛蚁

Anochetus madaraszi Mayr, 1897

【分类地位】　猛蚁亚科Ponerinae ／钩猛蚁属*Anochetus* Mayr, 1861

【形态特征】　工蚁体长5.1～5.3mm。正面观头部长宽约相等，后缘深凹，侧缘在复眼处突出呈钝角状，后侧缘浅凹，前侧缘近平直。上颚细长，线形，基部互相接近，顶端弯成钩状，具3个齿。唇基前缘中央凹入。额脊短，额叶发达，遮盖触角窝。触角12节，柄节末端到达头后角，鞭节丝状，端部稍膨大。复眼小，位于头中线之前。侧面观胸部背面近平直，前中胸背板缝在背面消失，后胸沟轻微凹入。并胸腹节后上角窄圆。腹柄结高，直立，近梯形，背面宽圆，腹柄下突三角形。后腹部近锥形，基部2节间收缩，腹末具螯针。头部光滑，额叶、头中部和复眼内侧具纵条纹；胸部具条纹和皱纹，中胸侧板光滑；腹柄光滑，前面和侧面下部具条纹；后腹部光滑。身体背面具丰富平伏绒毛被，后腹部端部具稀疏立毛。身体黄棕色。

【生态学特性】　栖息于泸水东坡海拔1000m的干热河谷稀树灌丛内，在地表觅食。

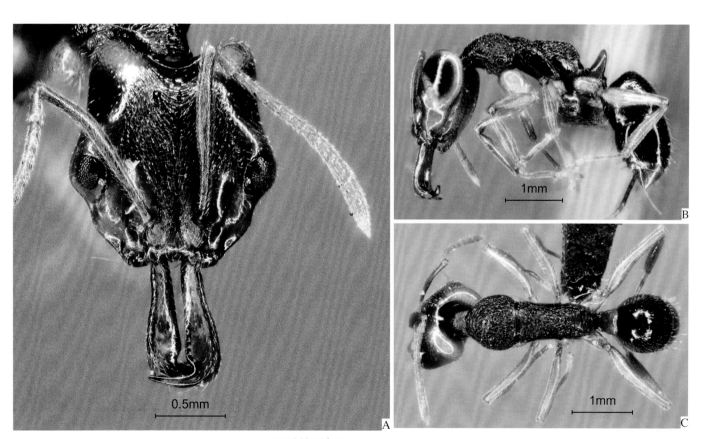

玛氏钩猛蚁*Anochetus madaraszi*

A. 工蚁头部正面观；B. 工蚁整体侧面观；C. 工蚁整体背面观

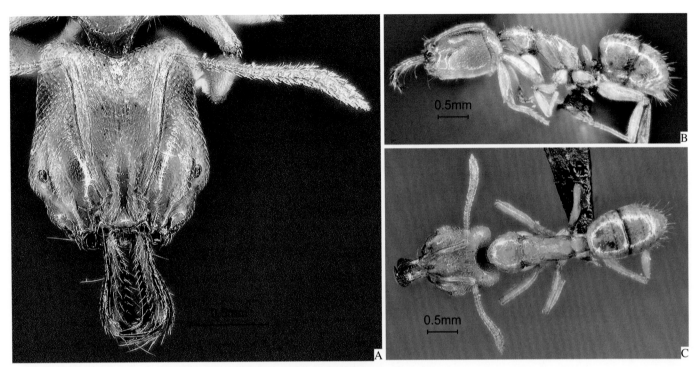

小眼钩猛蚁*Anochetus subcoecus*

A. 工蚁头部正面观；B. 工蚁整体侧面观；C. 工蚁整体背面观

小眼钩猛蚁

Anochetus subcoecus Forel, 1912

【分类地位】 猛蚁亚科Ponerinae / 钩猛蚁属*Anochetus* Mayr, 1861

【形态特征】 工蚁体长2.6～3.8mm。正面观头部长大于宽，后缘深凹，侧缘在复眼处突出，后侧缘轻度凹入，前侧缘轻度隆起。上颚线形，基部互相接近，端部弯成钩状，具3个齿。唇基中央凹入。额脊短，额叶发达，遮盖触角窝。触角12节，柄节未到达头后角，鞭节端部轻度变粗。复眼小，位于头中线之前。侧面观胸部背面轻度隆起，前中胸背板缝和后胸沟浅凹；并胸腹节刺齿状，斜面轻度凹入。腹柄结鳞片状，直立，顶端尖锐，腹柄下突近长方形。后腹部近锥形，基部2节间轻度收缩，腹末具螫针。上颚光滑；头部具纵条纹，唇基、前侧部、后部和触角窝光滑；胸部光滑，并胸腹节背面和侧面后部具皱纹；腹柄和后腹部光滑。身体背面具稀疏直立或亚直立毛和丰富平伏绒毛被。身体黄棕色。

【生态学特性】 栖息于坝湾东坡海拔1000m的干热河谷稀树灌丛内，在土壤内觅食。

黄足短猛蚁

Brachyponera luteipes (Mayr, 1862)

【分类地位】 猛蚁亚科Ponerinae / 短猛蚁属*Brachyponera* Emery, 1900

【形态特征】 工蚁体长2.5～2.6mm。正面观头部近梯形，向前稍变窄，后缘近平直，后角窄圆，侧缘轻度隆起。上颚三角形，咀嚼缘约具9个齿。唇基横形，前缘中央浅凹。额脊短，额叶发达，遮盖触角窝，额区具中央纵脊。触角12节，柄节稍超过头后角，鞭节向顶端轻度变粗。复眼中等大，位于头中线之前。侧面观前中胸背板明显高于并胸腹节，前中胸背板缝明显，后胸沟深凹；并胸腹节背面近平直，约与斜面等长，后上角宽圆。腹柄结高，直立，近梯形，背面窄圆，腹柄下突楔形。后腹部近锥形，基部2节间收缩，腹末具螫针。上颚具刻点；头部具密集刻点；胸部光滑，前胸背板具丰富弱刻点；腹柄和后腹部具丰富具毛细刻点。身体背面具丰富立毛和密集平伏绒毛被。身体黑色至棕黑色，附肢黄棕色。

【生态学特性】 栖息于福贡东坡、泸水东坡、坝湾西坡、坝湾东坡、龙陵西坡、龙陵东坡海拔750～2000m的干热河谷稀树灌丛、干性常绿阔叶林、山地雨林、季风常绿阔叶林、针阔混交林、针叶林、云南松林内，在地表、石下、土壤内觅食，在朽木内、地被下、石下、土壤内筑巢。

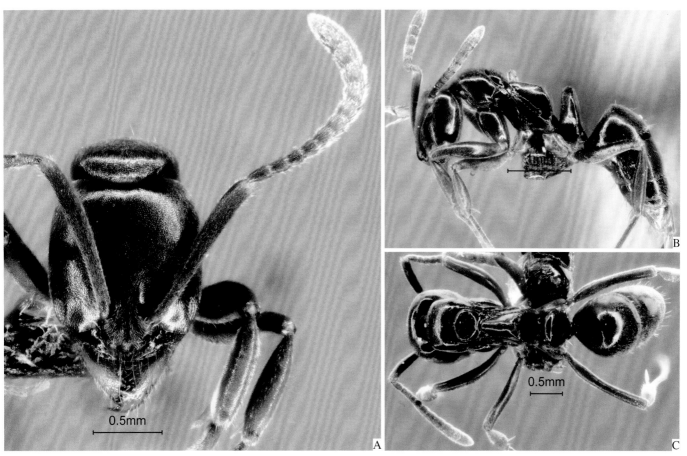

黄足短猛蚁*Brachyponera luteipes*

A. 工蚁头部正面观；B. 工蚁整体侧面观；C. 工蚁整体背面观

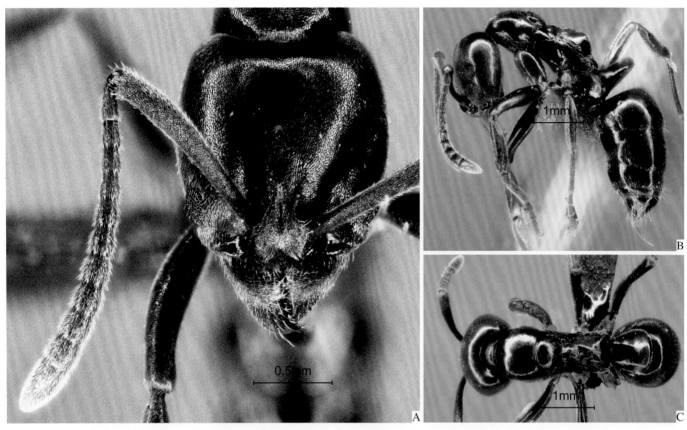

黑色短猛蚁*Brachyponera nigrita*

A. 工蚁头部正面观；B. 工蚁整体侧面观；C. 工蚁整体背面观

黑色短猛蚁

Brachyponera nigrita (Emery, 1895)

【分类地位】 猛蚁亚科Ponerinae / 短猛蚁属*Brachyponera* Emery, 1900

【形态特征】 工蚁体长5.0~5.3mm。正面观头部近长方形，后缘近平直，后角窄圆，侧缘轻度隆起。上颚三角形，咀嚼缘具9个齿。唇基横形，中央凹入。额脊短，额叶发达，遮盖触角窝。触角12节，柄节超过头后角，柄节向顶端轻度变粗。复眼中等大，位于头中线之前。侧面观前中胸背板明显高于并胸腹节，前中胸背板缝明显，后胸沟深凹；并胸腹节背面近平直，长于斜面，后上角宽圆。腹柄结高，直立，近梯形，背面窄圆。后腹部近锥形，基部2节间收缩，腹末具螯针。上颚具丰富刻点；头部具密集刻点；胸部光滑，前胸背板具细刻点，并胸腹节背面具细皱纹；腹柄和后腹部具丰富细刻点。身体背面具丰富立毛和密集平伏绒毛被。身体黑色，附肢黄棕色。

【生态学特性】 栖息于龙陵东坡海拔1000~2250m的山地雨林、季雨林、季风常绿阔叶林、针阔混交林、中山常绿阔叶林、苔藓常绿阔叶林内，在植物上、朽木内、地表、石下、土壤内觅食，在朽木下、石下、土壤内筑巢。

费氏中盲猛蚁
Centromyrmex feae (Emery, 1889)

【分类地位】　猛蚁亚科Ponerinae／中盲猛蚁属*Centromyrmex* Mayr, 1866

【形态特征】　工蚁体长5.4～5.6mm。正面观头部梯形，向前变窄，后缘凹陷，后角窄圆，侧缘轻度隆起。唇基中部轻度前伸，前缘近平直。上颚长三角形，咀嚼缘具10余个钝齿。头部背面中部具纵沟，额脊短，额叶发达，遮盖触角窝。触角12节，柄节刚到达头后角，鞭节向端部轻度变粗。缺复眼。侧面观前中胸背板近平直，高于并胸腹节，前中胸背板缝明显，后胸沟宽形凹陷；并胸腹节背面近平直，短于斜面，后上角窄圆。腹柄结近梯形，轻度后倾，后上角高于前上角，腹柄下突尖刺状。后腹部近梭形，基部2节间轻度收缩，腹末具螫针。上颚具稀疏具毛刻点；头部光滑，额叶和颊区之间具纵条纹，额脊外侧具密集刻点；胸部、腹柄和后腹部光滑。身体背面具丰富立毛和丰富倾斜绒毛被。身体黄棕色。

【生态学特性】　栖息于坝湾东坡海拔750m的干性常绿阔叶林内，在土壤内觅食。

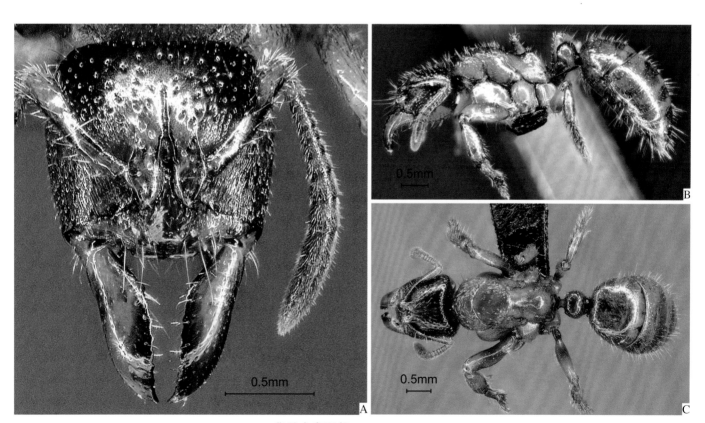

费氏中盲猛蚁*Centromyrmex feae*
A. 工蚁头部正面观；B. 工蚁整体侧面观；C. 工蚁整体背面观

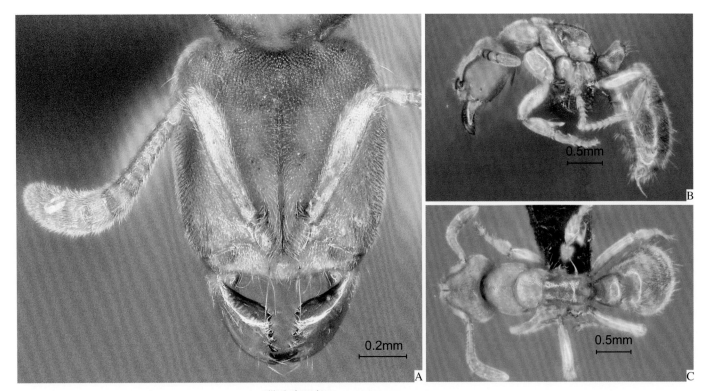

邵氏隐猛蚁*Cryptopone sauteri*
A. 工蚁头部正面观；B. 工蚁整体侧面观；C. 工蚁整体背面观

邵氏隐猛蚁

Cryptopone sauteri (Wheeler, 1906)

【分类地位】　猛蚁亚科Ponerinae／隐猛蚁属*Cryptopone* Emery, 1892

【形态特征】　工蚁体长3.8～3.9mm。正面观头部近长方形，向前稍变窄，后缘浅凹，后角窄圆，侧缘轻度隆起。唇基横形，前缘轻度隆起，中部近平直。上颚三角形，咀嚼具8个齿。触角12节，柄节未到达头后角，鞭节向端部变粗。复眼很小，具3个小眼，位于头中线之前。侧面观前中胸背板轻微隆起，前中胸背板缝明显，后胸沟浅凹；并胸腹节背面近平直，稍长于斜面，后上角窄圆。腹柄结高，近梯形，轻度后倾，背缘窄圆，后上角高于前上角，腹柄下突三角形。上颚具稀疏具毛刻点；头部具粗糙刻点，唇基中部光滑；胸部具细刻点，侧板中部光滑；腹柄和后腹部具微刻点。身体背面具丰富立毛和密集倾斜绒毛被。体黄棕色，头部暗棕色。

【生态学特性】　栖息于贡山西坡、泸水西坡海拔1500～2000m的季风常绿阔叶林、针阔混交林内，在石下、土壤内觅食。

敏捷扁头猛蚁

Ectomomyrmex astutus (Smith, 1858)

【分类地位】 猛蚁亚科Ponerinae / 扁头猛蚁属*Ectomomyrmex* Mayr, 1867

【形态特征】 工蚁体长16.0～17.2mm。正面观头部近方形，后缘角状深凹，后角钝角状，侧缘中度隆起。上颚三角形，咀嚼缘具9～10个齿。唇基横形，前缘中央凹陷。额脊短，额叶发达，遮盖触角窝。触角12节，柄节刚达到头后角，鞭节向端部轻度变粗。复眼较小，位于头中线之前。侧面观前中胸背板轻度隆起，稍高于并胸腹节，前中胸背板缝明显，后胸沟浅凹；并胸腹节背面轻度隆起，约与斜面等长，后上角宽圆。腹柄结近三角形，直立，前缘近平直，后缘隆起，前上角近直角形，腹柄下突楔形。后腹部近锥形，基部2节间收缩，腹末具螫针。上颚具细纵条纹；头胸部具纵条纹，前胸背板具环纹，并胸腹节斜面具纵条纹；腹柄具横条纹，后腹部较光滑。身体背面具丰富立毛和丰富倾斜绒毛被。身体黑色，附肢暗红色。

【生态学特性】 栖息于贡山西坡海拔1250～1750m的季雨林、季风常绿阔叶林内，在朽木下、地表、土壤内觅食，在石下筑巢。

敏捷扁头猛蚁*Ectomomyrmex astutus*

A.工蚁头部正面观；B.工蚁整体侧面观；C.工蚁整体背面观

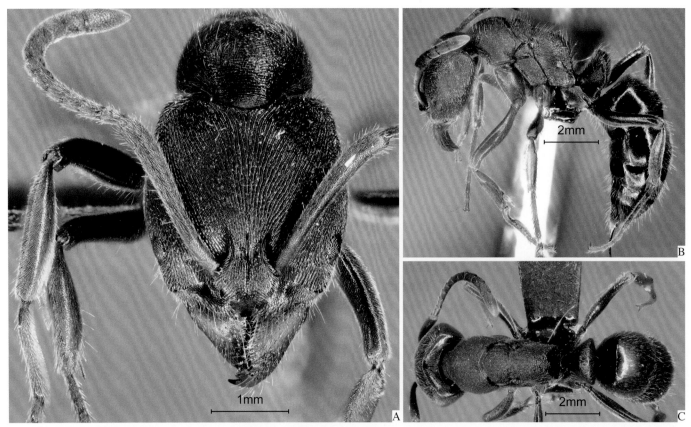

爪哇扁头猛蚁*Ectomomyrmex javanus*

A. 工蚁头部正面观；B. 工蚁整体侧面观；C. 工蚁整体背面观

爪哇扁头猛蚁

Ectomomyrmex javanus Mayr, 1867

【**分类地位**】 猛蚁亚科Ponerinae / 扁头猛蚁属*Ectomomyrmex* Mayr, 1867

【**形态特征**】 工蚁体长9.7～12.6mm。正面观头部近方形，后缘角状浅凹，后角直角形，侧缘中度隆起。上颚三角形，咀嚼缘具8～10个齿。唇基横形，前缘中央凹陷。额脊短，额叶发达，遮盖触角窝。触角12节，柄节刚到达头后角，鞭节向端部变粗。复眼较小，位于头中线之前。侧面观前中胸背板轻度隆起，稍高于并胸腹节，前中胸背板缝和后胸沟轻度凹入；并胸腹节背面轻度隆起，稍短于斜面，后上角宽圆。腹柄结近三角形，直立，前缘浅凹，后缘中度隆起，腹柄下突楔形。后腹部近锥形，基部2节间收缩，腹末具螯针。上颚具细纵条纹；头胸部具纵条纹，前胸背板具环纹，并胸腹节斜面具纵条纹，腹柄具横条纹；后腹部较光滑。身体背面具丰富立毛和丰富倾斜绒毛被。体黑色，附肢暗红色。

【**生态学特性**】 栖息于贡山西坡、贡山东坡、福贡东坡、泸水西坡、泸水东坡、坝湾西坡、坝湾东坡、龙陵西坡、龙陵东坡海拔750～2250m的干热河谷稀树灌丛、干性常绿阔叶林、季风常绿阔叶林、中山常绿阔叶林、针阔混交林、针叶林、云南松林内，在朽木内、地表、石下、土壤内觅食，在石下、土壤内筑巢。

列氏扁头猛蚁
Ectomomyrmex leeuwenhoeki (Forel, 1886)

【分类地位】 猛蚁亚科Ponerinae / 扁头猛蚁属*Ectomomyrmex* Mayr, 1867

【形态特征】 工蚁体长6.9~7.4mm。正面观头部近方形，后缘近平直，后角窄圆，侧缘轻度隆起。上颚三角形，咀嚼缘具7个齿。唇基横形，具中央纵脊，前缘钝角状。额脊短，额叶发达，遮盖触角窝。触角12节，柄节稍超过头后角，鞭节向端部变粗。复眼较小，位于头中线之前。侧面观前中胸背板轻度隆起，稍高于并胸腹节，前中胸背板缝明显，后胸沟浅凹；并胸腹节背面近平直，后上角窄圆。腹柄结高，直立，近长方形，前缘和后缘近平直，背缘轻度隆起，腹柄下突三角形。后腹部近锥形，基部2节间收缩，腹末具螯针。上颚具粗糙椭圆形凹坑；头部具蜂窝状凹坑，唇基具纵条纹；胸部和腹柄具不规则皱纹，背面具凹坑，并胸腹节斜面具横条纹；后腹部较光滑，第1节侧面具倾斜条纹。身体背面具丰富立毛和丰富倾斜绒毛被。身体黑色，附肢红棕色。

【生态学特性】 栖息于坝湾东坡、龙陵西坡海拔1000m的干热河谷稀树灌丛、山地雨林内，在地表、土壤内觅食。

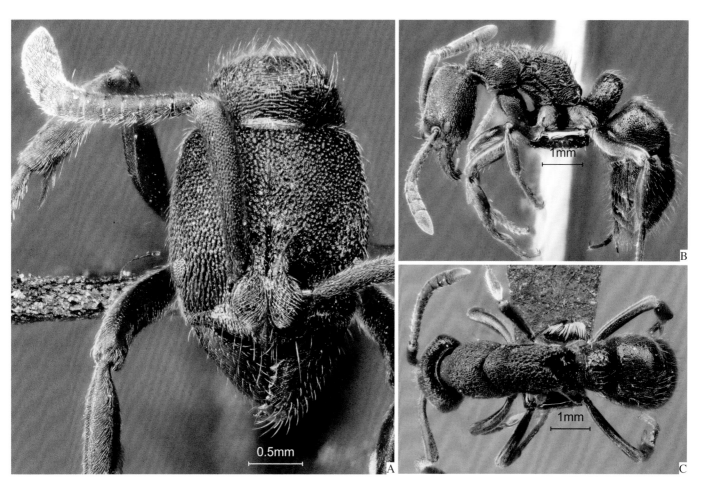

列氏扁头猛蚁*Ectomomyrmex leeuwenhoeki*
A. 工蚁头部正面观；B. 工蚁整体侧面观；C. 工蚁整体背面观

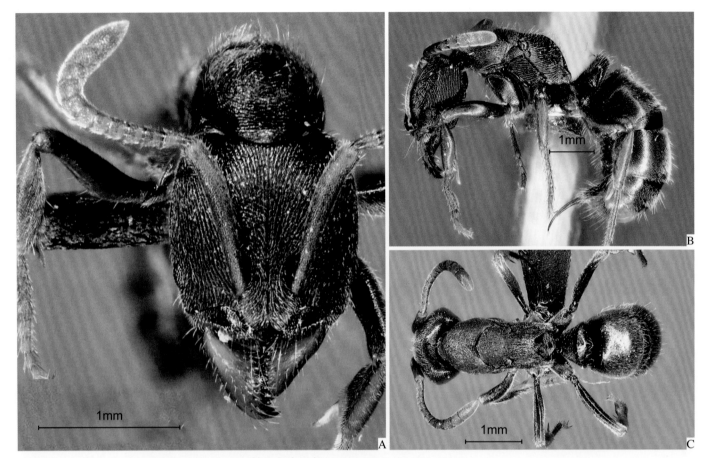

邵氏扁头猛蚁*Ectomomyrmex sauteri*

A.工蚁头部正面观；B.工蚁整体侧面观；C.工蚁整体背面观

邵氏扁头猛蚁

Ectomomyrmex sauteri (Forel, 1912)

【分类地位】 猛蚁亚科Ponerinae / 扁头猛蚁属*Ectomomyrmex* Mayr, 1867

【形态特征】 工蚁体长7.3~7.5mm。正面观头部近方形，后缘角状浅凹，侧缘中度隆起。上颚三角形，咀嚼缘约具10个齿。唇基横形，前缘中央轻度隆起。额脊短，额叶发达，遮盖触角窝。触角12节，柄节刚达到头后角，鞭节向端部变粗。复眼较小，位于头中线之前。侧面观前中胸背板轻度隆起，稍高于并胸腹节，前中胸背板缝明显，后胸沟浅凹；并胸腹节背面轻度隆起，后上角宽圆。腹柄结近梯形，直立，前上角直角形，后上角窄圆，腹柄下突楔形。后腹部近锥形，基部2节间收缩，腹末具螯针。上颚具细纵条纹；头部具向后分歧的纵皱纹；胸部具纵条纹，并胸腹节斜面具横条纹；腹柄前面和后面具横条纹；后腹部具微刻点。身体背面具丰富立毛和丰富倾斜绒毛被。身体黑色至黑棕色，附肢红棕色。

【生态学特性】 栖息于福贡东坡、坝湾西坡、龙陵西坡、龙陵东坡海拔1000~2000m的山地雨林、季雨林、季风常绿阔叶林、中山常绿阔叶林、针阔混交林内，在地表、石下、土壤内觅食，在石下、土壤内筑巢。

郑氏扁头猛蚁

Ectomomyrmex zhengi Xu, 1996

【分类地位】　猛蚁亚科Ponerinae ／ 扁头猛蚁属*Ectomomyrmex* Mayr, 1867

【形态特征】　工蚁体长12.0～13.8mm。正面观头部近方形，后缘角状深凹，后缘背面具隆起的横脊，侧缘中度隆起。上颚三角形，咀嚼缘约具10个齿。唇基横形，前缘中央凹陷。额脊短，额叶发达，遮盖触角窝。触角12节，柄节刚达到头后角，鞭节向端部变粗。复眼较小，位于头中线之前。侧面观前中胸背板轻度隆起，稍高于并胸腹节，前中胸背板缝明显，后胸沟浅凹；并胸腹节背面轻度隆起，短于斜面，后上角宽圆。腹柄结近三角形，直立，前缘近平直，后缘隆起，前上角直角形，腹柄下突楔形。后腹部近锥形，基部2节间收缩，腹末具螫针。上颚具细纵条纹；头部背面具向后分歧的粗皱纹；胸部具纵条纹，前胸背板具环形条纹，并胸腹节斜面具纵条纹；腹柄具横条纹；后腹部具密集细刻点。身体背面具丰富立毛和丰富倾斜绒毛被。身体黑色，上颚和足暗红色。

【生态学特性】　栖息于贡山西坡、福贡东坡、泸水东坡、坝湾西坡、坝湾东坡、龙陵西坡、龙陵东坡海拔1000～1750m的干热河谷稀树灌丛、山地雨林、季雨林、季风常绿阔叶林、针阔混交林、云南松林内，在地表、土壤内觅食，在地被内、朽木内、土壤内筑巢。

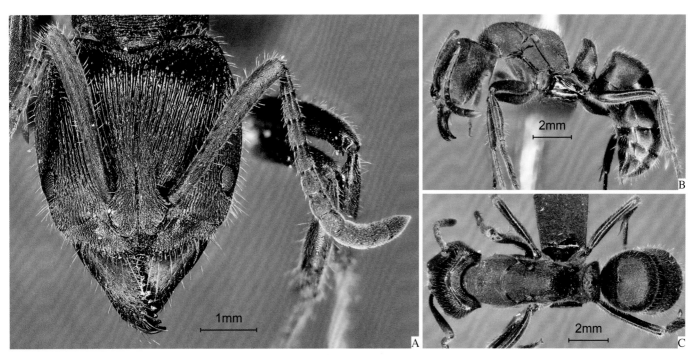

郑氏扁头猛蚁*Ectomomyrmex zhengi*

A. 工蚁头部正面观；B. 工蚁整体侧面观；C. 工蚁整体背面观

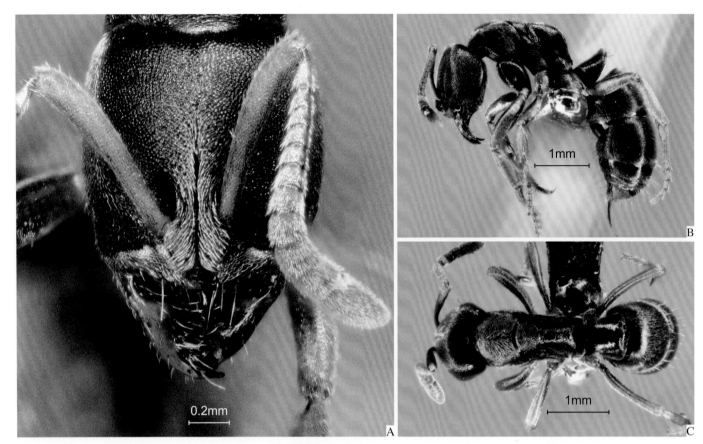

多毛真猛蚁*Euponera pilosior*

A. 工蚁头部正面观；B. 工蚁整体侧面观；C. 工蚁整体背面观

多毛真猛蚁

Euponera pilosior Wheeler, 1928

【分类地位】　猛蚁亚科Ponerinae／真猛蚁属*Euponera* Forel, 1891

【形态特征】　工蚁体长4.8～5.2mm。正面观头部近梯形，向前变窄，后缘近平直，后角窄圆，侧缘轻度隆起。上颚三角形，咀嚼缘具8～10个齿。唇基横形，前缘轻度隆起，中央近平直。额区具中央纵脊，额脊短，额叶发达，遮盖触角窝。触角12节，柄节刚到达头后角，鞭节向端部变粗。复眼小，仅具数个小眼，位于头中线之前。侧面观胸部背面轻度隆起，向后稍降低，前中胸背板缝明显，后胸沟不明显；并胸腹节背面平直，与斜面等长，后上角钝角状。腹柄结高，直立，近三角形，前缘平直，后缘轻度隆起，腹柄下突近三角形。后腹部近锥形，基部2节间收缩，腹末具螯针。上颚具稀疏细刻点；头部具粗糙刻点；胸部、腹柄和后腹部1～2节具密集刻点，后腹部3～4节较光滑。身体背面具丰富立毛和密集倾斜绒毛被。身体黑棕色，附肢红棕色。

【生态学特性】　栖息于坝湾东坡、龙陵西坡海拔1000～1250m的干热河谷稀树灌丛、山地雨林内，在地表、土壤内觅食。

邻姬猛蚁
Hypoponera confinis (Roger, 1860)

【分类地位】 猛蚁亚科Ponerinae / 姬猛蚁属*Hypoponera* Santschi, 1938

【形态特征】 工蚁体长 2.8~3.2mm。正面观头部近梯形，向前变窄，后缘浅凹，后角窄圆，侧缘轻度隆起。上颚三角形，咀嚼缘具众多细齿。唇基横形，前缘轻度隆起。额脊短，额叶发达，遮盖触角窝。触角12节，柄节稍超过头后角。复眼很小，具2~4个小眼，位于头中线之前。侧面观前中胸背板轻度隆起，前中胸背板缝明显，后胸沟浅凹；并胸腹节背面轻度隆起，稍长于斜面，后上角窄圆。腹柄结直立，锥形，前缘轻度隆起，后缘平直，背面窄圆，腹柄下突近矩形。后腹部近锥形，基部2节间收缩，腹末具螯针。上颚具稀疏具毛细刻点；头部具密集刻点；胸部光滑，侧面下部具条纹；腹柄和后腹部具带毛刻点。身体背面具稀疏立毛和密集倾斜绒毛被。身体黄棕色至黑棕色，附肢浅黄色。

【生态学特性】 栖息于龙陵西坡海拔1000~2000m的山地雨林、中山常绿阔叶林内，在地表、土壤内觅食。

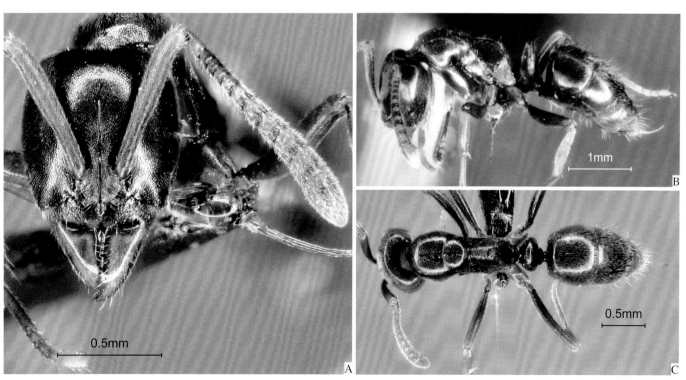

邻姬猛蚁*Hypoponera confinis*
A. 工蚁头部正面观；B. 工蚁整体侧面观；C. 工蚁整体背面观

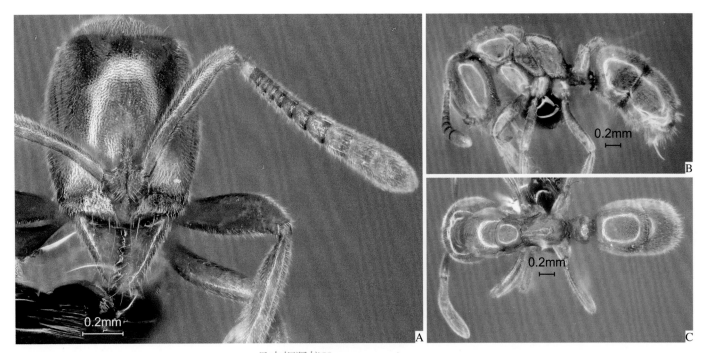

日本姬猛蚁*Hypoponera nippona*

A. 工蚁头部正面观；B. 工蚁整体侧面观；C. 工蚁整体背面观

日本姬猛蚁

Hypoponera nippona (Santschi, 1937)

【分类地位】 猛蚁亚科Ponerinae / 姬猛蚁属*Hypoponera* Santschi, 1938

【形态特征】 工蚁体长2.1~2.3mm。正面观头部近梯形，向前变窄，后缘浅凹，后角窄圆，侧缘轻度隆起。上颚三角形，咀嚼缘具众多细齿。唇基中部隆起，前缘钝角状隆起。额脊短，额叶发达，遮盖触角窝。触角12节，柄节刚到达头后角。复眼很小，具1个小眼。侧面观前中胸背板轻度隆起，前中胸背板缝明显，后胸沟浅凹；并胸腹节背面近平直，约与斜面等长，后上角宽圆。腹柄结直立，近梯形，前缘近平直，后缘轻度隆起，后上角较高，腹柄下突三角形。上颚具稀疏具毛细刻点；头部具密集刻点；胸部光滑，侧面下部具细纵条纹；腹柄和后腹部具细刻点。身体背面具稀疏立毛和丰富倾斜绒毛被。身体黄色。

【生态学特性】 栖息于贡山西坡、贡山东坡、福贡东坡、泸水西坡、泸水东坡、坝湾西坡、坝湾东坡、龙陵西坡海拔1250~2250m的季风常绿阔叶林、中山常绿阔叶林、针阔混交林、针叶林、华山松林内，在地被下、地表、土壤内觅食，在土壤内筑巢。

刻点姬猛蚁

Hypoponera punctatissima (Roger, 1859)

【分 类 地 位】　猛蚁亚科Ponerinae／姬猛蚁属*Hypoponera* Santschi, 1938

【形 态 特 征】　工蚁体长2.9～3.0mm。正面观头部近梯形，向前变窄，后缘浅凹，后角窄圆，侧缘轻度隆起。上颚三角形，咀嚼缘具众多细齿。唇基横形，前缘钝角状隆起。额脊短，额叶发达，遮盖触角窝。触角12节，柄节未到达头后角。复眼很小，具5～7个小眼，位于头中线之前。侧面观前中胸背板轻度隆起，前中胸背板缝明显，后胸沟浅凹；并胸腹节稍低于前中胸背板，背面平直，稍长于斜面，后上角钝角状，腹柄下突楔形。腹柄结直立，近锥形，前缘轻度隆起，后缘近平直，背面窄圆，腹柄下突楔形。后腹部近锥形，基部2节间收缩，腹末具螫针。上颚具稀疏具毛细刻点；头部具密集刻点；胸部和腹柄具细刻点，后腹部具带毛细刻点。身体背面具极稀疏立毛和密集倾斜绒毛被。身体黄棕色，附肢浅黄色。

【生态学特性】　栖息于泸水东坡、坝湾西坡、坝湾东坡海拔1000～2000m的干热河谷稀树灌丛、季风常绿阔叶林、针阔混交林、云南松林内，在地表、土壤内觅食。

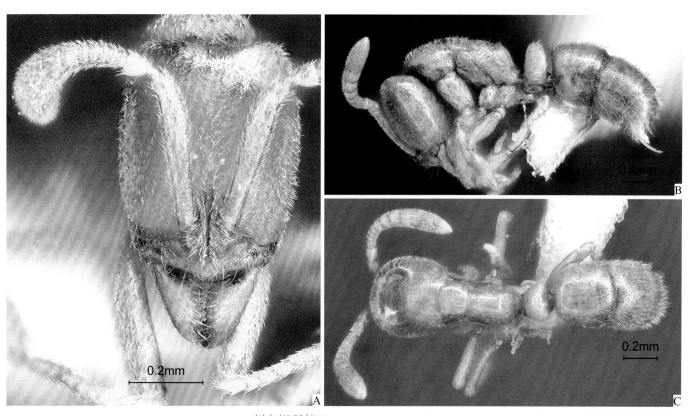

刻点姬猛蚁*Hypoponera punctatissima*

A. 工蚁头部正面观；B. 工蚁整体侧面观；C. 工蚁整体背面观

邵氏姬猛蚁Hypoponera sauteri
A. 工蚁头部正面观；B. 工蚁整体侧面观；C. 工蚁整体背面观

邵氏姬猛蚁
Hypoponera sauteri Wheeler, 1929

【分类地位】 猛蚁亚科Ponerinae / 姬猛蚁属Hypoponera Santschi, 1938

【形态特征】 工蚁体长2.0~2.8mm。正面观头部近梯形，向前变窄，后缘浅凹，后角窄圆，侧缘轻度隆起。上颚三角形，咀嚼缘具众多细齿。唇基横形，前缘钝角状隆起。额脊短，额叶发达，遮盖触角窝。触角12节，柄节未到达头后角。复眼很小，具1个小眼，位于头中线之前。侧面观前中胸背板轻度隆起，前中胸背板缝明显，后胸沟浅凹；并胸腹节稍低于前中胸背板，背面轻度隆起，稍长于斜面，后上角钝角状。腹柄结直立，近锥形，前缘轻度隆起，后缘平直，顶端较尖，腹柄下突近半圆形。后腹部近锥形，基部2节间收缩，腹末具螫针。上颚具稀疏细刻点；头部具密集刻点；胸部和腹柄较光滑；后腹部具带毛细刻点。身体背面具稀疏立毛和密集倾斜绒毛被。身体黄棕色。

【生态学特性】 栖息于泸水东坡、坝湾西坡、坝湾东坡、龙陵西坡、龙陵东坡海拔1000~1750m的干热河谷稀树灌丛、季风常绿阔叶林、针阔混交林、云南松林内，在地表、土壤内觅食。

平截姬猛蚁

Hypoponera truncata (Smith, 1860)

【分类地位】　猛蚁亚科Ponerinae／姬猛蚁属*Hypoponera* Santschi, 1938

【形态特征】　工蚁体长3.0～3.5mm。正面观头部近梯形，向前变窄，后缘近平直，后角窄圆，侧缘轻度隆起。上颚三角形，咀嚼缘具众多细齿。唇基横形，前缘中度隆起。额脊短，额叶发达，遮盖触角窝。触角12节，柄节超过头后角。复眼小，具多个小眼。前中胸背板轻度隆起，前中胸背板缝明显，后胸沟浅凹；并胸腹节稍低于前中胸背板，背面轻度隆起，约与斜面等长，后上角宽圆。腹柄结直立，近梯形，前缘直，后缘轻度隆起，背面窄圆，腹柄下突楔形。后腹部近锥形，基部2节间收缩，腹末具螫针。上颚具稀疏具毛刻点；胸部、腹柄和后腹部具细密刻点。身体背面具稀疏立毛和密集倾斜绒毛被。身体暗棕色，附肢红棕色。

【生态学特性】　栖息于泸水东坡海拔2000m的中山常绿阔叶林内，在地表、土壤内觅食。

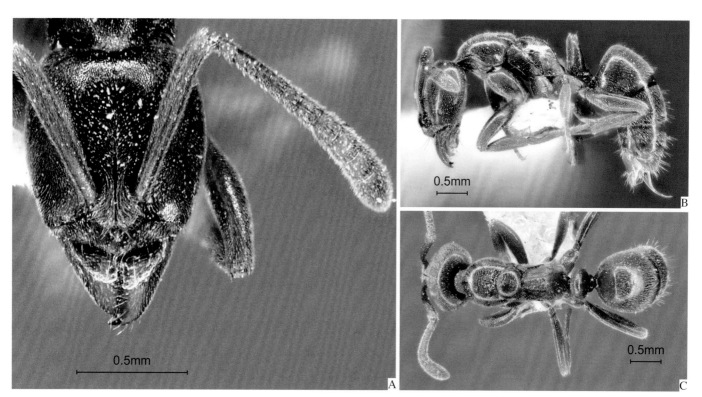

平截姬猛蚁*Hypoponera truncata*

A. 工蚁头部正面观；B. 工蚁整体侧面观；C. 工蚁整体背面观

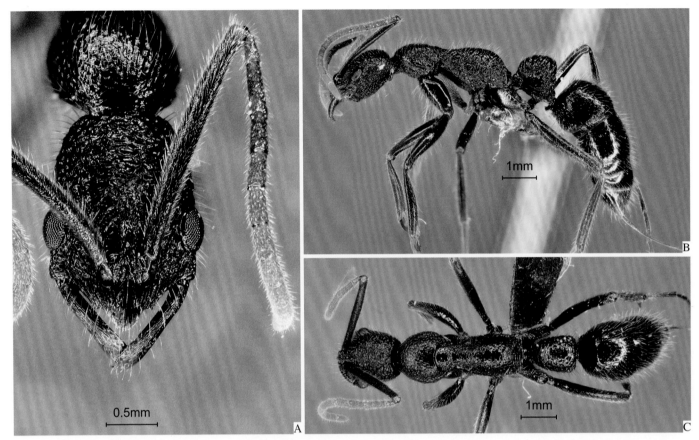

宾氏细颚猛蚁*Leptogenys binghamii*
A. 工蚁头部正面观；B. 工蚁整体侧面观；C. 工蚁整体背面观

宾氏细颚猛蚁

Leptogenys binghamii Forel, 1900

【分类地位】 猛蚁亚科Ponerinae / 细颚猛蚁属*Leptogenys* Roger, 1861

【形态特征】 工蚁体长 9.0~9.2mm。正面观头部近梯形，向前变宽，后缘平直，后角窄圆，侧缘轻度隆起。上颚狭长，咀嚼缘除端齿外无齿。唇基二角形，具中央纵脊，顶端平截，侧缘具1个钝齿。额脊短，额叶发达，遮盖触角窝。触角12节，柄节约2/5超过头后角，鞭节丝状。复眼中等大小，位于头中线上。侧面观前胸背板中度隆起，前中胸背板缝明显，中胸和并胸腹节背面近平直，缺后胸沟，并胸腹节背面长于斜面，后上角宽圆。爪梳齿状。腹柄结近梯形，后上角高于前上角，腹柄前下角具1个钩状齿。背面观腹柄结梯形，向后变宽。后腹部近锥形，基部2节间收缩，腹末具螫针。上颚具纵条纹；唇基具纵条纹；头部、胸部和腹柄具密集粗糙刻点；后腹部光滑。身体具丰富立毛和丰富倾斜绒毛被。身体黑色，附肢和后腹部末端红棕色。

【生态学特性】 栖息于龙陵西坡、龙陵东坡海拔1500m的季风常绿阔叶林内，在地表觅食。

缅甸细颚猛蚁
Leptogenys birmana Forel, 1900

【分类地位】 猛蚁亚科Ponerinae / 细颚猛蚁属*Leptogenys* Roger, 1861

【形态特征】 工蚁体长7.4～7.6mm。正面观头部近梯形，向前变宽，后缘轻度凹陷，后角窄圆，侧缘轻度隆起。上颚长三角形，咀嚼缘约具6个齿，内缘具3个细齿。唇基横三角形，前缘中央钝角状。额脊短，额叶发达，遮盖触角窝。触角12节，柄节稍超过头后角，鞭节向端部轻度变粗。复眼中等大小，位于头中线上。侧面观前胸背板中度隆起，前中胸背板缝和后胸沟浅凹；中胸背板和并胸腹节向后缓坡形降低，并胸腹节背面长于斜面，后上角宽圆。爪梳齿状。腹柄结前后压扁，三角形，顶端较尖，腹柄下突楔形。背面观腹柄结新月形，前面隆起，后面浅凹。后腹部近锥形，基部2节间收缩，腹末具螯针。上颚具纵条纹；头部光滑，唇基和额脊间具纵条纹；胸部、腹柄和后腹部光滑。身体背面具丰富立毛和丰富倾斜绒毛被。身体黄棕色，上颚暗棕色。

【生态学特性】 栖息于高黎贡山南部低海拔区域的山地雨林、常绿阔叶林内，在地表觅食。

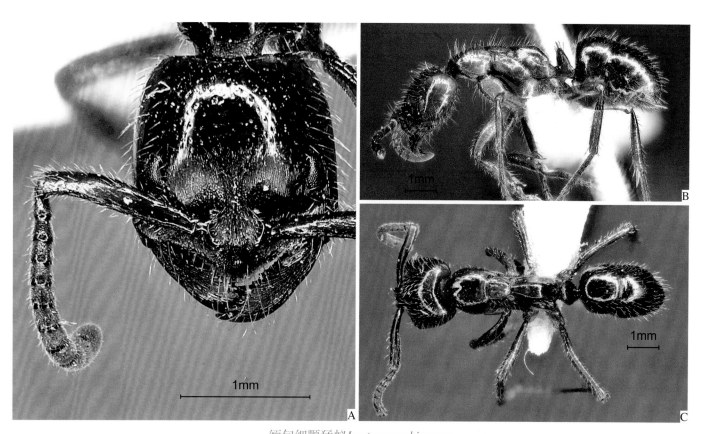

缅甸细颚猛蚁*Leptogenys birmana*

A.工蚁头部正面观；B.工蚁整体侧面观；C.工蚁整体背面观

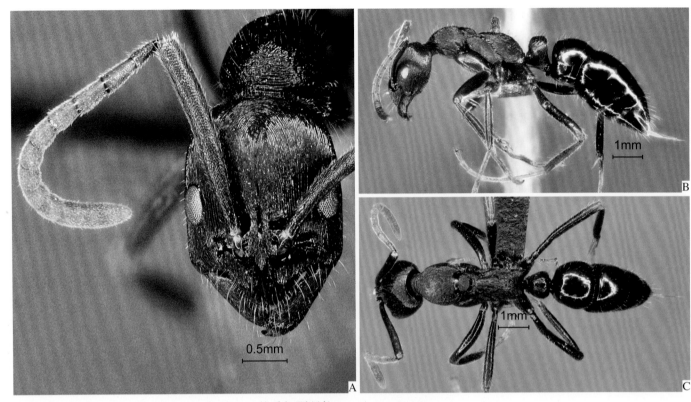

基氏细颚猛蚁*Leptogenys kitteli*

A. 工蚁头部正面观；B. 工蚁整体侧面观；C. 工蚁整体背面观

基氏细颚猛蚁

Leptogenys kitteli (Mayr, 1870)

【分类地位】 猛蚁亚科Ponerinae / 细颚猛蚁属*Leptogenys* Roger, 1861

【形态特征】 工蚁体长7.7~8.5mm。正面观头部近长方形，后缘近平直，后角窄圆，侧缘轻度隆起。唇基近三角形，缺中央纵脊，前缘钝角状。上颚除端齿外无齿。额脊短，额叶发达，遮盖触角窝。触角12节，柄节约1/3超过头后角，鞭节向顶端轻度变粗。复眼中等大，位于头中线上。侧面观前中胸背板中度隆起，高于并胸腹节，前中胸背板缝明显，后胸沟深凹；并胸腹节背面轻度隆起，约与斜面等长，后上角宽圆。腹柄结近长方形，轻度前倾，前面和背面轻度隆起，后面平直，腹柄下突齿状。爪梳齿状。背面观腹柄结近梯形，向后变宽。上颚具细纵条纹；头胸部具纵条纹；腹柄具细刻点；后腹部光滑。身体背面具稀疏立毛和丰富倾斜绒毛被。身体黑色，鞭节和跗节红棕色。

【生态学特性】 栖息于泸水东坡、坝湾东坡、龙陵东坡海拔1000~1750m的山地雨林、季风常绿阔叶林、针阔混交林内，在地表、土壤内觅食，在土壤内筑巢。

光亮细颚猛蚁

Leptogenys lucidula Emery, 1894

【分类地位】 猛蚁亚科Ponerinae / 细颚猛蚁属*Leptogenys* Roger, 1861

【形态特征】 工蚁体长4.8~5.2mm。正面观头部近梯形，向前变宽，后缘浅凹，后角窄圆，侧缘轻度隆起。上颚三角形，咀嚼缘约具8个齿，大小不等。唇基三角形，具中央纵脊，前缘顶端窄圆。额脊短，额叶发达，遮盖触角窝。触角12节，柄节稍超过头后角，鞭节向末端变粗。复眼小，位于头中线上。侧面观前中胸背板轻度隆起，前中胸背板缝明显，后胸沟浅凹；并胸腹节背面近平直，长于斜面，后上角宽圆。爪梳齿状。腹柄结近锥形，前面轻度隆起，后面近平直，顶端较尖，腹柄下突楔形。后腹部近锥形，基部2节间收缩，腹末具螫针。背面观腹柄结半圆形，前面圆形隆起，后面平直。上颚具细纵条纹；头部光滑，唇基具纵皱纹；胸部、腹柄和后腹部光滑。身体背面具丰富立毛和丰富倾斜绒毛被。身体棕黑色，附肢黄棕色。

【生态学特性】 栖息于坝湾西坡、坝湾东坡、龙陵西坡海拔1750m的季风常绿阔叶林内，在土壤内觅食。

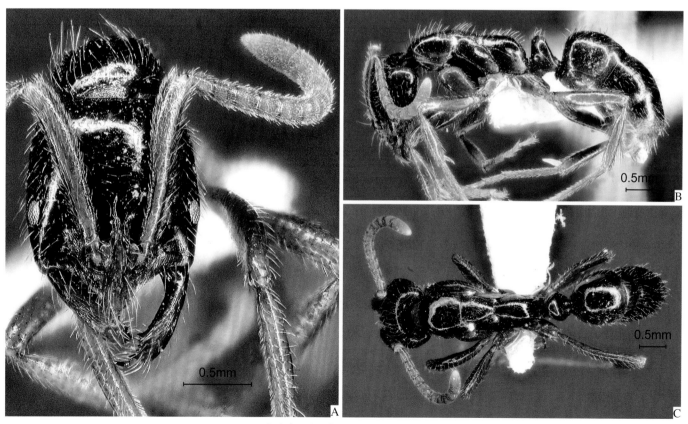

光亮细颚猛蚁*Leptogenys lucidula*

A. 工蚁头部正面观；B. 工蚁整体侧面观；C. 工蚁整体背面观

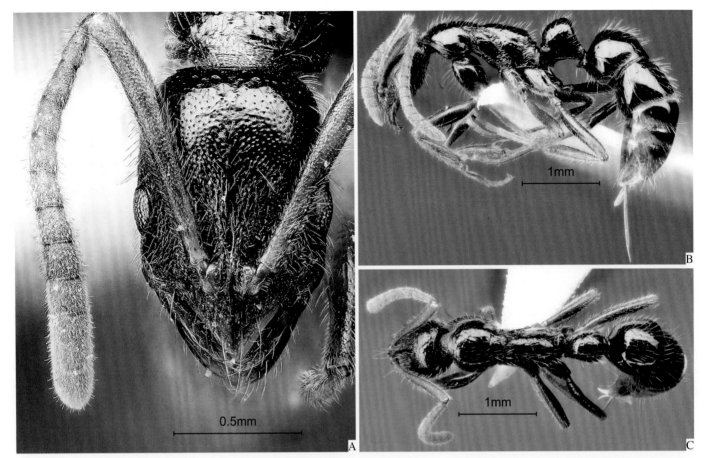

孟子细颚猛蚁*Leptogenys mengzii*
A. 工蚁头部正面观；B. 工蚁整体侧面观；C. 工蚁整体背面观

孟子细颚猛蚁

Leptogenys mengzii Xu, 2000

【分类地位】 猛蚁亚科Ponerinae／细颚猛蚁属*Leptogenys* Roger, 1861

【形态特征】 工蚁体长4.5～5.1mm。正面观头部近梯形，向前稍变宽，后缘平直，后角窄圆，侧缘轻度隆起。上颚长三角形，咀嚼缘仅具端齿。唇基三角形，具中央纵脊，前缘顶端窄圆。额脊短，额叶发达，遮盖触角窝。触角12节，柄节约1/4超出头后角，鞭节丝状。复眼中等大，位于头中线上。侧面观前中胸背板中度隆起，高于并胸腹节，前中胸背板缝明显，后胸沟深切；并胸腹节背面轻度隆起，长于斜面，后上角宽圆。爪梳齿状。腹柄结厚，近梯形，轻度前倾，后上角高于前上角，腹柄下突三角形。后腹部近锥形，基部2节间收缩，腹末具螫针。背面观腹柄结近梯形，向后变宽。上颚具稀疏具毛刻点；头部具丰富刻点，唇基具纵条纹；胸部光滑，中后胸侧板下部具纵皱纹；腹柄和后腹部光滑。身体背面具丰富立毛和丰富倾斜绒毛被。身体棕黑色至黑色，附肢黄棕色。

【生态学特性】 栖息于龙陵东坡海拔1500m的季风常绿阔叶林内，在土壤内觅食。

红色细颚猛蚁

Leptogenys rufida Zhou et al., 2012

【分类地位】　猛蚁亚科Ponerinae／细颚猛蚁属*Leptogenys* Roger, 1861

【形态特征】　工蚁体长5.5～5.7mm。正面观头部近梯形，向前变宽，后缘平直，后角窄圆，侧缘轻度隆起。上颚长三角形，咀嚼缘仅具端齿。唇基三角形，具中央纵脊，前缘顶端锐角状。额脊短，额叶发达，遮盖触角窝。触角12节，柄节约1/3超出头后角，鞭节向端部轻度变粗。复眼中等大，位于头中线上。侧面观前中胸背板轻度隆起，前中胸背板缝明显，后胸沟浅凹；并胸腹节稍低于前中胸背板，背面近平直，长于斜面，后上角宽圆。爪梳齿状。腹柄结前后伸长，近梯形，后上角高于前上角，腹柄下突三角形。后腹部近锥形，基部2节间收缩，腹末具螯针。背面观腹柄结长宽相等，近三角形，前缘窄圆，后缘平直。上颚具细条纹；身体光滑，并胸腹节斜面具横条纹。身体背面具丰富立毛和丰富倾斜绒毛被。身体暗红棕色，附肢黄棕色。

【生态学特性】　栖息于坝湾东坡海拔1000～1750m的干热河谷稀树灌丛、季风常绿阔叶林内，在土壤内觅食。

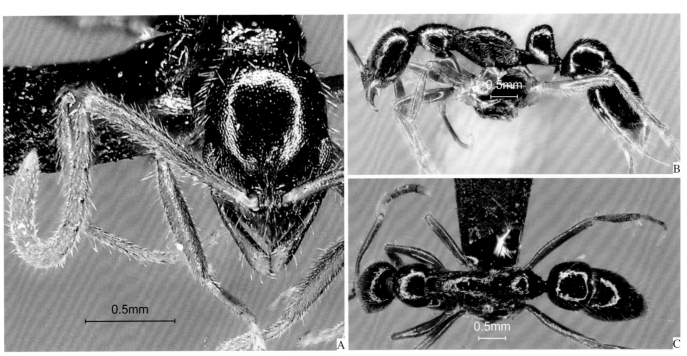

红色细颚猛蚁*Leptogenys rufida*

A. 工蚁头部正面观；B. 工蚁整体侧面观；C. 工蚁整体背面观

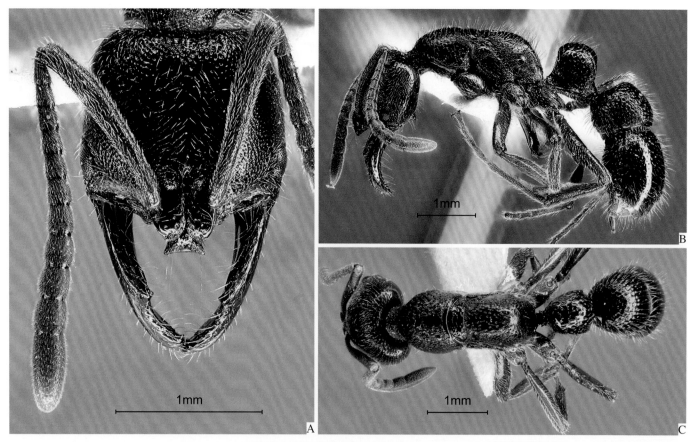

锥头小眼猛蚁*Myopias conicara*

A. 工蚁头部正面观；B. 工蚁整体侧面观；C. 工蚁整体背面观

锥头小眼猛蚁

Myopias conicara Xu, 1998

【分类地位】 猛蚁亚科Ponerinae / 小眼猛蚁属*Myopias* Roger, 1861

【形态特征】 工蚁体长9.3～9.5mm。正面观头部近梯形，向前变宽，后缘直，后角钝角状，侧缘轻度隆起。上颚狭长，咀嚼缘极倾斜，具1个端齿、1个亚端齿和1个基齿。唇基狭窄，中叶三角形，向前变宽，前缘轻微凹入。额脊短，额叶发达，遮盖触角窝。触角12节，柄节稍超过头后角，鞭节端部轻度变粗。复眼中等大，位于头侧缘前部。侧面观前中胸背板轻度隆起，前中胸背板缝和后胸沟明显但不凹陷；并胸腹节背面轻度隆起，约与斜面等长，后上角宽圆。腹柄结厚，近方形，背面中度隆起，腹柄下突前下角小齿状。背面观腹柄结近梯形，向后变宽。上颚光滑；头部具密集细刻点；胸部、腹柄、后腹部第一节和第二节基部具稀疏粗刻点，后腹部其余部分光滑。身体背面具丰富立毛和丰富倾斜绒毛被。身体棕黑色至黑色，附肢红棕色。

【生态学特性】 栖息于贡山西坡、贡山东坡、福贡东坡、龙陵西坡海拔1750～2000m的季风常绿阔叶林、针叶林内，在地表、土壤内觅食，在土壤内筑巢。

035

环纹大齿猛蚁
Odontomachus circulus Wang, 1993

【分类地位】 猛蚁亚科Ponerinae / 大齿猛蚁属*Odontomachus* Latreille, 1804

【形态特征】 工蚁体长12.1～13.7mm。正面观头部近梯形，向前变宽，后缘浅凹，后角窄圆；复眼处最宽，后侧缘前部凹入，前侧缘近平直。上颚狭长，线形，端部具3个垂直的齿，基齿宽，末端平截，内缘具1列细齿。唇基横形，前缘近平直，中央轻度隆起。额脊短，额叶发达，遮盖触角窝。触角细长，12节，柄节超过头后角，鞭节丝状。复眼较小，位于头中线之前。侧面观前中胸背板中度隆起，前中胸背板缝轻度凹陷，后胸沟深凹；并胸腹节背面轻度隆起，长于斜面，后上角宽圆。腹柄结近锥形，顶端具后弯的尖刺，腹柄下突楔形。后腹部近锥形，基部2节间收缩不明显，腹末具螫针。上颚光滑；头部光滑，背面中央具向后分歧的细纵条纹；胸部具横条纹，前胸背板条纹环形，并胸腹节条纹粗糙；腹柄和后腹部光滑。身体背面具密集平伏短绒毛被，头部和腹末具少数立毛。身体棕黑色至黑色，附肢红棕色。

【生态学特性】 栖息于贡山东坡、福贡东坡、坝湾西坡、坝湾东坡、龙陵西坡、龙陵东坡海拔750～1750m的干热河谷稀树灌丛、干性常绿阔叶林、山地雨林、季风常绿阔叶林、针阔混交林内，在地被下、地表、石下、土壤内觅食，在树洞内、朽木内、土壤内筑巢。

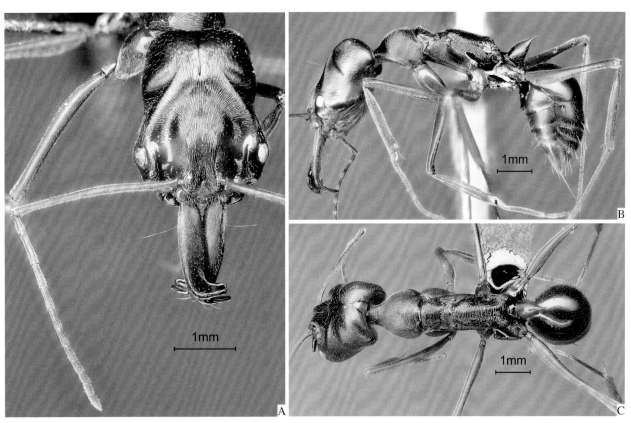

环纹大齿猛蚁*Odontomachus circulus*
A. 工蚁头部正面观；B. 工蚁整体侧面观；C. 工蚁整体背面观

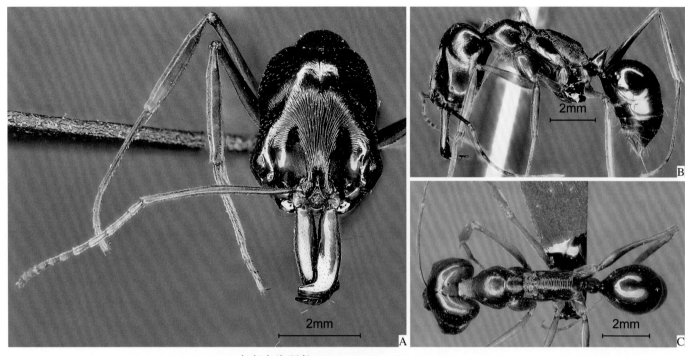

光亮大齿猛蚁*Odontomachus fulgidus*

A. 工蚁头部正面观；B. 工蚁整体侧面观；C. 工蚁整体背面观

光亮大齿猛蚁

Odontomachus fulgidus Wang, 1993

【分类地位】 猛蚁亚科Ponerinae / 大齿猛蚁属*Odontomachus* Latreille, 1804

【形态特征】 工蚁体长8.9~9.5mm。正面观头部近梯形，向前变宽，后缘轻度凹入，后角窄圆；复眼处最宽，后侧缘后部轻度隆起，前部轻度凹陷，前侧缘近平直。上颚狭长，线形，端部具3个垂直的齿，基齿端部平截，内缘具1列细齿。唇基横形，前缘中央轻度隆起。额脊短，额叶发达，遮盖触角窝。触角细长，12节，柄节稍超过头后角，鞭节丝状。复眼较小，位于头中线之前。侧面观前中胸背板中度隆起，前中胸背板缝浅凹，后胸沟深凹；并胸腹节背面近平直，长于斜面，后上角钝角状。腹柄结锥状，顶端具后弯的尖刺，腹柄下突三角形。后腹部近锥形，基部2节间收缩不明显，腹末具螫针。上颚光滑；头部光滑，背面中央具向后分歧的细纵条纹；胸部光滑，中胸背板和并胸腹节具横条纹；腹柄和后腹部光滑。身体背面具丰富平伏短绒毛被，腹末具少数立毛。身体暗棕红色，附肢红棕色。

【生态学特性】 栖息于贡山西坡、贡山东坡、福贡东坡、泸水西坡、泸水东坡海拔1250~2000m的季雨林、季风常绿阔叶林、针阔混交林内，在树皮下、朽木内、朽木下、地表、土壤内觅食，在朽木内、石下筑巢。

粒纹大齿猛蚁

Odontomachus granatus Wang, 1993

【分类地位】 猛蚁亚科Ponerinae ／ 大齿猛蚁属*Odontomachus* Latreille, 1804

【形态特征】 工蚁体长13.5～13.6mm。正面观头部近梯形，向前变宽，后缘角状浅凹，后角窄圆；复眼处最宽，后侧缘轻度凹入，前侧缘轻度隆起。上颚狭长，线形，端部具3个垂直的尖齿，内缘具1列细齿。唇基横形，前缘中央轻度隆起。额脊短，额叶发达，遮盖触角窝。触角细长，12节，柄节约1/3超过头后角，鞭节丝状。复眼较小，位于头中线之前。侧面观前中胸背板轻度隆起，前中胸背板缝浅凹，后胸沟深凹；并胸腹节背面近平直，长于斜面，后上角窄圆。腹柄结锥状，顶端延长成后弯的尖刺，腹柄下突楔形。后腹部近锥形，基部2节间收缩不明显，腹末具螯针。上颚光滑；头部光滑，背面中央具向后分歧的细纵条纹，后部具细弱横纹；前胸光滑，中胸、后胸和并胸腹节具横条纹；腹柄和后腹部光滑。身体背面具丰富平伏短绒毛被，后腹部后部具稀疏立毛。身体棕黑色，头部红棕色，附肢黄棕色。

【生态学特性】 栖息于龙陵西坡海拔1250m的季风常绿阔叶林内，在地表觅食。

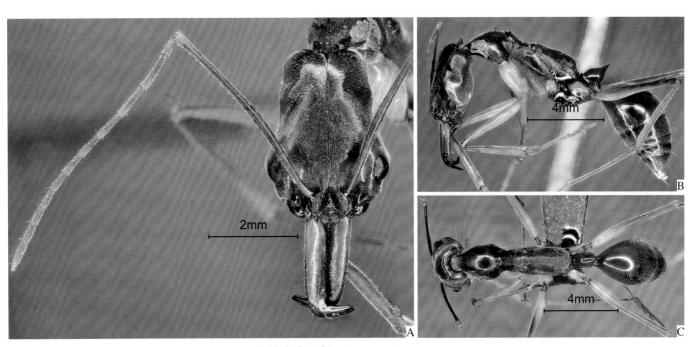

粒纹大齿猛蚁*Odontomachus granatus*

A. 工蚁头部正面观；B. 工蚁整体侧面观；C. 工蚁整体背面观

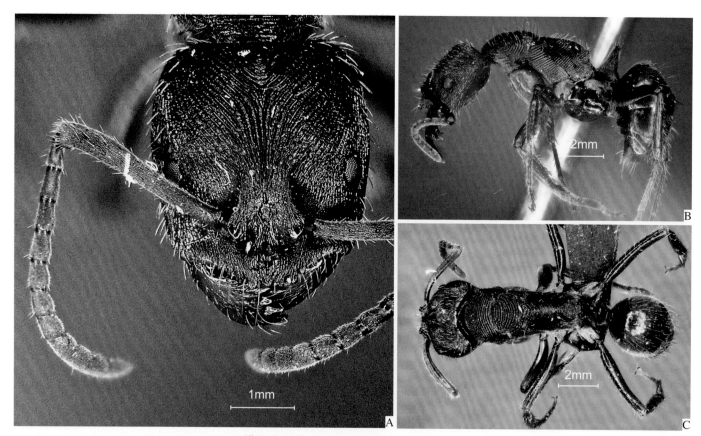

横纹齿猛蚁*Odontoponera transversa*
A. 工蚁头部正面观；B. 工蚁整体侧面观；C. 工蚁整体背面观

横纹齿猛蚁

Odontoponera transversa (Smith, 1857)

【分类地位】 猛蚁亚科Ponerinae ／齿猛蚁属*Odontoponera* Mayr, 1862

【形态特征】 工蚁体长10.0～12.2mm。正面观头部近方形，后缘平直，后角窄圆，侧缘轻度隆起。上颚三角形，咀嚼缘具5个齿。唇基横形，前缘隆起，具9个钝齿。额脊短，额叶发达，遮盖触角窝。触角12节，柄节稍超过头后角，鞭节向末端轻度变粗。复眼中等大，位于头中线上。侧面观前中胸背板轻度隆起，肩角具齿突，前中胸背板缝明显，后胸沟浅凹；并腹胸节背面轻度隆起，长于斜面，后上角隆起呈小钝齿。腹柄结较薄，三角形，近直立，顶端较尖，腹柄下突近梯形。后腹部近锥形，基部2节间收缩，腹末具螫针。上颚具稀疏具毛刻点；头部具向后分歧的粗皱纹，唇基具细纵条纹；胸部具粗糙横皱纹，侧面皱纹倾斜；腹柄下部具细横纹；后腹部光滑。身体背面具丰富立毛和丰富倾斜绒毛被。身体黑色，附肢黑棕色。

【生态学特性】 栖息于坝湾东坡、龙陵东坡海拔750～1000m的干热河谷稀树灌丛、干性常绿阔叶林、针阔混交林内，在地表、土壤内觅食。

平行宽猛蚁

Platythyrea parallela (Smith, 1859)

【**分类地位**】 猛蚁亚科Ponerinae ／宽猛蚁属*Platythyrea* Roger, 1863

【**形态特征**】 工蚁体长4.8～5.0mm。正面观头部近长方形，后缘近平直，后角窄圆，侧缘轻度隆起。上颚三角形，咀嚼缘具11～12个细齿。唇基背面轻度隆起，前缘中度隆起。额脊短，额叶发达，互相远离，遮盖触角窝。触角短粗，12节，柄节刚到达头后角，鞭节向末端轻度变粗。复眼中等大，位于头中线稍前处。侧面观胸部背面轻度隆起呈弓形，前中胸背板缝明显，后胸沟消失；并胸腹节背面近平直，长于斜面，后上角之后具钝齿。腹柄结伸长，近梯形，前上角窄圆，后上角钝角状，后缘中部隆起，腹柄前下角三角形。后腹部近圆柱形，基部2节间收缩，腹末具螫针。背面观腹柄结近梯形，向后变宽，侧缘中度隆起，后缘近平直。上颚和头胸部表面粗糙，具稀疏刻点；腹柄和后腹部基部2节较光滑，具稀疏粗刻点，后腹部3～5节光滑。身体背面具密集倾斜绒毛被，缺立毛，腹末具少数立毛。身体黑色，附肢黄棕色。

【**生态学特性**】 栖息于高黎贡山南部低海拔区域的山地雨林、常绿阔叶林内，在地表觅食。

平行宽猛蚁*Platythyrea parallela*

A. 工蚁头部正面观；B. 工蚁整体侧面观；C. 工蚁整体背面观

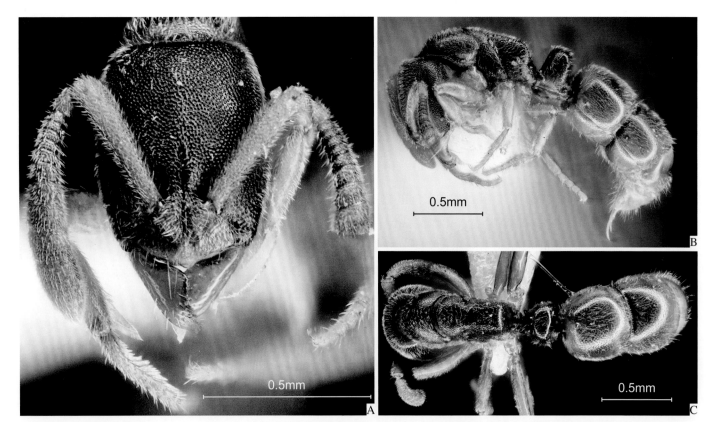

坝湾猛蚁*Ponera bawana*

A. 工蚁头部正面观；B. 工蚁整体侧面观；C. 工蚁整体背面观

坝湾猛蚁

Ponera bawana Xu, 2001

【分类地位】 猛蚁亚科Ponerinae／猛蚁属*Ponera* Latreille, 1804

【形态特征】 工蚁体长2.7～2.9mm。正面观头部近长方形，后缘轻微凹入，后角钝角状，侧缘轻度隆起。上颚三角形，咀嚼缘具3个大齿和若干细齿。唇基横形，前缘钝角状。额区具纵沟，额脊短，额叶发达，遮盖触角窝。触角短粗，12节，柄节未到达头后角，鞭节端部膨大，触角棒5节。复眼很小，具4个小眼，位于头侧缘前部。侧面观胸部背面轻度隆起呈弓形，前中胸背板缝浅凹，后胸沟明显；并胸腹节背面轻度隆起，稍长于斜面，后上角宽圆。腹柄结梯形，向上变窄，前面和后面近平直，背面轻度隆起；腹柄下突楔形，具半透明窗斑，后下缘缺小齿。后腹部近锥形，基部2节间收缩，腹末具螫针。背面观腹柄结近半圆形，前缘隆起，后缘近平直。上颚光滑；头部具密集刻点；胸部背面具弱的细刻点，侧面较光滑；腹柄和后腹部光滑。身体背面具极稀疏短立毛和密集倾斜绒毛被。身体暗红棕色，附肢黄棕色。

【生态学特性】 栖息于贡山东坡、福贡东坡、泸水东坡、坝湾西坡、坝湾东坡、龙陵西坡海拔1250～2500m的干热河谷稀树灌丛、季风常绿阔叶林、中山常绿阔叶林、苔藓常绿阔叶林、针阔混交林内，在地表、石下、土壤内觅食。

二齿猛蚁
Ponera diodonta Xu, 2001

【分类地位】　猛蚁亚科Ponerinae／猛蚁属*Ponera* Latreille, 1804

【形态特征】　工蚁体长2.4～2.6mm。正面观头部近长方形，后缘轻度凹入，后角钝角状，侧缘轻度隆起。上颚三角形，咀嚼缘具3个大齿和若干细齿。唇基横形，前缘强烈隆起。额区具中央纵沟，额脊短，额叶发达，遮盖触角窝。触角短粗，12节，柄节接近头后角，鞭节端部膨大，触角棒5节。复眼极小，仅具1个小眼，位于头侧缘前部。侧面观胸部背面轻度隆起呈弱弓形，前中胸背板缝和后胸沟明显，但不凹入；并胸腹节背面轻微隆起，约与斜面等长，后上角宽圆。腹柄结近梯形，前上角钝角状，高于后上角，后上角窄圆；腹柄下突楔形，具半透明窗斑，后下缘具2个小齿。后腹部近锥形，基部2节间收缩，腹末具螯针。背面观腹柄结近半圆形，前缘隆起，后缘近平直。上颚光滑；头部具密集刻点；胸部光滑，背面两侧具稀疏具毛细刻点；腹柄和后腹部光滑。身体背面具稀疏立毛和密集倾斜绒毛被。身体红棕色，附肢棕黄色。

【生态学特性】　栖息于贡山西坡、贡山东坡、泸水西坡、坝湾西坡海拔1000～2250m的山地雨林、季风常绿阔叶林、中山常绿阔叶林、针阔混交林内，在地表、石下、土壤内觅食，在土壤内筑巢。

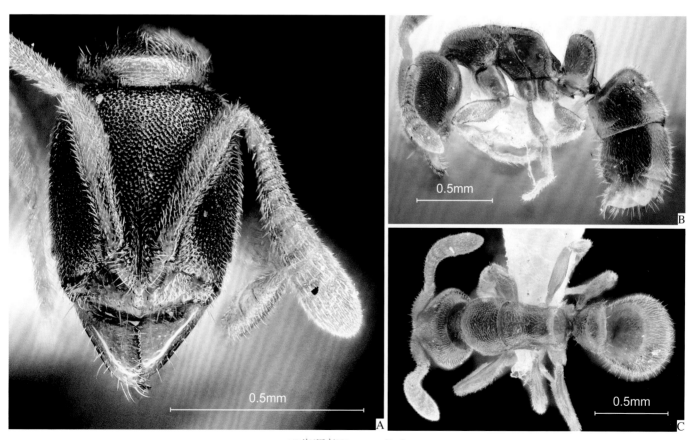

二齿猛蚁*Ponera diodonta*

A. 工蚁头部正面观；B. 工蚁整体侧面观；C. 工蚁整体背面观

广西猛蚁*Ponera guangxiensis*

A. 工蚁头部正面观；B. 工蚁整体侧面观；C. 工蚁整体背面观

广西猛蚁

Ponera guangxiensis Zhou, 2001

【分类地位】 猛蚁亚科Ponerinae / 猛蚁属*Ponera* Latreille, 1804

【形态特征】 工蚁体长2.6～2.8mm。正面观头部近长方形，后缘近平直，后角窄圆，侧缘轻度隆起。上颚三角形，咀嚼缘具3个大齿和若干细齿。唇基横形，前缘中度隆起。额区具中央纵沟，额脊短，额叶发达，遮盖触角窝。触角短粗，12节，柄节接近头后角，鞭节端部膨大，触角棒5节。复眼极小，仅具1个小眼，位于头侧缘前部。侧面观胸部背面轻度隆起呈弱弓形，前中胸背板缝和后胸沟明显；并胸腹节背面近平直，约与斜面等长，后上角窄圆。腹柄结近梯形，前上角钝角状，显著高于后上角，后上角宽圆；腹柄下突楔形，具半透明窗斑，后下缘具1个小齿。后腹部近锥形，基部2节间收缩，腹末具螫针。背面观腹柄结较厚，半圆形，前缘圆形隆起，后缘近平直。上颚光滑；头部具密集刻点；胸部光滑，背面两侧具丰富具毛刻点；腹柄和后腹部3～5节光滑，后腹部基部2节具丰富具毛刻点。身体背面具稀疏短立毛和密集倾斜绒毛被。身体黑色至棕黑色，附肢棕黄色。

【生态学特性】 栖息于高黎贡山中部、南部中低海拔区域的常绿阔叶林、针阔混交林内，在地表觅食。

粗柄猛蚁
Ponera paedericera Zhou, 2001

【分类地位】 猛蚁亚科Ponerinae / 猛蚁属*Ponera* Latreille, 1804

【形态特征】 工蚁体长3.1～3.4mm。正面观头部近长方形，后缘轻微凹入，后角窄圆，侧缘轻度隆起。上颚三角形，咀嚼缘具3个大齿和若干细齿。唇基横形，前缘强烈隆起。额区具中央纵沟，额脊短，额叶发达，遮盖触角窝。触角短粗，12节，柄节刚到达头后角，鞭节端部膨大，触角棒5节。复眼很小，具1～3个小眼，位于头侧缘前部。侧面观胸部背面轻度隆起呈弱弓形，前中胸背板缝和后胸沟明显；并胸腹节背面轻微隆起，稍长于斜面，后上角窄圆。腹柄结很厚，近梯形，前上角钝角状，高于后上角，后上角窄圆；腹柄下突三角形，具半透明窗斑，后下角具1个粗齿。后腹部近锥形，基部2节间收缩，腹末具螯针。背面观腹柄结厚，近梯形，向后变宽，后缘近平直。上颚光滑；头部具密集粗刻点；胸部具丰富刻点，前胸背板两侧较光滑；腹柄和后腹部3～5节较光滑，后腹部基部2节具丰富刻点。身体背面具稀疏立毛和密集倾斜绒毛被。身体黑色至棕黑色，附肢红棕色至棕黄色。

【生态学特性】 栖息于泸水西坡、泸水东坡、坝湾西坡、龙陵西坡海拔1250～2000m的季雨林、针阔混交林内，在地表、土壤内觅食。

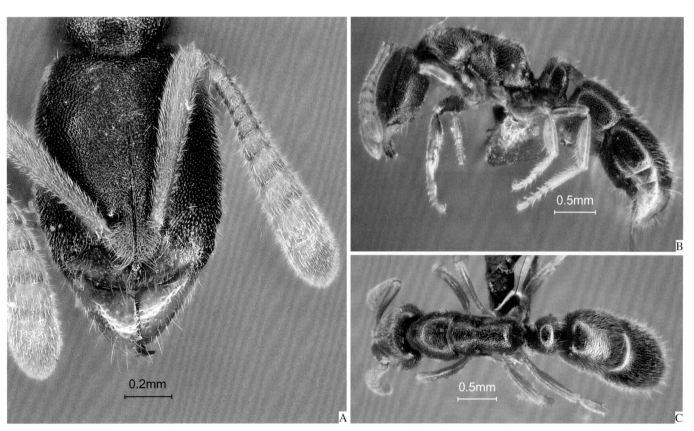

粗柄猛蚁*Ponera paedericera*
A. 工蚁头部正面观；B. 工蚁整体侧面观；C. 工蚁整体背面观

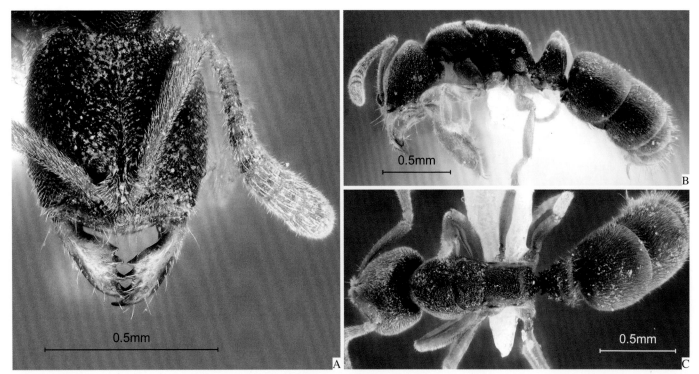

五齿猛蚁*Ponera pentodontos*
A. 工蚁头部正面观；B. 工蚁整体侧面观；C. 工蚁整体背面观

五齿猛蚁

Ponera pentodontos Xu, 2001

【分类地位】 猛蚁亚科Ponerinae / 猛蚁属*Ponera* Latreille, 1804

【形态特征】 工蚁体长2.6~2.8mm。正面观头部近方形，后缘浅凹，后角窄圆，侧缘轻度隆起。上颚三角形，咀嚼缘具5个大小相近的齿。唇基横形，前缘轻度隆起，中央具突出的钝齿。额区具中央纵沟，额脊短，额叶发达，遮盖触角窝。触角短粗，12节，柄节刚到达头后角，鞭节端部膨大，触角棒5节。复眼极小，仅具1个小眼，位于头侧缘前部。侧面观胸部背面轻微隆起，前中胸背板缝和后胸沟明显；并胸腹节背面近平直，约与斜面等长，后上角窄圆。腹柄结较薄，近三角形，前缘近平直，后缘轻度隆起，背面窄圆；腹柄下突近楔形，具半透明窗斑，后下缘具1个小齿。后腹部近锥形，基部2节间收缩，腹末具螯针。背面观腹柄结近新月形，前缘隆起，后缘浅凹。上颚光滑；头部具密集刻点；胸部、腹柄和后腹部具细密刻点。身体背面具稀疏短立毛和密集倾斜绒毛被。身体黑色，附肢棕黄色。

【生态学特性】 栖息于龙陵西坡海拔1000m的山地雨林内，在土壤内觅食。

片马猛蚁

Ponera pianmana Xu, 2001

【分类地位】 猛蚁亚科Ponerinae / 猛蚁属*Ponera* Latreille, 1804

【形态特征】 工蚁体长2.1~2.3mm。正面观头部近长方形，后缘轻度凹入，后角钝角状，侧缘轻度隆起。上颚三角形，咀嚼缘具3个大齿和若干细齿。唇基横形，前缘强烈隆起。额区具中央纵沟，额脊短，额叶发达，遮盖触角窝。触角短粗，12节，柄节未到达头后角，鞭节端部膨大，触角棒5节。复眼极小，仅具1个小眼，位于头侧缘前部。侧面观胸部背面轻度隆起，前中胸背板缝和后胸沟明显；并胸腹节背面近平直，约与斜面等长，后上角钝角状。腹柄结梯形，前缘垂直，后缘隆起，前上角钝角状，高于后上角，后上角宽圆；腹柄下突楔形，具半透明窗斑，后下缘具1个小齿。后腹部近锥形，基部2节间收缩，腹末具螫针。背面观腹柄结新月形，前缘隆起，后缘近平直。上颚光滑；头部具细密刻点；胸部光滑，背面两侧具丰富微刻点；腹柄和后腹部3~5节光滑，后腹部基部2节具丰富微刻点。身体背面具稀疏短立毛和密集倾斜绒毛被。身体黄棕色，附肢棕黄色。

【生态学特性】 栖息于泸水西坡、坝湾东坡海拔1650~1750m的季风常绿阔叶林内，在土壤内觅食。

片马猛蚁*Ponera pianmana*

A. 工蚁头部正面观；B. 工蚁整体侧面观；C. 工蚁整体背面观

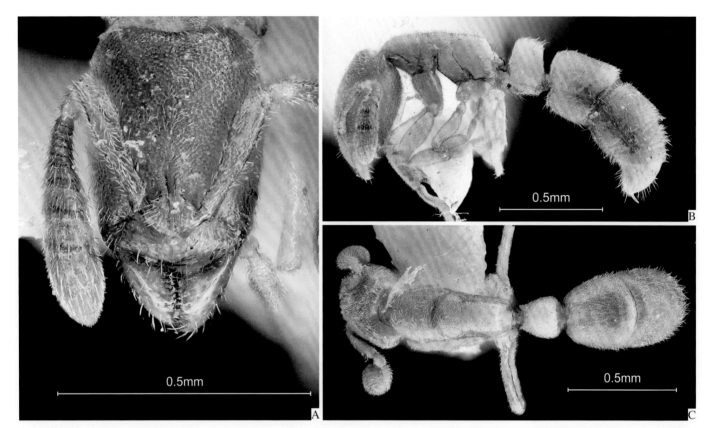

黄色猛蚁*Ponera xantha*

A.工蚁头部正面观；B.工蚁整体侧面观；C.工蚁整体背面观

黄色猛蚁

Ponera xantha Xu, 2001

【分类地位】 猛蚁亚科Ponerinae／猛蚁属*Ponera* Latreille, 1804

【形态特征】 工蚁体长1.8～2.0mm。正面观头部近长方形，后缘浅凹，后角窄圆，侧缘轻度隆起。上颚三角形，咀嚼缘具3个大齿和若干细齿。唇基横形，前缘中度隆起。额区具中央纵沟，额脊短，额叶发达，遮盖触角窝。触角短粗，12节，柄节未到达头后角，鞭节端部膨大，触角棒4节。复眼极小，仅具1个小眼，位于头侧缘前部。侧面观胸部背面近平直，前胸背板前上角宽圆，前中胸背板缝和后胸沟明显；并胸腹节背面和斜面等长，后上角钝角状。腹柄结很厚，近梯形，前上角窄圆，稍高于后上角，后上角宽圆；腹柄下突楔形，具半透明窗斑，后下缘不具齿。后腹部近圆柱形，基部2节间收缩，腹末具螯针。背面观腹柄结近半圆形，前缘隆起，后缘平直。上颚光滑；头部具细密刻点；胸部和腹柄光滑；后腹部基部2节具丰富微刻点，3～5节光滑。身体背面具稀疏短立毛和密集倾斜绒毛被。身体黄色，附肢浅黄色。

【生态学特性】 栖息于坝湾西坡海拔2000m的中山常绿阔叶林内，在土壤内觅食。

槽结粗角蚁
Cerapachys sulcinodis Emery, 1889

【分类地位】 粗角蚁亚科Cerapachyinae / 粗角蚁属 *Cerapachys* Smith, 1857

【形态特征】 工蚁体长6.7～7.2mm。正面观头部长方形，后缘近平直，后角直角形，侧缘轻度隆起。上颚长三角形，咀嚼缘具2个端齿和1列不明显的细齿。唇基狭窄，前缘中央深凹。额脊短，缺额叶，触角窝外露。触角短，12节，柄节未到达头后角，鞭节向端部逐渐变粗。触角窝外侧具纵脊。复眼中等大，位于头中线之后。侧面观胸部背面中度隆起呈弓形，缺前中胸背板缝和后胸沟；并胸腹节后上角宽圆，斜面浅凹。腹柄结伸长，近梯形，前上角直角形，高于后上角，背面轻度隆起，腹柄下突三角形。后腹部近圆柱形，基部2节间强烈收缩，臀板背面具密集钉状刺，腹末具螯针。背面观腹柄结近方形，后腹部第一节显著窄于第二节。上颚具细纵条纹；头部光滑，触角窝后方具细纵皱纹；胸部光滑；腹柄结背面具平行纵脊；后腹部光滑。身体背面具稀疏立毛和丰富倾斜绒毛被。身体黑色，头前部和附肢红棕色。

【生态学特性】 栖息于坝湾西坡、龙陵西坡海拔1000～2250m的山地雨林、季风常绿阔叶林、中山常绿阔叶林、苔藓常绿阔叶林、针阔混交林、华山松林、云南松林内，在朽木内、朽木下、地表、石下、土壤内觅食，在朽木内、地被下、土壤内筑巢。

槽结粗角蚁*Cerapachys sulcinodis*

A. 工蚁头部正面观；B. 工蚁整体侧面观；C. 工蚁整体背面观

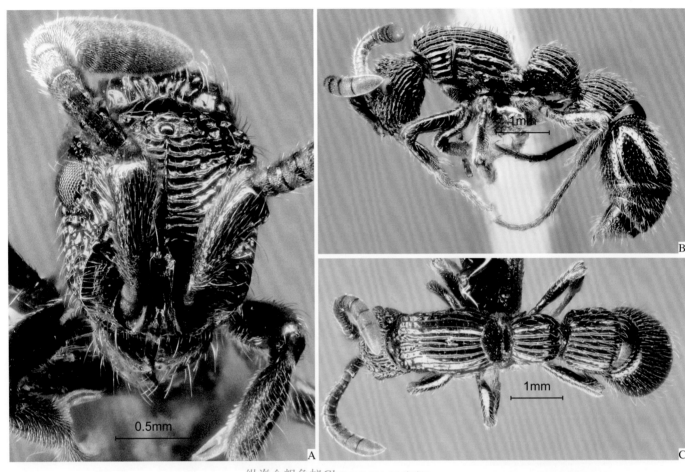

纵脊金粗角蚁*Chrysapace costatus*
A. 工蚁头部正面观；B. 工蚁整体侧面观；C. 工蚁整体背面观

纵脊金粗角蚁

Chrysapace costatus (Bharti & Wachkoo, 2013)

【分类地位】 粗角蚁亚科Cerapachyinae / 金粗角蚁属*Chrysapace* Crawley, 1924

【形态特征】 工蚁体长7.0～7.2mm。正面观头部近长方形，后缘和侧缘轻度隆起，后角窄圆。上颚长三角形，咀嚼缘缺齿。唇基狭窄，前缘中央深凹。额脊短，互相平行，缺额叶，触角窝外露，颊区具弯曲的长纵脊。触角12节，柄节未到达头后角，鞭节向端部逐渐变粗。复眼中等大，位于头中线之后，单眼3个。侧面观胸部背面中度隆起呈弱弓形，缺前中胸背板缝和后胸沟；并胸腹节后上角钝角状，斜面陡坡状。腹柄结伸长，近梯形，前上角钝角状，后上角宽圆，背面轻度隆起，腹柄下突楔形。后腹部近圆柱形，基部2节间强烈收缩，臀板背面具短小钉状刺，腹末具螫针。背面观腹柄结近梯形，向后变宽，后腹部第一节显著窄于第二节。上颚具稀疏具毛刻点；头部背面具横脊纹，侧面具纵脊纹；胸部、腹柄和后腹部第一节具纵脊纹；后腹部2～5节具稀疏粗刻点。身体背面具丰富短立毛和丰富倾斜绒毛被。身体黑色，附肢暗红棕色。

【生态学特性】 栖息于坝湾东坡海拔1500m的针阔混交林内，在土壤内筑巢。

东方行军蚁

Dorylus orientalis Westwood, 1835

【分类地位】 行军蚁亚科Dorylinae / 行军蚁属*Dorylus* Fabricius, 1793

【形态特征】 大型工蚁体长6.6~6.9mm。正面观头部梯形，向前变宽，后缘浅凹，后角窄圆，侧缘轻微隆起，背面具中央纵沟。上颚狭长，咀嚼缘具3齿。唇基中部轻度延伸，前缘浅凹。额脊短，缺额叶，触角窝外露。触角很短，9节，柄节未到达头后角，鞭节向端部轻度变粗。缺复眼和单眼。侧面观胸部背面平直或轻微隆起，前上角宽圆，缺前中胸背板缝，后胸沟明显；并胸腹节后上角宽圆，斜面短于背面。腹柄结近梯形，前上角宽圆，后上角钝角状，腹柄下突长三角形。后腹部伸长，近圆柱形，臀板背面凹陷，具1对齿突，腹末具螫针。背面观腹柄结梯形，向后变宽。上颚光滑；头部具丰富刻点；胸部较光滑，背面具丰富刻点；腹柄和后腹部光滑。身体背面具丰富平伏短绒毛被，腹柄和后腹部具少数立毛。身体棕黄色，头部棕红色，上颚棕黑色。中型和小型工蚁与大型工蚁相似，但体型依次变小，腹柄下突尖刺状至三角形。

【生态学特性】 栖息于贡山东坡、泸水东坡、坝湾西坡、龙陵西坡、龙陵东坡海拔1000~2500m的山地雨林、季风常绿阔叶林、中山常绿阔叶林、针阔混交林、华山松林内，在土壤内觅食，在朽木内、石下、土壤内筑巢。

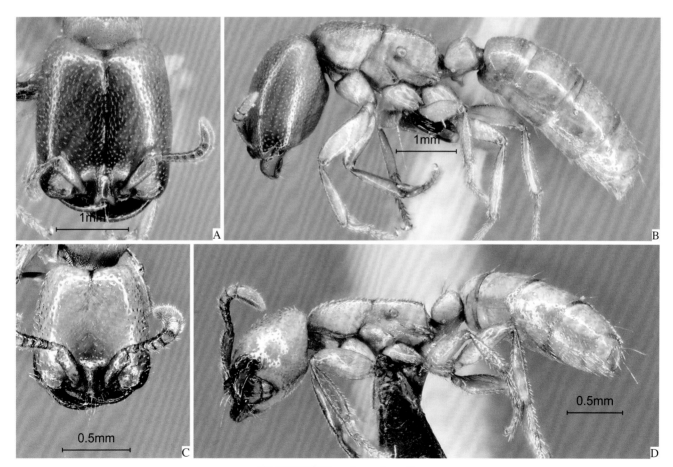

东方行军蚁*Dorylus orientalis*

A.大型工蚁头部正面观；B.大型工蚁整体侧面观；C.小型工蚁头部正面观；D.小型工蚁整体侧面观

锡兰盲蚁Aenictus ceylonicus

A.工蚁头部正面观；B.工蚁整体侧面观；C.工蚁整体背面观

锡兰盲蚁

Aenictus ceylonicus (Mayr, 1866)

【分类地位】 盲蚁亚科Aenictinae / 盲蚁属*Aenictus* Shuckard, 1840

【形态特征】 工蚁体长3.0~3.2mm。正面观头部近方形，后缘和侧缘中度隆起，后角宽圆。上颚长三角形，咀嚼缘具5个齿，两上颚闭合时与唇基之间有宽空隙。唇基前缘中央凹入。额脊短，在触角窝之间互相接近，缺额叶，触角窝外露。触角短粗，10节，柄节未到达头后角，鞭节向端部变粗。缺复眼。侧面观前中胸背板中度隆起，缺前中胸背板缝，后胸沟角状浅凹；并胸腹节背面平直，后上角突出成锐齿，斜面深凹，很短。腹柄结近三角形，后上角窄圆，腹柄下突楔形，前下角具尖齿；后腹柄结近三角形，后上角窄圆，前下角具尖刺。后腹部长卵圆形，腹末具螯针。背面观腹柄结长方形，后腹柄结近梯形，向后变宽。上颚和头部光滑；前胸和中胸背板光滑，中胸侧板、后胸和并胸腹节具细密刻点；腹柄、后腹柄和后腹部光滑。身体背面具稀疏立毛和丰富倾斜绒毛被。身体棕黄色，胸部红棕色。

【生态学特性】 栖息于泸水东坡海拔1500m的针阔混交林内，在地表觅食。

齿突盲蚁
Aenictus dentatus Forel, 1911

【分类地位】 盲蚁亚科Aenictinae／盲蚁属*Aenictus* Shuckard, 1840

【形态特征】 工蚁体长4.9~5.2mm。正面观头部长方形，后缘轻度隆起，后角宽圆，侧缘中度隆起。上颚长三角形，咀嚼缘具3个大齿和1列细齿，两上颚闭合时与唇基之间无空隙。唇基前缘深凹。额脊短，在触角窝之间互相接触，缺额叶，触角窝外露，触角窝外缘具向后会聚的纵脊。触角10节，柄节超过头后角，鞭节向端部逐渐变粗。缺复眼。侧面观前中胸背板中度隆起呈弓形，缺前中胸背板缝，后胸沟角状浅凹；并胸腹节背面平直，后上角具短刺，斜面很短。腹柄结近三角形，后倾，后上角钝角状，缺腹柄下突；后腹柄结近锥形，后倾，后上角窄圆。后腹部梭形，腹末具螫针。背面观腹柄结近长方形，后腹柄结近梯形，向后变宽。上颚具网状微刻纹；头部具密集粗刻点；胸部、腹柄和后腹柄具细密刻点，胸部侧面、中胸背面和并胸腹节背面具稀疏粗纵脊；后腹部光滑。身体背面具稀疏立毛和丰富倾斜绒毛被。身体红棕色，头部背面后部和胸部黑色，后腹部和附肢黄棕色。

【生态学特性】 栖息于泸水东坡海拔1000m的干热河谷稀树灌丛内，在地表觅食。

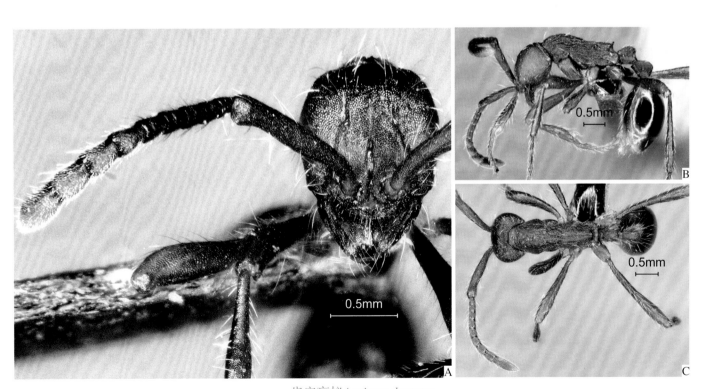

齿突盲蚁*Aenictus dentatus*

A. 工蚁头部正面观；B. 工蚁整体侧面观；C. 工蚁整体背面观

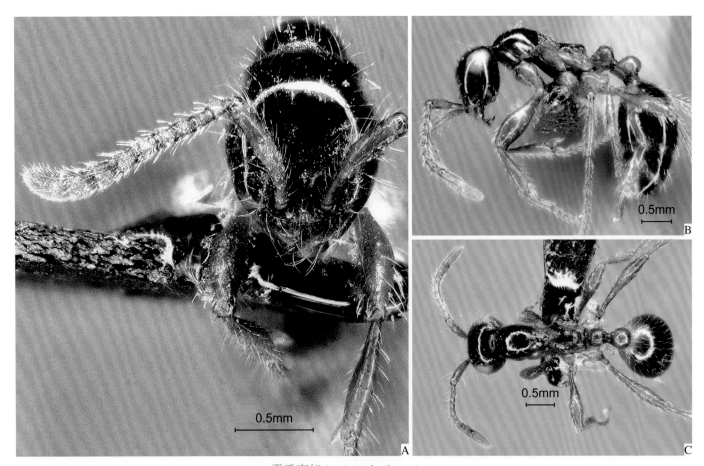

霍氏盲蚁*Aenictus hodgsoni*

A. 工蚁头部正面观；B. 工蚁整体侧面观；C. 工蚁整体背面观

霍氏盲蚁

Aenictus hodgsoni Forel, 1901

【分类地位】 盲蚁亚科Aenictinae / 盲蚁属*Aenictus* Shuckard, 1840

【形态特征】 工蚁体长4.0～4.2mm。正面观头部近梯形，向前变窄，后缘轻微隆起，后角宽圆，侧缘中度隆起。上颚长三角形，咀嚼缘具3个大齿和4个细齿，闭合时与唇基之间无空隙。唇基前缘具6个齿突，中部轻度隆起。额脊短，在触角窝之间互相分离，缺额叶，触角窝外露。触角10节，柄节超过头后角，鞭节向端部变粗。缺复眼。侧面观前中胸背板中度隆起呈弓形，缺前中胸背板缝和后胸沟；并胸腹节背面轻微凹入，后上角近直角形，斜面很短。腹柄结近梯形，轻度后倾，背面轻度隆起，腹面具尖刺；后腹柄结近梯形，轻度后倾，背面轻度隆起。后腹部梭形，腹末具螯针。背面观腹柄结近方形，后腹柄结近梯形，向后变宽。上颚和头部光滑；胸部光滑，中胸背板具细纵皱纹，中胸侧板、后胸和并胸腹节具细密刻点；腹柄、后腹柄和后腹部光滑。身体背面具稀疏立毛和稀疏倾斜绒毛被。身体浅黑色，头部侧面上部各具1个浅黄色大斑，附肢黄棕色。

【生态学特性】 栖息于高黎贡山南部低海拔区域的山地雨林、常绿阔叶林、针阔混交林内，在地表觅食。

光头盲蚁
Aenictus laeviceps (Smith, 1857)

【分类地位】　盲蚁亚科Aenictinae / 盲蚁属*Aenictus* Shuckard, 1840

【形态特征】　工蚁体长4.3~4.5mm。正面观头部卵圆形，向前变窄，后缘和侧缘中度隆起，后角宽圆。上颚长三角形，咀嚼缘具3个大齿和1列细齿，闭合时与唇基之间无空隙。唇基前缘轻度隆起，具6个齿突。额脊短，在触角窝之间互相分离，缺额叶，触角窝外露。触角10节，柄节稍超过头后角，鞭节向端部变粗。缺复眼。侧面观前中胸背板强烈隆起呈弓形，缺前中胸背板缝和后胸沟；并胸腹节背面平直，后上角突出呈锐角状，斜面很短。腹柄结近梯形，轻度后倾，背面轻度隆起，腹面具尖刺；后腹柄结与腹柄结相似，轻度后倾。后腹部梭形，腹末具螫针。背面观腹柄结近长方形，后腹柄结近梯形，向后变宽。上颚具细纵条纹；头部光滑；前胸光滑，中胸、后胸和并胸腹节具细密刻点；腹柄和后腹柄下部具细密刻点，腹柄结背面、后腹柄结和后腹部光滑。身体背面具稀疏立毛和稀疏倾斜绒毛被。身体浅黑色，头部侧面上部各具1个浅黄色大斑，胸部黑色，附肢黄棕色。

【生态学特性】　栖息于坝湾西坡海拔1250~1500m的季风常绿阔叶林内，在地表觅食。

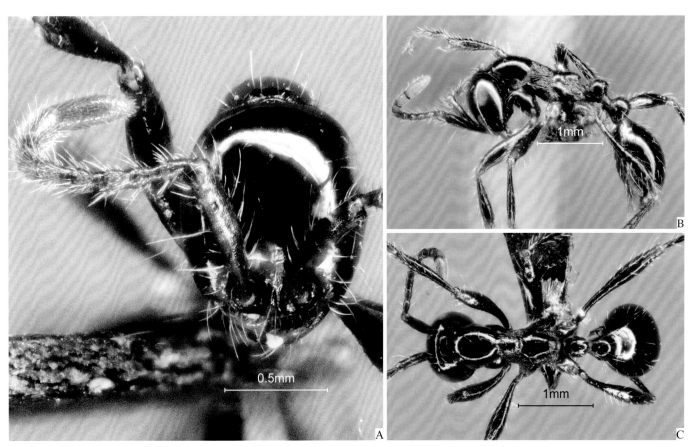

光头盲蚁*Aenictus laeviceps*

A. 工蚁头部正面观；B. 工蚁整体侧面观；C. 工蚁整体背面观

近齿盲蚁*Aenictus paradentatus*
A. 工蚁头部正面观；B. 工蚁整体侧面观；C. 工蚁整体背面观

近齿盲蚁

Aenictus paradentatus Jaitrong et al., 2012

【分类地位】 盲蚁亚科Aenictinae ／盲蚁属*Aenictus* Shuckard, 1840

【形态特征】 工蚁体长4.8～5.0mm。正面观头部近方形，后缘和侧缘中度隆起，后角宽圆。上颚长三角形，咀嚼缘具3个大齿和1列细齿，闭合时与唇基之间无空隙。唇基前缘中度隆起，缺齿突。额脊短，在触角窝之间互相接近，缺额叶，触角窝外露，触角窝外缘具向后收敛的纵脊。触角10节，柄节超过头后角，鞭节向端部逐渐变粗。缺复眼。侧面观前中胸背板中度隆起呈弱弓形，缺前中胸背板缝，后胸沟浅凹；并胸腹节背面近平直，并胸腹节刺长齿状，斜面很短。腹柄结近三角形，后倾，后上角窄圆，缺腹柄下突；后腹柄结与腹柄结相似，后倾。后腹部近梭形，腹末具螫针。背面观腹柄结长方形，后腹柄结近梯形，向后变宽。上颚具网状微刻纹；头部、胸部、腹柄和后腹柄具密集刻点，胸部除刻点外还具稀疏纵皱纹；后腹部光滑。身体背面具稀疏长毛和丰富倾斜绒毛被。身体和附肢红棕色，胸部黑色，后腹部浅黑色。

【生态学特性】 栖息于高黎贡山南部低海拔区域的山地雨林、常绿阔叶林、针阔混交林内，在地表觅食。

瓦氏盲蚁

Aenictus watanasiti Jaitrong & Yamane, 2013

【分类地位】 盲蚁亚科Aenictinae / 盲蚁属*Aenictus* Shuckard, 1840

【形态特征】 工蚁体长2.7～3.1mm。正面观头部近方形，后缘近平直，后角窄圆，侧缘轻度隆起。上颚长三角形，咀嚼缘具3个齿，闭合时与唇基之间有空隙。唇基前缘中央浅凹。额脊短，在触角窝之间互相接近，缺额叶，触角窝外露。触角10节，柄节未到达头后角，鞭节向端部变粗。缺复眼。侧面观前中胸背板中度隆起呈弓形，缺前中胸背板缝，后胸沟深凹；并胸腹节背面轻度隆起，后上角具齿，斜面很短。腹柄结近三角形，后倾，后上角窄圆，腹柄下突近方形；后腹柄结与腹柄结相似，后倾。后腹部近梭形，腹末具螫针。背面观腹柄结长方形，后腹柄结近梯形，向后变宽。上颚和头部光滑；胸部光滑，中胸侧板和并胸腹节具粗刻点；腹柄具细刻点；后腹柄和后腹部光滑。身体背面具稀疏立毛和稀疏倾斜绒毛被。身体暗红棕色，腹柄和后腹柄红棕色，后腹部和附肢黄棕色。

【生态学特性】 栖息于高黎贡山南部低海拔区域的山地雨林、常绿阔叶林、针阔混交林内，在地表觅食。

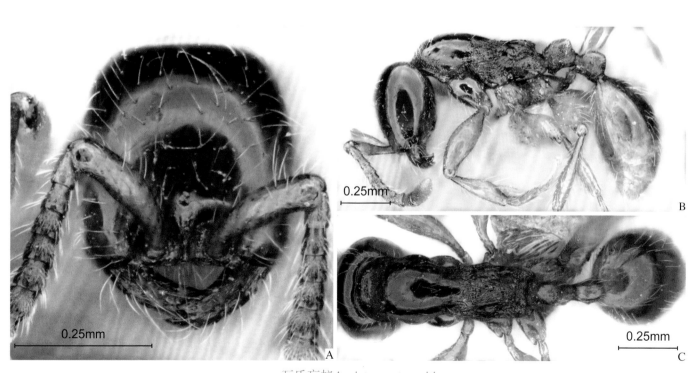

瓦氏盲蚁*Aenictus watanasiti*

A. 工蚁头部正面观；B. 工蚁整体侧面观；C. 工蚁整体背面观

（引自AntWiki，Cong Liu / 摄）

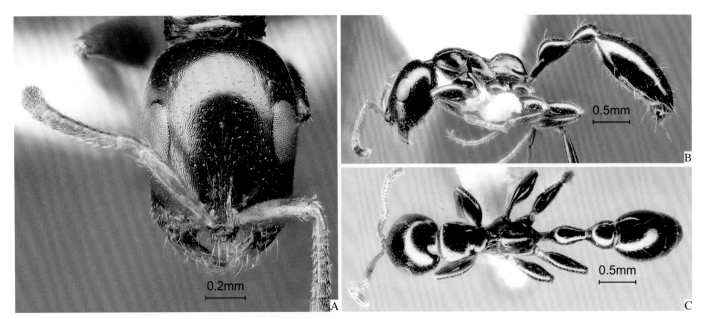

飘细长蚁*Tetraponera allaborans*

A. 工蚁头部正面观；B. 工蚁整体侧面观；C. 工蚁整体背面观

飘细长蚁

Tetraponera allaborans (Walker, 1859)

【分类地位】 伪切叶蚁亚科Pseudomyrmecinae / 细长蚁属*Tetraponera* Smith, 1852

【形态特征】 工蚁体长4.3～5.3mm。正面观头部近长方形，后缘近平直，后角宽圆，侧缘轻度隆起。上颚长三角形，咀嚼缘具3个齿。唇基中叶明显前伸，前缘具3～5个齿。额脊短，互相平行；额叶较发达，遮盖触角窝大部。触角12节，柄节未到达头后角，鞭节向端部变粗。复眼大，位于头侧缘中部，缺单眼。侧面观前中胸背板中度隆起呈弓形，背面两侧具边缘，前中胸背板缝明显，后胸沟深凹；并胸腹节背面近平直，后上角宽圆，斜面稍长于背面。腹柄前面具小柄，腹柄结伸长，背面圆形隆起；后腹柄结向后变粗，背面宽圆。后腹部近梭形，腹末具螯针。背面观腹柄结近梭形，后腹柄结近梯形，向后变宽。上颚具稀疏细纵皱纹；头部光滑，颊区前部具细纵条纹；胸部光滑，后胸侧板和并胸腹节侧面具弱的细纵条纹；腹柄、后腹柄和后腹部光滑。身体背面具少数立毛和稀疏倾斜绒毛被。身体黑色，附肢黄棕色。

【生态学特性】 栖息于泸水东坡、坝湾东坡、龙陵西坡、龙陵东坡海拔750～1750m的干热河谷稀树灌丛、干性常绿阔叶林、季风常绿阔叶林、针阔混交林、云南松林内，在植物上、地表觅食。

无缘细长蚁
Tetraponera amargina Xu & Chai, 2004

【分类地位】　伪切叶蚁亚科Pseudomyrmecinae／细长蚁属*Tetraponera* Smith, 1852

【形态特征】　工蚁体长3.2～3.6mm。正面观头部近长方形，后缘近平直，后角宽圆，侧缘轻度隆起。上颚长三角形，咀嚼缘具3个齿。唇基中叶明显前伸，前缘具3个钝齿。额脊短，互相平行；额叶较发达，遮盖触角窝。触角12节，柄节未到达头后角，鞭节向端部变粗。复眼大，位于头侧缘中部，缺单眼。侧面观前中胸背板轻度隆起呈弱弓形，两侧具钝边缘，前中胸背板缝明显，后胸沟深凹；并胸腹节背面轻度隆起，短于斜面，后上角宽圆。腹柄前面具短柄，腹柄结伸长，背面圆形隆起，腹面后部轻度隆起；后腹柄结向后变粗，背面中度隆起。后腹部近梭形，腹末具螫针。背面观腹柄结近梭形，后腹柄结近梯形，向后变宽。上颚端半部具细纵条纹，基半部光滑；头部、胸部、腹柄、后腹柄和后腹部光滑。身体背面具少数立毛和稀疏倾斜绒毛被。身体黄色，后腹部黑色或黄色。

【生态学特性】　栖息于泸水东坡海拔1000m的干热河谷稀树灌丛内，在植物上觅食。

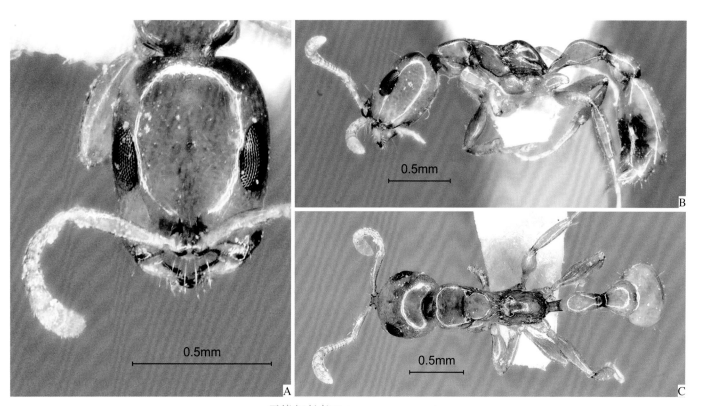

无缘细长蚁*Tetraponera amargina*

A. 工蚁头部正面观；B. 工蚁整体侧面观；C. 工蚁整体背面观

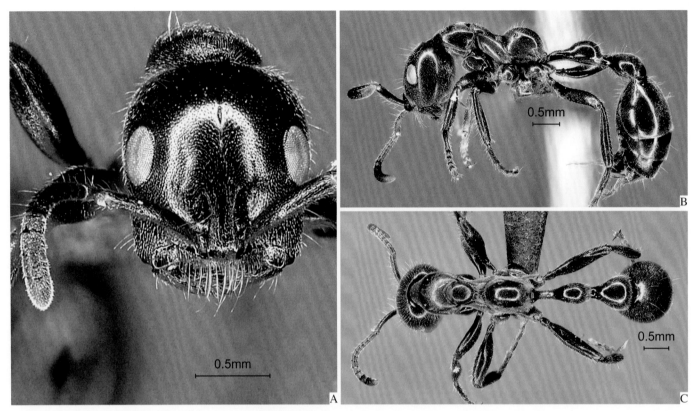

狭唇细长蚁*Tetraponera attenuata*

A. 工蚁头部正面观；B. 工蚁整体侧面观；C. 工蚁整体背面观

狭唇细长蚁

Tetraponera attenuata Smith, 1877

【分类地位】 伪切叶蚁亚科Pseudomyrmecinae / 细长蚁属*Tetraponera* Smith, 1852

【形态特征】 工蚁体长6.8～8.6mm。正面观头部近长方形，后缘轻度隆起或平直，后角宽圆，侧缘轻度隆起。上颚三角形，咀嚼缘具4个齿。唇基中叶极短，轻度延伸，前缘轻度隆起或平直。额脊短，互相平行；额叶较发达，遮盖触角窝。触角12节，柄节未到达头后角，鞭节向端部变粗。复眼大，位于头中线稍后处，缺单眼。侧面观前中胸背板中度隆起呈弓形，前中胸背板缝明显，后胸沟深凹；并胸腹节背面强烈隆起，后上角宽圆，斜面约与背面等长。腹柄前面小柄细长，腹柄结近梯形，背面圆形隆起，后上角较高；后腹柄结向后变粗，背面中度隆起。后腹部近梭形，腹末具螯针。背面观腹柄结近梭形，后腹柄结近梯形，向后变粗。上颚具纵皱纹；身体光滑。身体背面具稀疏立毛和密集倾斜绒毛被。身体黑色，附肢黄棕色。

【生态学特性】 栖息于高黎贡山南部低海拔区域的山地雨林、常绿阔叶林、针阔混交林内，在植物上、地表觅食。

叉唇细长蚁

Tetraponera furcata Xu & Chai, 2004

【分类地位】 伪切叶蚁亚科Pseudomyrmecinae / 细长蚁属*Tetraponera* Smith, 1852

【形态特征】 工蚁体长4.1～4.7mm。正面观头部近长方形，后缘中部轻度隆起，后角宽圆，侧缘轻度隆起。上颚长三角形，咀嚼缘具3个齿。唇基中叶明显延伸，前缘平直，前侧角各具1个齿。额脊短，互相平行；额叶较发达，遮盖触角窝。触角12节，柄节未到达头后角，鞭节向端部变粗。复眼大，位于头侧缘中部，缺单眼。侧面观前中胸背板中度隆起呈弓形，两侧具边缘，前中胸背板缝明显，后胸沟深凹。并胸腹节背面近平直，坡形，稍短于斜面，后上角宽圆。腹柄前面小柄细长，腹柄结伸长，背面圆形隆起，腹面后部轻度隆起；后腹柄结向后变粗，背面中度隆起。后腹部近梭形，腹末具螫针。背面观腹柄结近梭形，后腹柄结近梯形，向后变宽。上颚光滑，端部具稀疏细纵皱纹；头部光滑，颊区前部具细纵条纹；胸部光滑，并胸腹节侧面具纵条纹；腹柄、后腹柄和后腹部光滑。身体背面具少数立毛和稀疏倾斜绒毛被。身体黑色，腹柄和后腹柄黑棕色，附肢棕黄色。

【生态学特性】 栖息于坝湾东坡海拔1000～1500m的干热河谷稀树灌丛、针阔混交林内，在植物上、地表觅食。

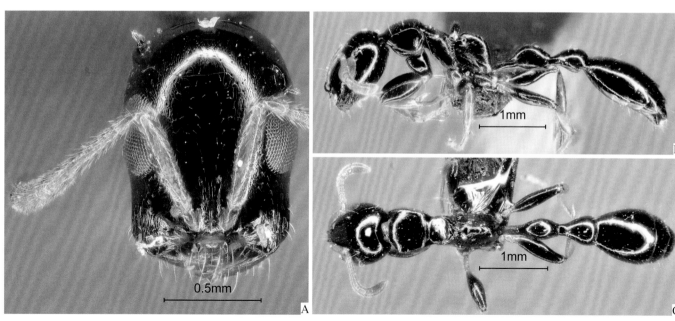

0.5mm

1mm

1mm

A

B

C

叉唇细长蚁*Tetraponera furcata*

A. 工蚁头部正面观；B. 工蚁整体侧面观；C. 工蚁整体背面观

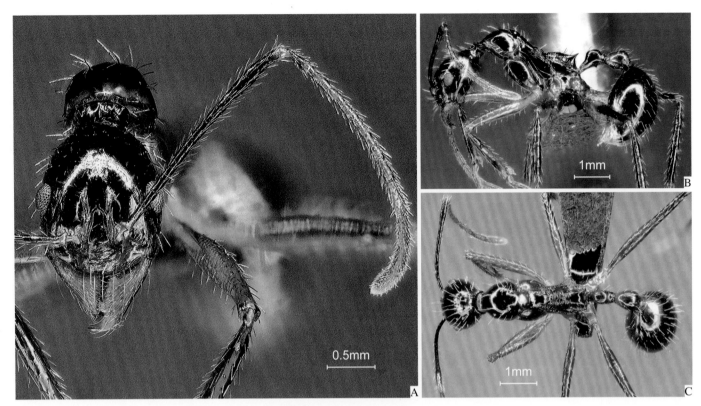

贝卡盘腹蚁*Aphaenogaster beccarii*
A. 工蚁头部正面观；B. 工蚁整体侧面观；C. 工蚁整体背面观

贝卡盘腹蚁

Aphaenogaster beccarii Emery, 1887

【分类地位】 切叶蚁亚科Myrmicinae／盘腹蚁属*Aphaenogaster* Mayr, 1853

【形态特征】 工蚁体长6.7～6.8mm。正面观头部近椭圆形，后头延长并收缩成颈状，侧缘中度隆起。上颚三角形，咀嚼缘具3个大齿和1列细齿。唇基前缘轻度隆起。额脊到达复眼中部水平，额叶较发达，部分遮盖触角窝。触角12节，柄节约1/3超过头后缘，触角棒4节。复眼中等大，位于头中线之前。侧面观前中胸背板强烈隆起呈弓形，前中胸背板缝明显，后胸沟深凹；并胸腹节背面轻度隆起，并胸腹节刺长而尖。腹柄具短柄，腹柄结锥形，轻度前倾，顶端窄圆；后腹柄结近锥形，轻度后倾，顶端窄圆。后腹部卵形，腹末具螯针。上颚具纵条纹；头部光滑，颈状部具纵皱纹；前胸背板光滑，中胸、后胸和并胸腹节具横条纹；腹柄、后腹柄和后腹部光滑。身体背面具丰富立毛和稀疏倾斜绒毛被。身体暗红棕色，附肢红棕色。

【生态学特性】 栖息于贡山西坡、贡山东坡、福贡东坡、泸水西坡、泸水东坡、坝湾西坡、坝湾东坡、龙陵西坡、龙陵东坡海拔750～2000m的干热河谷稀树灌丛、山地雨林、季风常绿阔叶林、中山常绿阔叶林、针阔混交林、针叶林、云南松林内，在植物上、朽木下、地表、石下、土壤内觅食，在土壤内筑巢。

凯氏盘腹蚁

Aphaenogaster caeciliae Viehmeyer, 1922

【分类地位】　切叶蚁亚科Myrmicinae ／ 盘腹蚁属*Aphaenogaster* Mayr, 1853

【形态特征】　工蚁体长5.8～6.4mm。正面观头部近梯形，向前变窄，后缘和侧缘轻度隆起，后角宽圆。上颚三角形，咀嚼缘具3个大齿和若干细齿。唇基中部轻度隆起，前缘中央宽形深凹。额脊短，额叶较发达，部分遮盖触角窝。触角12节，柄节约1/3超过头后角，触角棒4节。复眼中等大，位于头中线上。侧面观前胸背板高，轻度隆起，前中胸背板缝中度切入；中胸背板坡形，前上角钝角状，后胸沟浅凹；并胸腹节背面轻微凹陷，并胸腹节刺短而尖。腹柄前面小柄约与腹柄结等长，腹柄结锥形，顶端较尖；后腹柄结锥形，轻度后倾，顶端窄圆。后腹部卵圆形，腹末具螯针。上颚具细纵条纹；头胸部具网状皱纹和细密刻点，前胸背板两侧具细刻点，中胸侧板具粗刻点；腹柄、后腹柄和后腹部光滑。身体背面具丰富立毛和丰富倾斜绒毛被。身体黑色至红棕色，后腹部浅黑色，附肢黄棕色。

【生态学特性】　栖息于贡山东坡海拔2000～2750m的中山常绿阔叶林、苔藓常绿阔叶林内，在植物上、地表觅食，在朽木内筑巢。

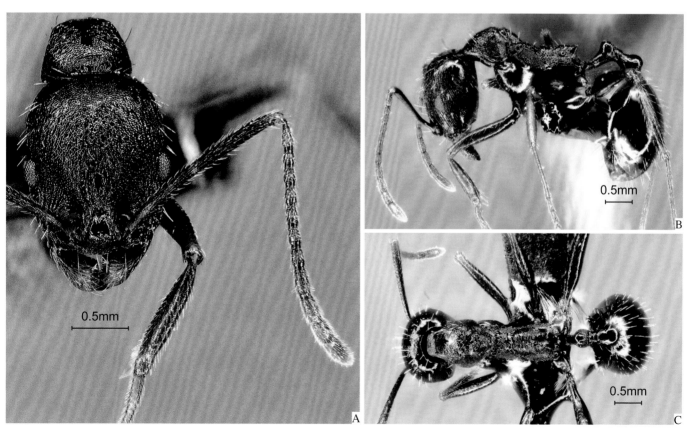

凯氏盘腹蚁*Aphaenogaster caeciliae*

A. 工蚁头部正面观；B. 工蚁整体侧面观；C. 工蚁整体背面观

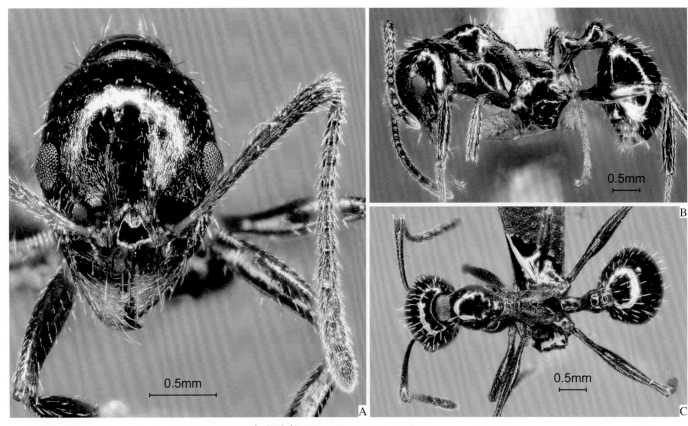

家盘腹蚁 *Aphaenogaster famelica*

A. 工蚁头部正面观；B. 工蚁整体侧面观；C. 工蚁整体背面观

家盘腹蚁

Aphaenogaster famelica (Smith, 1874)

【分类地位】 切叶蚁亚科Myrmicinae / 盘腹蚁属*Aphaenogaster* Mayr, 1853

【形态特征】 工蚁体长5.8～6.2mm。正面观头部近梯形，向前变窄，头后部轻度延伸，后缘近平直，后角宽圆，侧缘中度隆起。上颚三角形，咀嚼缘具3个大齿和若干细齿。唇基前缘中央中度凹陷。额脊短，到达复眼前缘水平；额叶较发达，部分遮盖触角窝。触角12节，柄节约1/3超过头后角，触角棒4节。复眼中等大，位于头中线上。侧面观前中胸背板中度隆起呈弓形，前中胸背板缝明显，后胸沟深凹；并胸腹节背面近平直，并胸腹节刺尖齿状。腹柄前面小柄约与腹柄结等长，腹柄结锥形，顶端较尖；后腹柄结近三角形，背面窄圆。后腹部卵圆形，腹末具螫针。上颚具纵条纹；头部具网状细皱纹，头后部和两侧较光滑；胸部具网状皱纹，前胸背面和两侧较光滑，中胸侧板具密集刻点；腹柄和后腹柄具细皱纹，腹柄结、后腹柄结和后腹部光滑。身体背面具稀疏立毛和稀疏平伏绒毛被。身体棕黑色，附肢红棕色。

【生态学特性】 栖息于坝湾西坡海拔2000m的针阔混交林内，在地表觅食。

费氏盘腹蚁

Aphaenogaster feae Emery, 1889

【分类地位】 切叶蚁亚科Myrmicinae / 盘腹蚁属*Aphaenogaster* Mayr, 1853

【形态特征】 工蚁体长4.7～5.8mm。正面观头部近椭圆形，头后部延长并收缩成颈状，侧缘中度隆起。上颚三角形，咀嚼缘具3个大齿和1列细齿。唇基前缘轻度隆起。额脊短，额叶较发达，部分遮盖触角窝。触角12节，柄节约1/3超过头后缘，触角棒4节。复眼中等大，位于头中线之前。侧面观前中胸背板强烈隆起呈弓形，前中胸背板缝明显，后胸沟深凹；并胸腹节背面平直，并胸腹节刺短齿状。腹柄前面小柄短，腹柄结近梯形，前上角高于后上角；后腹柄结近三角形，轻度后倾，背面窄圆。后腹部卵形，腹末具螫针。上颚具纵条纹；头部光滑，触角窝外侧具若干纵皱纹；胸部、腹柄、后腹柄和后腹部光滑。身体背面具稀疏立毛和稀疏平伏绒毛被。身体暗红棕色，附肢红棕色。

【生态学特性】 栖息于贡山东坡、福贡东坡、泸水东坡、坝湾西坡、坝湾东坡、龙陵西坡、龙陵东坡海拔1750m的季风常绿阔叶林、云南松林内，在植物上、地表、土壤内觅食，在朽木下、土壤内筑巢。

费氏盘腹蚁*Aphaenogaster feae*

A. 工蚁头部正面观；B. 工蚁整体侧面观；C. 工蚁整体背面观

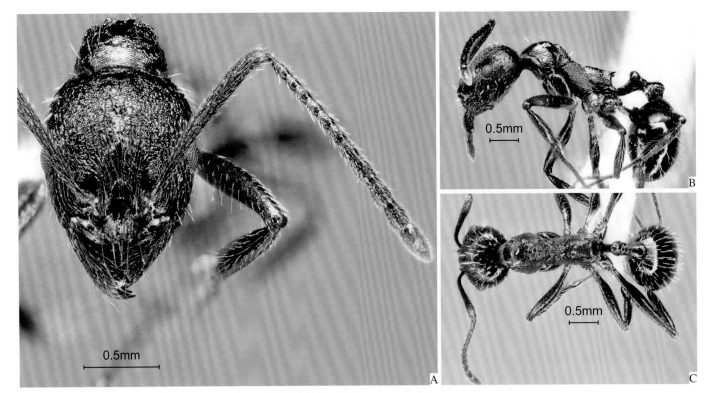

日本盘腹蚁*Aphaenogaster japonica*
A. 工蚁头部正面观；B. 工蚁整体侧面观；C. 工蚁整体背面观

日本盘腹蚁

Aphaenogaster japonica Forel, 1911

【分类地位】 切叶蚁亚科Myrmicinae / 盘腹蚁属*Aphaenogaster* Mayr, 1853

【形态特征】 工蚁体长5.8～6.1mm。正面观头部近梯形，向前变窄，后缘平直，后角宽圆，侧缘轻度隆起。上颚三角形，咀嚼缘具3个大齿和1列细齿。唇基前缘中央角状凹陷。额脊短，额叶发达，部分遮盖触角窝。触角12节，柄节约1/5超过头后角。复眼中等大，位于头中线上。侧面观前胸背板轻度隆起，前中胸背板缝浅凹，中胸背板前端钝角状，后胸沟深凹；并胸腹节背面平直，并胸腹节刺长而尖。腹柄前面小柄约与腹柄结等长，腹柄结锥形，顶端较尖；后腹柄结近梯形，轻度后倾，背面宽圆。后腹部长卵形，腹末具螫针。上颚具纵条纹；头部具网状皱纹；胸部具网状细皱纹，前胸背板中部较光滑，中胸侧板具粗刻点；腹柄、后腹柄和后腹部光滑。身体背面具丰富立毛和丰富平伏绒毛被，胸部背面立毛稀疏。身体红棕色，头部棕黑色，后腹部黑色，附肢黄棕色。

【生态学特性】 栖息于高黎贡山中部、南部中海拔区域的常绿阔叶林、针阔混交林内，在地表觅食。

温雅盘腹蚁

Aphaenogaster lepida Wheeler, 1929

【分类地位】　切叶蚁亚科Myrmicinae ／ 盘腹蚁属*Aphaenogaster* Mayr, 1853

【形态特征】　工蚁体长6.2~6.5mm。正面观头部近椭圆形，头后部轻度延伸，后缘近平直，后角宽圆，侧缘轻度隆起。上颚三角形，咀嚼缘具3个大齿和若干细齿。唇基前缘中央深凹。额脊短，额叶较发达，部分遮盖触角窝。触角12节，柄节约1/3超过头后角，触角棒4节。复眼中等大，位于头中线上。侧面观前中胸背板高，前中胸背板缝浅凹，后胸沟深凹；并胸腹节背面近平直，并胸腹节刺短刺状。腹柄前面小柄约与腹柄结等长，腹柄结锥形，顶端较尖；后腹柄结近三角形，顶端窄圆。后腹部长卵形，腹末具螫针。上颚具纵条纹；头部具稀疏网状刻纹，网眼大；胸部具网状刻纹，前胸背板光滑；腹柄、后腹柄和后腹部光滑。身体背面具丰富立毛和倾斜绒毛被。身体红棕色，头部和后腹部暗红棕色。

【生态学特性】　栖息于泸水东坡、坝湾东坡、龙陵西坡、龙陵东坡海拔1500~2000m的季风常绿阔叶林、针阔混交林、针叶林、云南松林内，在植物上、朽木下、地表、土壤内觅食，在土壤内筑巢。

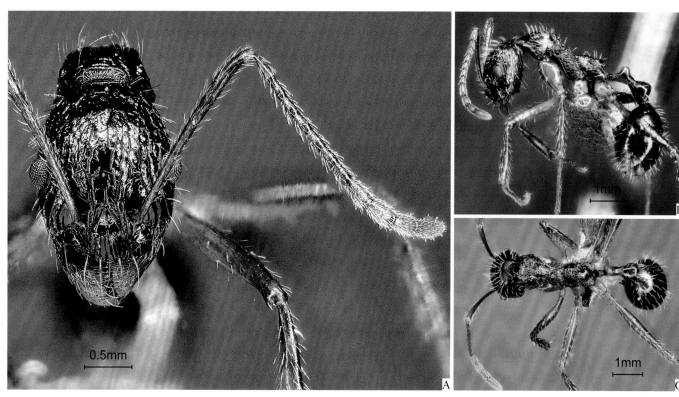

温雅盘腹蚁*Aphaenogaster lepida*

A. 工蚁头部正面观；B. 工蚁整体侧面观；C. 工蚁整体背面观

舒尔盘腹蚁*Aphaenogaster schurri*
A. 工蚁头部正面观；B. 工蚁整体侧面观；C. 工蚁整体背面观

舒尔盘腹蚁
Aphaenogaster schurri (Forel, 1902)

【分类地位】 切叶蚁亚科Myrmicinae / 盘腹蚁属*Aphaenogaster* Mayr, 1853

【形态特征】 工蚁体长4.7～4.9mm。正面观头部近长方形，后缘中度隆起，后角宽圆，侧缘轻度隆起。上颚宽三角形，咀嚼缘具3个大齿和若干细齿。唇基前缘圆形隆起。额脊短，额叶较发达，部分遮盖触角窝。触角12节，柄节约1/4超过头后角，触角棒4节。复眼中等大，位于头中线上。侧面观前中胸背板强烈隆起呈弓形，前中胸背板缝浅凹，后胸沟深凹；并胸腹节背面轻度隆起，并胸腹节具短刺。腹柄前面小柄约与腹柄结等长，腹柄结近锥形，顶端较尖；后腹柄结近三角形，轻度后倾，顶端窄圆。后腹部长卵形，腹末具螫针。上颚具纵条纹；头部具稀疏网状皱纹和密集刻点；胸部具密集细刻点，中胸侧板具粗刻点，中胸背板和并胸腹节背面具网状细皱纹；腹柄、后腹柄和后腹部光滑。身体背面具丰富立毛和丰富倾斜绒毛被。身体红棕色，后腹部浅黑色，附肢棕黄色。

【生态学特性】 栖息于贡山西坡海拔2250～2500m的苔藓常绿阔叶林、苔藓针阔混交林内，在地表、土壤内觅食，在土壤内筑巢。

玄天盘腹蚁

Aphaenogaster xuantian Terayama, 2009

【分类地位】　切叶蚁亚科Myrmicinae ／盘腹蚁属*Aphaenogaster* Mayr, 1853

【形态特征】　工蚁体长5.1～5.3mm。正面观头部近卵圆形，前部较窄，后缘中度隆起，后角宽圆，侧缘轻度隆起。上颚宽三角形，咀嚼缘具3个大齿和若干细齿。唇基前缘中央浅凹。额脊短，额叶较发达，部分遮盖触角窝。触角12节，柄节约1/3超过头后角，触角棒4节。复眼中等大，位于头中线上。侧面观前中胸背板强烈隆起呈弓形，前中胸背板缝明显，后胸沟深凹；并胸腹节背面轻微凹陷，并胸腹节刺尖齿状。腹柄前面小柄约与腹柄结等长，腹柄结锥形，顶端较尖；后腹柄结近梯形，轻度后倾，背面宽圆。后腹部长卵形，腹末具螫针。上颚具纵条纹；头部具网状细刻纹和密集刻点；胸部具网状细刻纹，前胸背板较光滑；腹柄和后腹柄具细刻点，腹柄结、后腹柄结和后腹部光滑。身体背面具丰富立毛和丰富倾斜绒毛被。身体暗红棕色，附肢棕黄色。

【生态学特性】　栖息于贡山东坡海拔1250～1500m的季雨林、季风常绿阔叶林内，在地表、土壤内觅食，在石下筑巢。

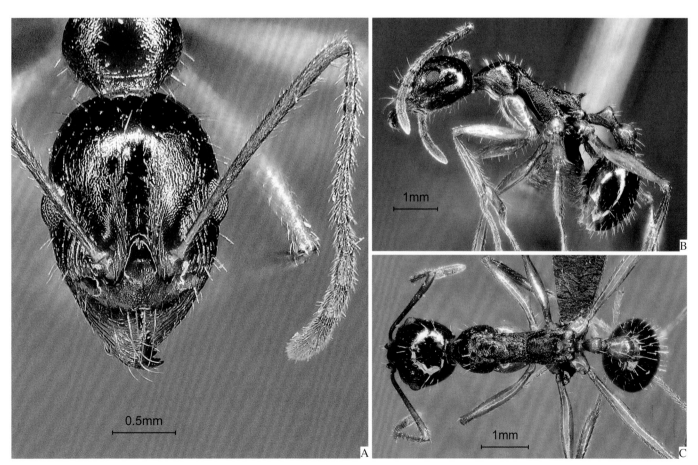

玄天盘腹蚁*Aphaenogaster xuantian*

A.工蚁头部正面观；B.工蚁整体侧面观；C.工蚁整体背面观

木心结蚁 *Cardiocondyla itsukii*
A. 工蚁头部正面观；B. 工蚁整体侧面观；C. 工蚁整体背面观

木心结蚁

Cardiocondyla itsukii Seifert et al., 2017

【分类地位】　切叶蚁亚科Myrmicinae／心结蚁属*Cardiocondyla* Emery, 1869

【形态特征】　工蚁体长2.5～2.7mm。正面观头部近长方形，向前稍变窄，后缘平直，后角宽圆，侧缘轻度隆起。上颚长三角形，咀嚼缘具5齿。唇基近梯形，前缘轻度隆起。额脊很短，额叶较发达，部分遮盖触角窝。触角12节，柄节未到达头后角，触角棒3节。复眼中等大，位于头中线稍前处。侧面观前中胸背板轻度隆起，缺前中胸背板缝，后胸沟浅凹；并胸腹节背面轻度隆起，并胸腹节刺长齿状。腹柄前面小柄短于腹柄结，腹柄结近梯形，前上角与后上角等高，背面轻度隆起；后腹柄结低于腹柄结，背面中度隆起。后腹部长卵形，腹末具螫针。背面观腹柄结近梯形，后腹柄结近六边形。上颚具细纵条纹；头部具均匀的网状细刻纹；胸部背面具网状细刻纹，侧面具密集细刻点；腹柄、后腹柄和后腹部光滑。身体背面具密集平伏绒毛被，缺立毛。身体黑棕色，后腹部浅黑色，附肢黄棕色。

【生态学特性】　栖息于高黎贡山中部、南部中低海拔区域的常绿阔叶林、针阔混交林内，在地表觅食。

火神心结蚁

Cardiocondyla kagutsuchi Terayama, 1999

【分类地位】 切叶蚁亚科Myrmicinae / 心结蚁属*Cardiocondyla* Emery, 1869

【形态特征】 工蚁体长2.5～2.7mm。正面观头部近长方形，后缘近平直，后角宽圆，侧缘轻度隆起。上颚长三角形，咀嚼缘具5个齿。唇基梯形，前缘轻度隆起。额脊很短，额叶较发达，部分遮盖触角窝。触角12节，柄节未到达头后角，触角棒3节。复眼中等大，位于头中线稍前处。侧面观前中胸背板轻度隆起，缺前中胸背板缝，后胸沟微凹，并胸腹节背面轻度隆起，并胸腹节刺短齿状。腹柄前面小柄短于腹柄结，腹柄结近梯形，背面轻度隆起；后腹柄结低于腹柄结，背面中度隆起。后腹部长卵形，腹末具螫针。背面观腹柄结近梯形，后腹柄结近六边形。上颚具细纵条纹；头部具均匀网状细刻纹；胸部背面具网状细刻纹，侧面具密集细刻点；腹柄、后腹柄和后腹部光滑。身体背面具密集平伏绒毛被，缺立毛。身体黄棕色至红棕色，后腹部浅黑色，附肢棕黄色。

【生态学特性】 栖息于泸水东坡、坝湾西坡、坝湾东坡、龙陵西坡海拔1000～1750m的干热河谷稀树灌丛、季风常绿阔叶林、针阔混交林、云南松林内，在地表、石下觅食，在土壤内筑巢。

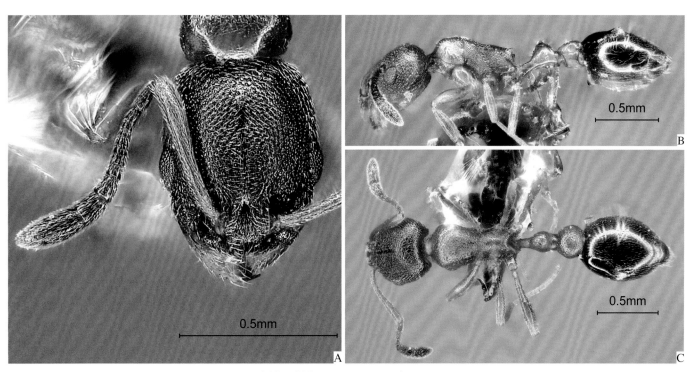

火神心结蚁*Cardiocondyla kagutsuchi*
A. 工蚁头部正面观；B. 工蚁整体侧面观；C. 工蚁整体背面观

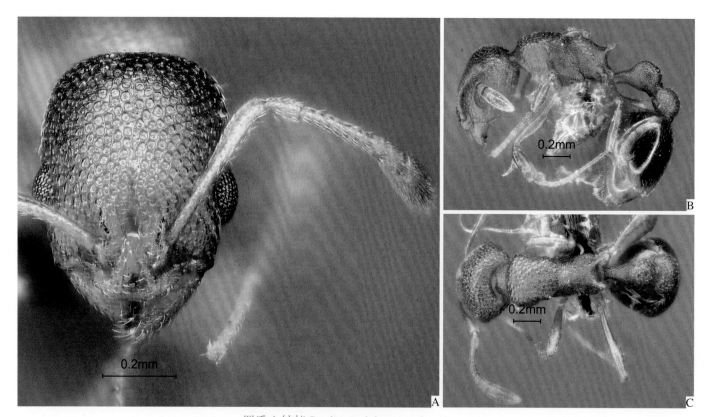

罗氏心结蚁 *Cardiocondyla wroughtonii*
A. 工蚁头部正面观；B. 工蚁整体侧面观；C. 工蚁整体背面观

罗氏心结蚁

Cardiocondyla wroughtonii (Forel, 1890)

【分类地位】 切叶蚁亚科Myrmicinae / 心结蚁属*Cardiocondyla* Emery, 1869

【形态特征】 工蚁体长1.6~1.8mm。正面观头部近梯形，向前变窄，后缘近平直，后角宽圆，侧缘轻度隆起。上颚长三角形，咀嚼缘具5个齿。唇基近梯形，前缘轻度隆起。额脊短，额叶较发达，部分遮盖触角窝。触角12节，柄节未到达头后角，触角棒3节。复眼中等大，位于头中线稍前处。侧面观前中胸背板轻度隆起，缺前中胸背板缝，后胸沟深凹；并胸腹节背面轻度隆起，并胸腹节刺长。腹柄前面具短柄，腹柄结近梯形，背面轻度隆起；后腹柄结近半圆形，背面强烈隆起。后腹部长卵形，腹末具螫针。背面观腹柄结近梯形，后腹柄结近六边形。上颚具稀疏细刻点；头部具均匀网状细刻纹；胸部背面和腹柄结背面具网状细刻纹，胸部侧面、腹柄和后腹柄具密集细刻点；后腹部光滑。身体背面具密集平伏绒毛被，缺立毛。身体棕黄色，后腹部黑棕色，附肢浅黄色。

【生态学特性】 栖息于泸水东坡、坝湾东坡海拔1500~1750m的季风常绿阔叶林、针阔混交林内，在地表、石下觅食。

近缘重头蚁

Carebara affinis (Jerdon, 1851)

【分类地位】　切叶蚁亚科Myrmicinae ／ 重头蚁属*Carebara* Westwood, 1840

【形态特征】　大型工蚁体长5.9～11.4mm。头大，正面观近方形，后缘钝角形凹入，侧缘近平直。上颚咀嚼缘仅具端齿。唇基前缘中央浅凹。触角11节，柄节未到达头后角，触角棒2节。复眼较小，位于头中线处。侧面观前中胸背板强烈隆起，前中胸背板缝明显，中胸背板后部具横脊，后胸沟浅凹；并胸腹节背面平直，并胸腹节刺粗大。腹柄结近三角形，后倾；后腹柄结背面圆形隆起，后上角窄圆。腹末具螫针。上颚光滑；头前部具纵皱纹，后部具横皱纹；胸部具横皱纹，侧面具纵皱纹，前胸侧面光滑；腹柄和后腹柄具网状细刻纹，腹柄结、后腹柄结和后腹部光滑。身体背面具稀疏立毛和丰富倾斜绒毛被。身体暗红棕色，后腹部浅黑色，附肢棕红色。

小型工蚁体长2.4～3.3mm，与大型工蚁相似但体小。头小，近梯形，后缘近平直，上颚咀嚼缘具5个齿，唇基前缘轻度隆起。触角柄节到达头后角。侧面观前中胸背板中度隆起呈弓形，缺前中胸背板缝，后胸沟深凹。腹柄结近锥形，后腹柄结半圆形。上颚具细纵条纹；头部光滑；胸部具网状细刻纹，前胸光滑。身体暗棕色，后腹部和附肢棕黄色。

【生态学特性】　栖息于坝湾西坡、坝湾东坡、龙陵东坡海拔750～1250m的干热河谷稀树灌丛、干性常绿阔叶林、季风常绿阔叶林、针阔混交林内，在地表、土壤内觅食，在石下、土壤内筑巢。

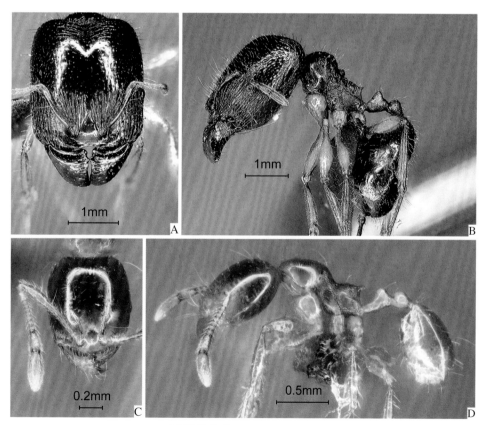

近缘重头蚁*Carebara affinis*

A.大型工蚁头部正面观；B.大型工蚁整体侧面观；C.小型工蚁头部正面观；D.小型工蚁整体侧面观

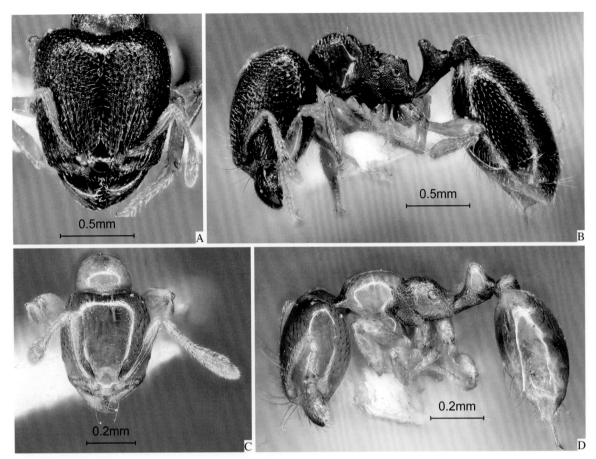

高结重头蚁*Carebara altinodus*

A. 大型工蚁头部正面观；B. 大型工蚁整体侧面观；C. 小型工蚁头部正面观；D. 小型工蚁整体侧面观

高结重头蚁

Carebara altinodus (Xu, 2003)

【分类地位】 切叶蚁亚科Myrmicinae／重头蚁属*Carebara* Westwood, 1840

【形态特征】 大型工蚁体长3.6～4.5mm。正面观头部近梯形，后缘凹陷，后头叶具1对小型角突，侧缘轻度隆起。上颚咀嚼缘具5个齿。唇基中部具1对向前分歧的纵脊，前缘近平直。额脊到达复眼水平，具额叶。触角11节，触角棒2节，柄节未到达头后角。复眼很小，具7个小眼。侧面观前中胸背板高，圆形隆起，前中胸背板缝明显，中胸背板后部具横脊，后胸沟凹陷；并胸腹节背面直，后上角钝角状。腹柄前面具小柄，腹柄结锥形；后腹柄结近三角形，后倾。腹末具螫针。上颚光滑；头部具密集大刻点，前部具纵条纹；胸部具密集刻点，前中胸背板具稀疏刻点，前胸背板侧面光滑；腹柄和后腹柄具密集细刻点，腹柄结光滑，后腹部具稀疏大刻点。身体背面具稀疏立毛和密集倾斜绒毛被。身体红棕色，头部和后腹部黑棕色，附肢黄色。

小型工蚁体长1.3～1.5mm，与大型工蚁相似但身体很小。头部正常，后缘浅凹，缺角突，复眼具2个小眼。前中胸背板中度隆起，前中胸背板缝消失，中胸背板缺横脊，并胸腹节后上角宽圆。身体光滑，中胸、后胸和并胸腹节具刻点。身体黄色，头部和后腹部黄棕色。

【生态学特性】 栖息于高黎贡山中部、南部中低海拔区域的山地雨林、常绿阔叶林、针阔混交林内，在地表觅食。

双角重头蚁

Carebara bihornata (Xu, 2003)

【分类地位】 切叶蚁亚科Myrmicinae ／ 重头蚁属*Carebara* Westwood, 1840

【形态特征】 大型工蚁体长2.1～3.1mm。正面观头部近长方形，后缘圆形深凹，后角锐角状，后角之间具1条横脊，侧缘轻度隆起。上颚咀嚼缘具5个齿。唇基中部具1对向前分歧的纵脊，前缘平直。额脊短，具额叶。触角9节，触角棒2节，柄节未到达头后角。复眼很小，具4个小眼。侧面观前中胸背板高，圆形隆起，前中胸背板缝明显，后胸沟凹陷；并胸腹节背面平直，后上角钝角状。腹柄前面具小柄，腹柄结锥形；后腹柄结圆形隆起，低于腹柄结。腹末具螫针。上颚光滑；头部光滑，具极稀疏的弱刻点；胸部、腹柄、后腹柄和后腹部光滑。身体背面具丰富立毛和丰富倾斜绒毛被。身体黄色，上颚咀嚼缘和复眼黑色。

小型工蚁体长1.1～1.2mm，与大型工蚁相似但身体很小。头部正常，长方形，后头叶缺角突，后缘浅凹，后角窄圆，缺复眼。前中胸背板轻度隆起，前中胸背板缝消失，后胸沟浅凹。头部具稀疏细刻点。身体浅黄色。

【生态学特性】 栖息于泸水东坡、坝湾东坡海拔1000m的干热河谷稀树灌丛内，在土壤内觅食和筑巢。

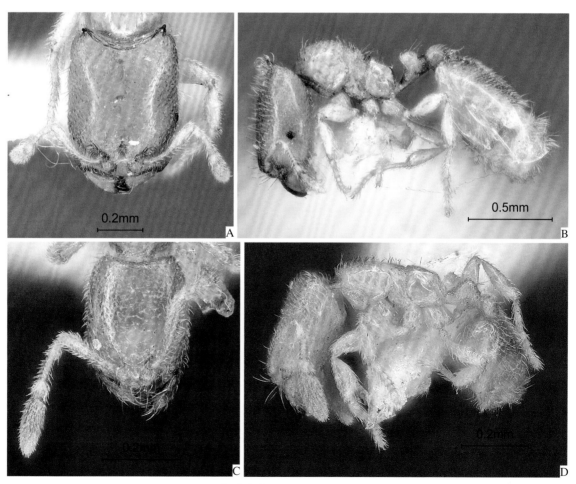

双角重头蚁*Carebara bihornata*

A. 大型工蚁头部正面观；B. 大型工蚁整体侧面观；C. 小型工蚁头部正面观；D. 小型工蚁整体侧面观

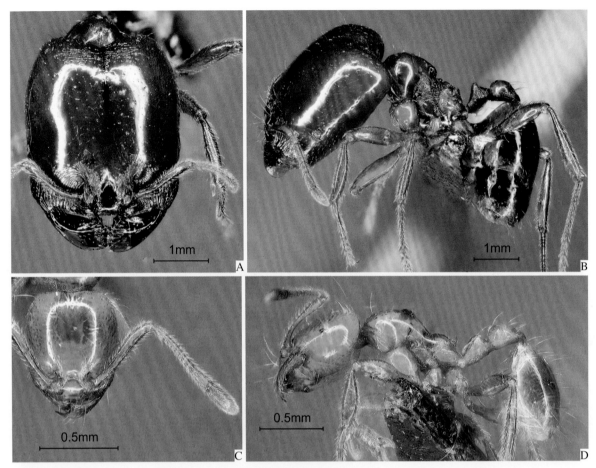

黑沟重头蚁 *Carebara melasolena*

A. 大型工蚁头部正面观；B. 大型工蚁整体侧面观；C. 小型工蚁头部正面观；D. 小型工蚁整体侧面观

黑沟重头蚁

Carebara melasolena (Zhou & Zheng, 1997)

【分类地位】 切叶蚁亚科Myrmicinae／重头蚁属*Carebara* Westwood, 1840

【形态特征】 大型工蚁体长2.3~5.8mm。正面观头部近长方形，后缘凹陷，后角窄圆，后头叶缺角突。上颚咀嚼缘具5个齿。唇基中部具1对向前分歧的纵脊，前缘中部浅凹。额脊短，具额叶。触角11节，柄节未到达头后角，触角棒2节。复眼很小，具7~10个小眼。侧面观前中胸背板强烈隆起呈弓形，缺前中胸背板缝，后胸沟深凹；并胸腹节后上角具1对弯向前上方的小齿。腹柄结三角形，轻度后倾；后腹柄结背面隆起呈半圆形。腹末具螫针。上颚光滑，基部具纵条纹；身体光滑，颊区和唇基两侧具纵条纹，中胸侧板和并胸腹节具细网纹。身体背面具稀疏立毛和丰富倾斜绒毛被。身体红色，后腹部和足黄色。

小型工蚁体长1.8~2.2mm，与大型工蚁相似但身体很小。头部正常，后缘近平直，上颚咀嚼缘齿尖锐，柄节到达头后角，复眼具1~2个小眼。前中胸背板中度隆起，并胸腹节刺较细，弯向上方。腹柄结较低。

【生态学特性】 栖息于坝湾西坡、坝湾东坡、龙陵东坡海拔750~1500m的干性常绿阔叶林、季风常绿阔叶林、针阔混交林内，在地表、土壤内觅食，在土壤内筑巢。

钝齿重头蚁

Carebara obtusidenta (Xu, 2003)

【分类地位】 切叶蚁亚科Myrmicinae ／ 重头蚁属*Carebara* Westwood, 1840

【形态特征】 大型工蚁体长2.1～2.6mm。正面观头部近梯形，向前变窄，后缘深凹，后头叶具1对小型角突。上颚咀嚼缘具5个齿。唇基中部具1对向前分歧的纵脊，前缘凹陷。额脊较短，具额叶。触角9节，触角棒2节，柄节未到达头后角。复眼极小，具1个小眼。侧面观前中胸背板高，强烈隆起呈弓形，缺前中胸背板缝，后胸沟深凹；并胸腹节背面平直，后上角具1对直角形齿。腹柄前面具小柄，腹柄结锥形，后倾，背面窄圆；后腹柄结背面圆形隆起。腹末具螯针。上颚光滑；头前部具细纵条纹，后部和侧面具细网纹，后头叶角突之间具横条纹；胸部和腹柄具密集刻点；后腹柄和后腹部光滑。身体背面具丰富立毛和密集倾斜绒毛被。身体黄色，头部黄棕色，附肢浅黄色。

小型工蚁体长1.2～1.3mm，与大型工蚁相似但身体很小。头部正常，近方形，后缘浅凹，后头叶缺角突。前中胸背板中度隆起，并胸腹节齿尖锐。

【生态学特性】 栖息于坝湾西坡海拔2000m的中山常绿阔叶林内，在地表、土壤内觅食，在土壤内筑巢。

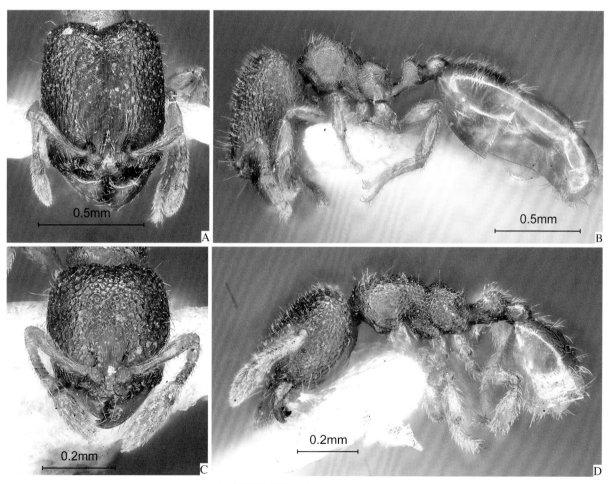

钝齿重头蚁*Carebara obtusidenta*

A. 大型工蚁头部正面观；B. 大型工蚁整体侧面观；C. 小型工蚁头部正面观；D. 小型工蚁整体侧面观

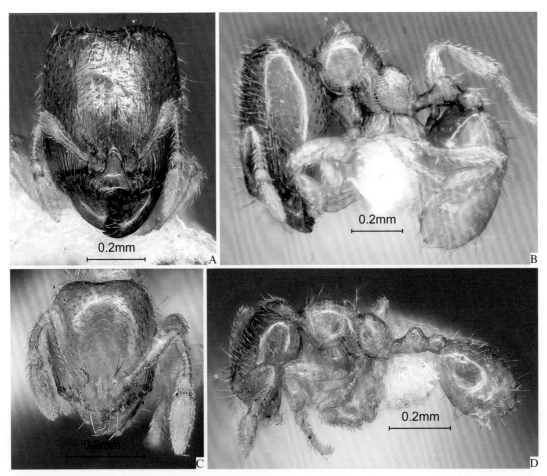

直背重头蚁 *Carebara rectidorsa*

A. 大型工蚁头部正面观；B. 大型工蚁整体侧面观；C. 小型工蚁头部正面观；D. 小型工蚁整体侧面观

直背重头蚁

Carebara rectidorsa (Xu, 2003)

【分类地位】　切叶蚁亚科Myrmicinae ／重头蚁属*Carebara* Westwood, 1840

【形态特征】　大型工蚁体长1.4～1.7mm。正面观头部近梯形，后缘角状凹陷，后头叶具1对小型角突。上颚咀嚼缘具5个齿。唇基中部具1对向前分歧的纵脊，前缘轻度凹陷。额脊较短，具额叶。触角9节，触角棒2节，柄节未到达头后角。复眼极小，具2个小眼。侧面观前中胸背板高，强烈隆起呈弓形，缺前中胸背板缝，后胸沟深凹；并胸腹节背面平直，后上角宽圆。腹柄前面具小柄，腹柄结锥形，顶端窄圆；后腹柄结背面圆形隆起，低于腹柄结。腹末具螫针。上颚光滑；头前部具纵条纹，后部具横条纹，角突之间具横条纹；胸部、腹柄和后腹柄具细刻点，前中胸背板、并胸腹节背面、腹柄结、后腹柄结和后腹部光滑。身体背面具丰富立毛和丰富倾斜绒毛被。身体黄色，上颚咀嚼缘、复眼和头后部角突黑色。

小型工蚁体长1.1～1.2mm，与大型工蚁相似但身体很小。头部正常，近方形，后缘浅凹，后头叶缺角突。侧面观前中胸背板轻度隆起。头部光滑，身体浅黄色。

【生态学特性】　栖息于泸水东坡、坝湾东坡、龙陵西坡、龙陵东坡海拔1500m的针阔混交林内，在土壤内觅食。

纹头重头蚁

Carebara reticapita (Xu, 2003)

【分类地位】 切叶蚁亚科Myrmicinae / 重头蚁属*Carebara* Westwood, 1840

【形态特征】 大型工蚁体长1.5～2.0mm。正面观头部长方形，后缘角状凹陷，侧缘近平行，后头叶缺角突。上颚咀嚼缘具5个齿。唇基中部具1对向前分歧的纵脊，前缘近平直。额脊短，具额叶。触角9节，触角棒2节，柄节未到达头后角。复眼极小，具1～3个小眼。侧面观前中胸背板高，圆形隆起呈弓形，缺前中胸背板缝，后胸沟深凹；并胸腹节背面平直，后上角具1对尖齿。腹柄前面具小柄，腹柄结锥形，背面窄圆；后腹柄结背面圆形隆起，低于腹柄结。腹末具螫针。上颚光滑；头部具网状细刻纹，后部具横条纹；胸部和腹柄具网状微刻纹；后腹柄和后腹部光滑。身体背面具稀疏立毛和密集倾斜绒毛被。身体黄色，头部棕黄色。

小型工蚁体长1.1～1.2mm，与大型工蚁相似但身体很小。头部正常，近方形，后缘浅凹，复眼具1个小眼。前中胸背板轻度隆起，后胸沟浅凹，并胸腹节背面轻度隆起。身体黄色。

【生态学特性】 栖息于贡山西坡、贡山东坡、福贡东坡、泸水西坡、泸水东坡、坝湾西坡、龙陵西坡、龙陵东坡海拔1750～2250m的季风常绿阔叶林、中山常绿阔叶林、针阔混交林、针叶林内，在土壤内觅食和筑巢。

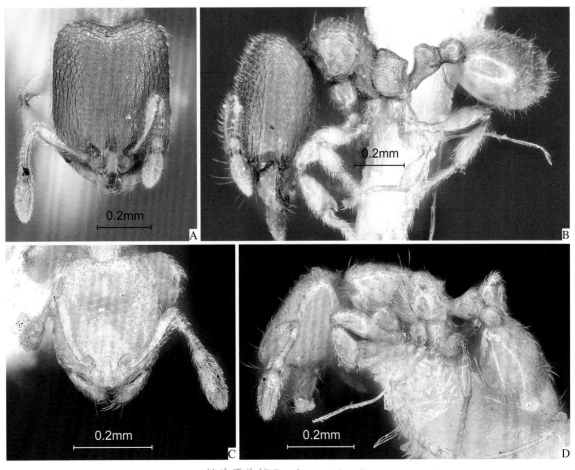

纹头重头蚁*Carebara reticapita*

A. 大型工蚁头部正面观；B. 大型工蚁整体侧面观；C. 小型工蚁头部正面观；D. 小型工蚁整体侧面观

粒沟纹蚁Cataulacus granulatus
A. 工蚁头部正面观；B. 工蚁整体侧面观；C. 工蚁整体背面观

粒沟纹蚁
Cataulacus granulatus (Latreille, 1802)

【分类地位】 切叶蚁亚科Myrmicinae / 沟纹蚁属*Cataulacus* Smith, 1854

【形态特征】 工蚁体长4.6～4.9mm。正面观头部近梯形，向前变窄，后缘近平直，两边具细齿突；后角直角形，具尖齿；侧缘轻度隆起，具细齿突，复眼前具1角突。上颚三角形，咀嚼缘具6个齿。唇基三角形，前缘中央凹陷。触角沟深凹，位于头侧腹面复眼之下；触角11节，触角棒3节。复眼大，位于头中线稍后处。侧面观前中胸背板中度隆起呈弓形，缺前中胸背板缝和后胸沟，中胸背板和并胸腹节背面坡形，轻微隆起，并胸腹节刺粗而尖，斜面浅凹。腹柄结结形，轻度前倾，背面圆形隆起，腹柄下突指状；后腹柄结背面圆形隆起。后腹部长卵形，腹末具螯针。背面观胸部向后变窄，肩角钝角状，侧缘具齿突，后胸沟处深切；腹柄和后腹柄相似，近梯形，向后变窄。上颚具纵皱纹；头部、胸部、腹柄和后腹柄具网状皱纹，胸部侧面具纵皱纹；后腹部具细密刻点。身体背面具丰富短而钝的立毛。身体黑色，附肢红棕色至黄棕色。

【生态学特性】 栖息于坝湾东坡、龙陵东坡海拔750～1250m的干热河谷稀树灌丛、针阔混交林内，在植物上、地表觅食。

红足沟纹蚁

Cataulacus taprobanae Smith, 1853

【分类地位】 切叶蚁亚科Myrmicinae / 沟纹蚁属*Cataulacus* Smith, 1854

【形态特征】 工蚁体长4.9～5.1mm。正面观头部近梯形，后缘近平直，两边具小齿突；后角近直角形；侧缘轻度隆起，具小齿突，复眼前具1个角突。上颚三角形，咀嚼缘约具6个齿。唇基近三角形，前缘角状凹陷。触角沟深凹，位于头侧缘腹面复眼之下，触角11节，触角棒3节。复眼大，位于头中线稍后处。侧面观前中胸背板中度隆起呈弓形，缺前中胸背板缝和后胸沟，并胸腹节刺细长而粗，斜面近平直。腹柄结近三角形，顶端钝角状，腹面前下角具齿突；后腹柄结背面中度隆起，前上角近直角形。后腹部长卵形，腹末具螫针。背面观胸部向后变窄，肩角钝角状，侧缘具瘤突，后胸沟处收缩；腹柄和后腹柄相似，近梯形，向后变窄。上颚具纵皱纹；头部、胸部背面、腹柄和后腹柄具网状皱纹，胸部侧面具纵脊；后腹部具细纵皱纹。身体背面具稀疏棒状短立毛。身体黑色，附肢棕黄色。

【生态学特性】 栖息于泸水东坡、坝湾东坡海拔1000m的干热河谷稀树灌丛内，在植物上、地表觅食。

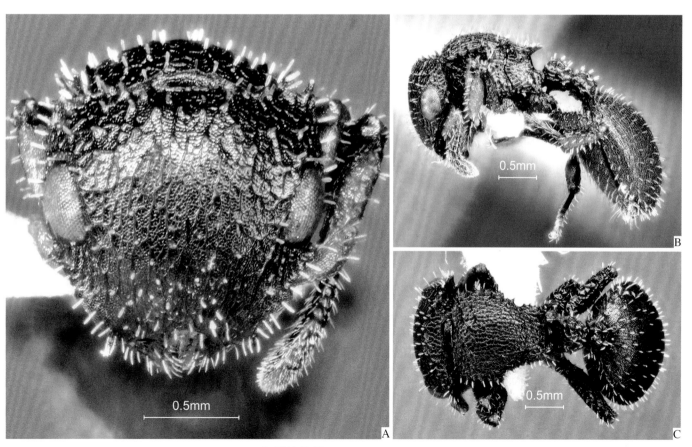

红足沟纹蚁*Cataulacus taprobanae*

A. 工蚁头部正面观；B. 工蚁整体侧面观；C. 工蚁整体背面观

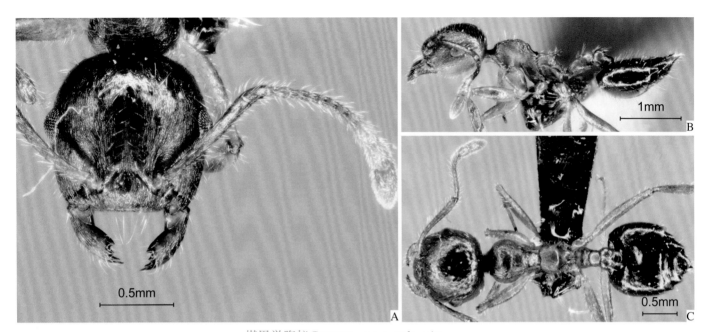

煤黑举腹蚁*Crematogaster anthracina*

A. 工蚁头部正面观；B. 工蚁整体侧面观；C. 工蚁整体背面观

煤黑举腹蚁

Crematogaster anthracina Smith, 1857

【分类地位】　切叶蚁亚科Myrmicinae / 举腹蚁属*Crematogaster* Lund, 1831

【形态特征】　工蚁体长3.1~3.3mm。正面观头部近方形，后缘近平直，后角宽圆，侧缘中度隆起。上颚三角形，咀嚼缘具5个齿。唇基前缘轻度隆起。额脊短，额叶窄，部分遮盖触角窝。触角11节，柄节超过头后角，触角棒3节。复眼中等大，位于头中线稍后处。侧面观前中胸背板轻度隆起，缺前中胸背板缝，后胸沟深凹；并胸腹节背面近平直，并胸腹节刺长而直。腹柄长而低，近梯形，向后变粗，背面平直；后腹柄背面圆形隆起，后腹柄与后腹部前部背面连接。后腹部长卵形，腹末尖，具螯针。背面观腹柄梯形；后腹柄横形，具中央纵沟；后腹部近心形。上颚具纵皱纹；头前部具纵皱纹，后部光滑；胸部、腹柄和后腹柄具网状细刻纹；后腹部光滑。身体背面具稀疏立毛和丰富平伏绒毛被。身体暗红棕色，后腹部后部黑色。

【生态学特性】　栖息于坝湾东坡海拔1000~2000m的山地雨林、季风常绿阔叶林、针阔混交林、云南松林内，在植物上、朽木内、朽木下、地被下、地表、土壤内觅食，在树皮下、朽木内、土壤内筑巢。

比罗举腹蚁

Crematogaster biroi Mayr, 1897

【分类地位】　切叶蚁亚科Myrmicinae / 举腹蚁属*Crematogaster* Lund, 1831

【形态特征】　工蚁体长2.7～2.9mm。正面观头部近方形，后缘平直，后角窄圆。上颚咀嚼缘具4个齿。唇基前缘轻度隆起。额脊短，额叶窄，部分遮盖触角窝。触角11节，柄节超过头后角，触角棒2节。复眼中等大，位于头中线之后。侧面观前中胸背板轻度隆起，缺前中胸背板缝，后胸沟深凹；并胸腹节背面近平直，并胸腹节刺较短。腹柄长而低，向后变粗，背面平直；后腹柄高于腹柄，背面轻度隆起，与后腹部的前部背面连接。后腹部近梭形，末端尖，具螫针。背面观腹柄近梯形；后腹柄横形，缺中央纵沟；后腹部近心形。上颚具纵条纹；头部光滑，颊区具纵条纹；胸部光滑，中胸背板两侧和并胸腹节背面具稀疏纵皱纹，中胸侧板具网纹；腹柄具细网纹，背面光滑；后腹柄和后腹部光滑。身体背面具稀疏长立毛和稀疏倾斜绒毛被。身体黄色，头部和后腹部黄棕色，后腹部端部浅黑色。

【生态学特性】　栖息于泸水东坡、坝湾东坡、龙陵西坡海拔1500～1750m的针阔混交林、云南松林内，在地表、土壤内觅食，在土壤内筑巢。

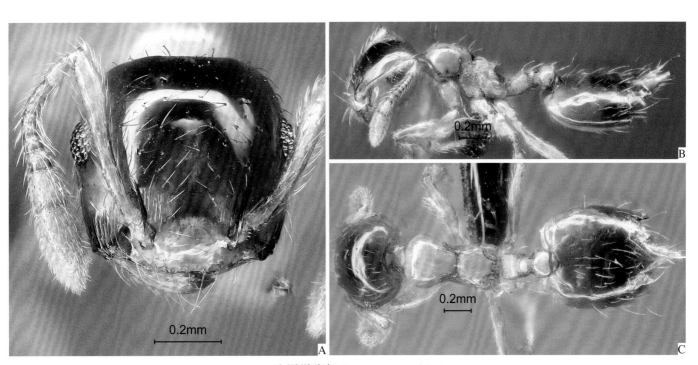

比罗举腹蚁*Crematogaster biroi*

A. 工蚁头部正面观；B. 工蚁整体侧面观；C. 工蚁整体背面观

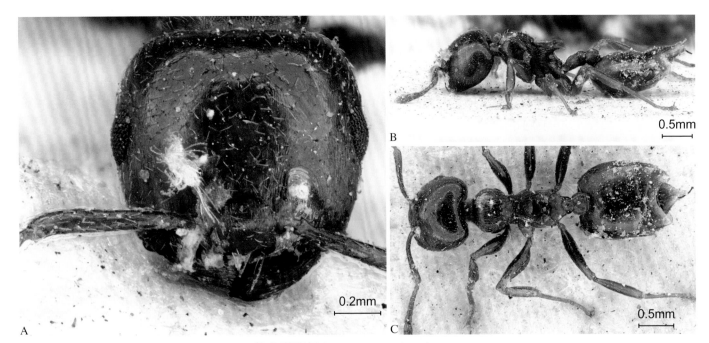

棕色举腹蚁*Crematogaster brunnea*
A. 工蚁头部正面观；B. 工蚁整体侧面观；C. 工蚁整体背面观
（引自AntWeb，CASENT0901435，Zach Lieberman / 摄）

棕色举腹蚁
Crematogaster brunnea Smith, 1857

【分类地位】 切叶蚁亚科Myrmicinae / 举腹蚁属*Crematogaster* Lund, 1831

【形态特征】 工蚁体长4.1~4.3mm。正面观头部近梯形，向前变窄，后缘近平直，后角宽圆，侧缘轻度隆起。上颚咀嚼缘具5个齿。唇基前缘轻度隆起。额脊短，额叶窄，部分遮盖触角窝。触角11节，柄节刚到达头后角，触角棒3节。复眼中等大，位于头中线之后。侧面观前中胸背板近平直，缺前中胸背板缝，后胸沟深凹；并胸腹节背面近平直，并胸腹节刺粗而尖。腹柄长而低，向后变粗，背面近平直；后腹柄高于腹柄，后上角窄圆，与后腹部前部背面连接。后腹部长卵形，腹末尖，具螯针。背面观腹柄梯形；后腹柄横形，具中央纵沟；后腹部近心形。上颚具细纵条纹；头部光滑，唇基两侧、背面中央两侧和颊区具细纵条纹；胸部具细纵皱纹，前胸背板两侧光滑；腹柄、后腹柄和后腹部光滑。身体背面具稀疏立毛和丰富平伏绒毛被。身体红棕色，复眼黑色。

【生态学特性】 栖息于高黎贡山中低海拔区域的常绿阔叶林、针阔混交林内，在植物上、地表觅食。

乌木举腹蚁
Crematogaster ebenina Forel, 1902

【分类地位】 切叶蚁亚科Myrmicinae / 举腹蚁属*Crematogaster* Lund, 1831

【形态特征】 工蚁体长3.3~3.5mm。正面观头部近梯形，后缘轻度隆起，后角宽圆，侧缘中度隆起。上颚咀嚼缘具6个齿。唇基前缘轻度隆起。额脊短，额叶窄，部分遮盖触角窝。触角11节，柄节超过头后角，触角棒3节。复眼中等大，位于头中线稍前处。侧面观前中胸背板中度隆起，前中胸背板缝浅凹，后胸沟深凹；并胸腹节背面近平直，并胸腹节刺中等长。腹柄长而低，向后变粗，背面平直；后腹柄稍高于腹柄，后上角窄圆，与后腹部前部背面连接。后腹部长卵形，腹末尖，具螫针。背面观腹柄近梯形；后腹柄与腹柄等宽，具中央纵沟；后腹部近心形。上颚具细纵条纹；头胸部光滑，中胸侧板、后胸侧板和并胸腹节侧面具纵皱纹；腹柄、后腹柄和后腹部光滑。身体背面具丰富平伏绒毛被，缺立毛。身体暗红棕色，后腹部后部黑色。

【生态学特性】 栖息于贡山东坡、福贡东坡、泸水东坡、坝湾西坡、坝湾东坡、龙陵西坡、龙陵东坡海拔750~1500m的干热河谷稀树灌丛、针阔混交林、云南松林内，在植物上、地表觅食，在树干内、土壤内筑巢。

乌木举腹蚁*Crematogaster ebenina*
A. 工蚁头部正面观；B. 工蚁整体侧面观；C. 工蚁整体背面观

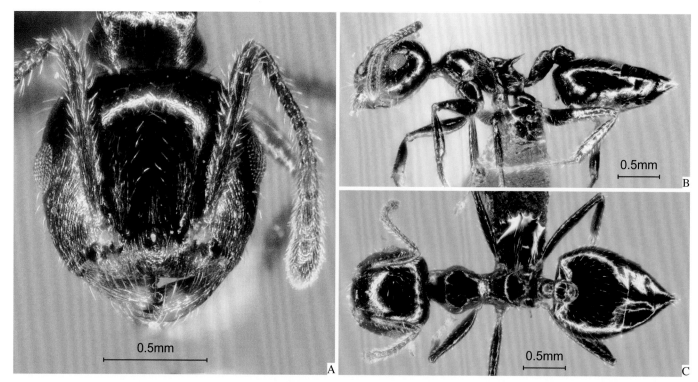

立毛举腹蚁*Crematogaster ferrarii*
A.工蚁头部正面观；B.工蚁整体侧面观；C.工蚁整体背面观

立毛举腹蚁
Crematogaster ferrarii Emery, 1887

【分类地位】 切叶蚁亚科Myrmicinae / 举腹蚁属*Crematogaster* Lund, 1831

【形态特征】 工蚁体长3.0~3.9mm。正面观头部近梯形，后缘和侧缘中度隆起，后角宽圆。上颚咀嚼缘具5个齿。唇基前缘近平直。额脊短，额叶窄，部分遮盖触角窝。触角11节，柄节超过头后角，触角棒3节。复眼中等大，位于头中线稍前处。侧面观前中胸背板近平直，缺前中胸背板缝，后胸沟深凹；并胸腹节背面近平直，并胸腹节刺细长。腹柄长而低，向后变粗，背面平直；后腹柄稍高于腹柄，后上角窄圆，与后腹部前部背面连接。后腹部长卵形，腹末尖，具螫针。背面观腹柄近梯形；后腹柄横形，具中央纵沟；后腹部近心形。上颚具细纵条纹；头部光滑，唇基和颊区具细纵条纹；胸部光滑，中胸侧板和后胸侧板具纵皱纹；腹柄、后腹柄和后腹部光滑。身体背面具丰富立毛和丰富平伏绒毛被。身体黑色，附肢红棕色。

【生态学特性】 栖息于贡山西坡、泸水东坡、坝湾西坡、坝湾东坡、龙陵西坡、龙陵东坡海拔750~1750m的干热河谷稀树灌丛、干性常绿阔叶林、季雨林、季风常绿阔叶林、针阔混交林、云南松林内，在植物上、地被下、地表、土壤内觅食，在朽木内、地被内、石下、土壤内筑巢。

085

澳门举腹蚁

Crematogaster macaoensis Wu & Wang, 1995

【分类地位】 切叶蚁亚科Myrmicinae / 举腹蚁属*Crematogaster* Lund, 1831

【形态特征】 工蚁体长3.0～4.0mm。正面观头部近梯形，后缘近平直，后角宽圆，侧缘轻度隆起。上颚咀嚼缘具5个齿。唇基前缘轻度隆起。额脊短，额叶窄，部分遮盖触角窝。触角11节，柄节刚到达头后角，触角棒3节。复眼中等大，位于头中线稍后处。侧面观前中胸背板中度隆起，前中胸背板缝可见，后胸沟深凹；并胸腹节背面短，强烈隆起，并胸腹节刺细长。腹柄长而低，向后变粗，背面平直；后腹柄稍高于腹柄，背面中度隆起，与后腹部前部背面连接。后腹部长卵形，腹末尖，具螯针。背面观腹柄近梯形；后腹柄横形，具中央纵沟；后腹部近心形。上颚具纵条纹；头胸部具网状皱纹，唇基和颊区具纵条纹，胸部侧面具纵皱纹；腹柄和后腹柄具密集细刻点；后腹部光滑。身体背面具丰富立毛和密集平伏绒毛被。身体暗红棕色，后腹部黑色。

【生态学特性】 栖息于泸水东坡、龙陵西坡海拔1000～2250m的山地雨林、中山常绿阔叶林内，在植物上、地表觅食，在地被下筑巢。

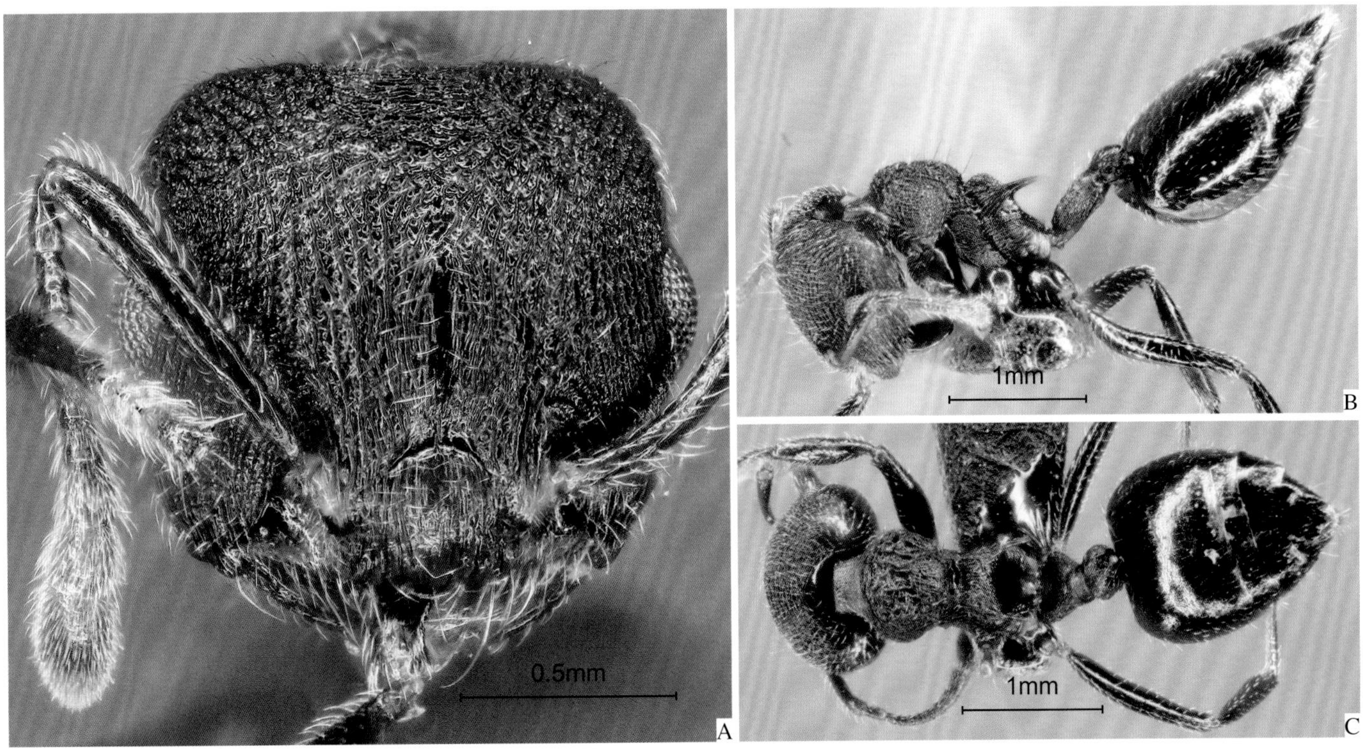

澳门举腹蚁*Crematogaster macaoensis*

A. 工蚁头部正面观；B. 工蚁整体侧面观；C. 工蚁整体背面观

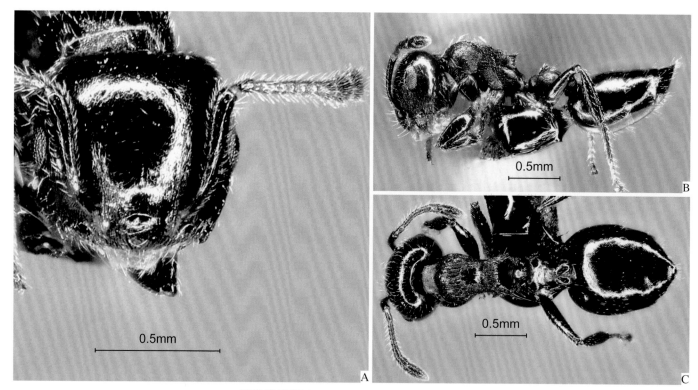

玛氏举腹蚁*Crematogaster matsumurai*
A. 工蚁头部正面观；B. 工蚁整体侧面观；C. 工蚁整体背面观

玛氏举腹蚁

Crematogaster matsumurai Forel, 1901

【分类地位】 切叶蚁亚科Myrmicinae / 举腹蚁属*Crematogaster* Lund, 1831

【形态特征】 工蚁体长3.5～3.7mm。正面观头部近方形，后缘平直，后角宽圆，侧缘中度隆起。上颚咀嚼缘具5个齿。唇基前缘轻度隆起。额脊短，额叶窄，部分遮盖触角窝。触角11节，柄节刚达到头后角，触角棒3节。复眼中等大，位于头中线上。侧面观前中胸背板近平直，缺前中胸背板缝，后胸沟深凹；并胸腹节背面平直，并胸腹节刺很短，三角形。腹柄长而低，向后变粗，背面平直；后腹柄稍高于腹柄，背面中度隆起，与后腹部前部背面连接。后腹部长卵形，腹末尖，具螯针。背面观腹柄近梯形；后腹柄横形，具中央纵沟；后腹部近心形。上颚具细纵条纹；头部光滑，复眼内侧、颊区和唇基两侧具纵条纹；胸部具细纵条纹，前胸侧面光滑，中胸侧板具细网纹；腹柄具密集细刻点，背面光滑；后腹柄和后腹部光滑。身体背面具稀疏立毛和丰富倾斜绒毛被。身体黄棕色，后腹部后部浅黑色。

【生态学特性】 栖息于福贡东坡、坝湾东坡、龙陵西坡海拔1000～1500m的干热河谷稀树灌丛、季风常绿阔叶林、针阔混交林内，在植物上、地表觅食。

大阪举腹蚁

Crematogaster osakensis Forel, 1896

【分类地位】 切叶蚁亚科Myrmicinae / 举腹蚁属*Crematogaster* Lund, 1831

【形态特征】 工蚁体长2.4~2.6mm。正面观头部近方形，后缘直，后角宽圆，侧缘轻度隆起。上颚咀嚼缘具5个齿。唇基前缘轻度隆起。额脊较长，额叶窄，部分遮盖触角窝。触角11节，柄节稍超过头后角，触角棒2节。复眼中等大，位于头中线之后。侧面观前中胸背板中度隆起，缺前中胸背板缝，后胸沟深凹；并胸腹节背面平直，并胸腹节刺长。腹柄长而低，向后变粗，背面平直；后腹柄稍高于腹柄，背面圆形隆起，与后腹部前部背面连接。后腹部长卵形，腹末尖，具螫针。背面观腹柄近梯形；后腹柄横形，缺中央纵沟；后腹部近心形。上颚具细纵条纹；头部光滑，颊区和唇基两侧具纵条纹；胸部光滑，前胸背面两侧和并胸腹节背面具细纵条纹，中胸侧板具细网纹；腹柄具细刻点，背面光滑；后腹柄和后腹部光滑。身体背面具丰富立毛和丰富倾斜绒毛被。身体棕黄色，后腹部后部浅黑色。

【生态学特性】 栖息于福贡东坡、泸水东坡、坝湾东坡、龙陵西坡海拔1250~1750m的季风常绿阔叶林、针阔混交林、云南松林内，在地表、土壤内觅食，在土壤内筑巢。

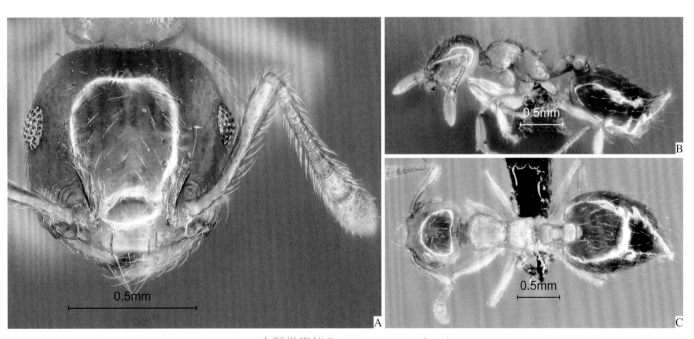

大阪举腹蚁*Crematogaster osakensis*

A. 工蚁头部正面观；B. 工蚁整体侧面观；C. 工蚁整体背面观

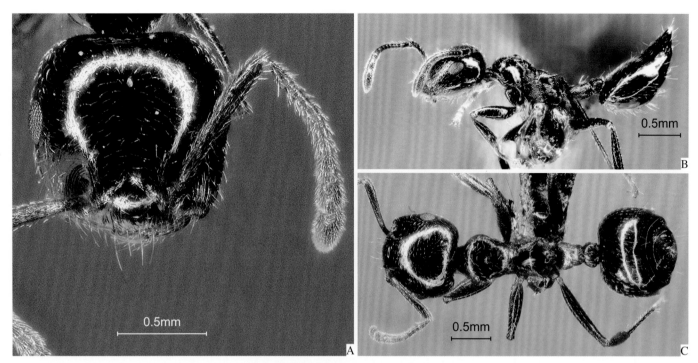

光亮举腹蚁*Crematogaster politula*

A. 工蚁头部正面观；B. 工蚁整体侧面观；C. 工蚁整体背面观

光亮举腹蚁

Crematogaster politula Forel, 1902

【分类地位】 切叶蚁亚科Myrmicinae / 举腹蚁属*Crematogaster* Lund, 1831

【形态特征】 工蚁体长3.8～4.0mm。正面观头部近方形，后缘近平直，后角宽圆，侧缘轻度隆起。上颚咀嚼缘具5个齿。唇基前缘轻度隆起。额脊短，额叶窄，部分遮盖触角窝。触角11节，柄节超过头后角，触角棒3节。复眼中等大，位于头中线稍后处。侧面观前中胸背板平直，两侧具边缘，前中胸背板缝可见，后胸沟深凹；并胸腹节背面轻度隆起，并胸腹节刺短，齿状。腹柄长而低，向后稍变粗，背面平直；后腹柄稍高于腹柄，背面轻度隆起，与后腹部前部背面连接。后腹部长卵形，腹末尖，具螯针。背面观腹柄近梯形；后腹柄横形，具中央纵沟；后腹部近心形。上颚具细纵条纹；头部光滑，颊区和唇基具细纵条纹；胸部光滑，中胸侧板具细网纹，后胸侧板具纵条纹；腹柄具细刻点，背面光滑；后腹柄和后腹部光滑。身体背面具稀疏立毛和丰富平伏绒毛被。身体黑色，附肢暗红棕色。

【生态学特性】 栖息于泸水东坡、坝湾东坡海拔1000～1500m的干热河谷稀树灌丛、针阔混交林内，在植物上、地表、土壤内觅食。

黑褐举腹蚁
Crematogaster rogenhoferi Mayr, 1879

【分类地位】 切叶蚁亚科Myrmicinae / 举腹蚁属*Crematogaster* Lund, 1831

【形态特征】 工蚁体长3.5~4.8mm。正面观头部近方形，后缘近平直，后角宽圆，侧缘中度隆起。上颚咀嚼缘具5个齿。唇基前缘轻度隆起。额脊较长，额叶窄，部分遮盖触角窝。触角11节，柄节刚到达头后角，触角棒3节。复眼中等大，位于头中线上。侧面观前中胸背板较高，中胸背面平直，前中胸背板缝可见，后胸沟深凹；并胸腹节背面近平直，并胸腹节刺短粗。腹柄长而低，向后变粗，背面平直；后腹柄高于腹柄，背面中度隆起，与后腹部前部背面连接。后腹部长卵形，腹末尖，具螫针。背面观腹柄近梯形，后腹柄横形，具中央纵沟；后腹部近心形。上颚和头部具纵条纹；胸部具纵皱纹；腹柄具细刻点，背面光滑；后腹柄和后腹部光滑。身体背面具丰富立毛和丰富平伏绒毛被。身体红棕色，后腹部和附肢黑色，跗节黄棕色。

【生态学特性】 栖息于福贡东坡、泸水东坡、坝湾东坡、龙陵东坡海拔750~2250m的干性常绿阔叶林、季风常绿阔叶林、中山常绿阔叶林、针阔混交林、云南松林内，在植物上、地表觅食，在树干内、树上筑巢。

黑褐举腹蚁*Crematogaster rogenhoferi*
A. 工蚁头部正面观；B. 工蚁整体侧面观；C. 工蚁整体背面观

罗思尼举腹蚁*Crematogaster rothneyi*

A.工蚁头部正面观；B.工蚁整体侧面观；C.工蚁整体背面观

罗思尼举腹蚁

Crematogaster rothneyi Mayr, 1879

【**分类地位**】 切叶蚁亚科Myrmicinae / 举腹蚁属*Crematogaster* Lund, 1831

【**形态特征**】 工蚁体长3.1~3.3mm。正面观头部近梯形，后缘浅凹，后角宽圆，侧缘中度隆起。上颚咀嚼缘具5个齿。唇基前缘中央浅凹。额脊较长，额叶窄，部分遮盖触角窝。触角11节，柄节超过头后角，触角棒3节。复眼中等大，位于头中线之后。侧面观前胸背板轻度隆起，缺前中胸背板缝；中胸背板平直，后端具三角形小齿，后胸沟深切；并胸腹节背面浅凹，并胸腹节刺基部粗，端部尖锐。腹柄长而低，向后稍变粗，背面轻度凹陷；后腹柄背面中度隆起，与后腹部前部背面连接。后腹部长卵形，腹末尖，具螫针。背面观腹柄近梯形；后腹柄横形，具中央纵沟；后腹部近心形。上颚具纵条纹；头部、胸部、腹柄和后腹柄具密集刻点，唇基和颊区具纵条纹，腹柄背面和后腹部光滑。身体背面具丰富钝立毛和稀疏倾斜绒毛被。身体暗棕红色，后腹部和附肢黑色，跗节黄棕色。

【**生态学特性**】 栖息于坝湾西坡、坝湾东坡、龙陵西坡、龙陵东坡海拔1000~1750m的季风常绿阔叶林、针阔混交林内，在地表、土壤内觅食，在石下、土壤内筑巢。

特拉凡举腹蚁

Crematogaster travancorensis Forel, 1902

【分类地位】切叶蚁亚科Myrmicinae／举腹蚁属*Crematogaster* Lund, 1831

【形态特征】工蚁体长3.6～3.8mm。正面观头部近方形，后缘轻度隆起，后角宽圆，侧缘中度隆起。上颚咀嚼缘具5个齿。唇基前缘轻度隆起。额脊较长，额叶窄，部分遮盖触角窝。触角11节，柄节超过头后角，触角棒3节。复眼中等大，位于头中线稍后处。侧面观前中胸背板中度隆起，缺前中胸背板缝，后胸沟深凹；并胸腹节背面轻度隆起，并胸腹节刺细长。腹柄长而低，向后变粗，背面近平直；后腹柄背面中度隆起，与后腹部前部背面连接。后腹部长卵形，腹末尖，具螫针。背面观腹柄近梯形；后腹柄横形，具中央纵沟；后腹部近心形。上颚具纵条纹；头前部具纵皱纹，后部光滑；胸部光滑，中胸侧板具细网纹；腹柄具密集刻点，背面光滑；后腹柄和后腹部光滑。身体背面具丰富立毛和丰富平伏绒毛被。身体暗红棕色，后腹部浅黑色。

【生态学特性】栖息于泸水东坡、坝湾东坡海拔830～1500m的干热河谷稀树灌丛、针阔混交林内，在植物上、地表、土壤内觅食。

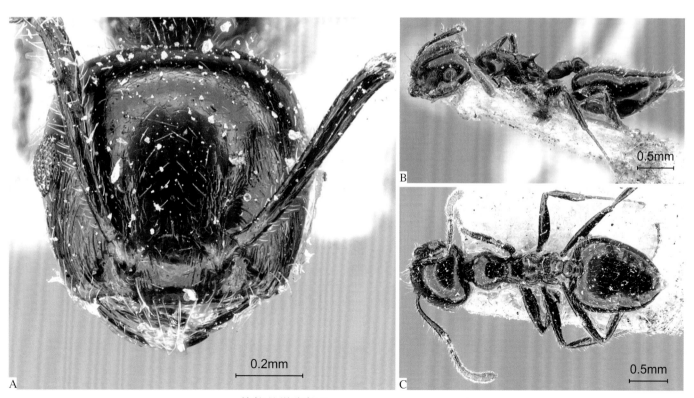

特拉凡举腹蚁*Crematogaster travancorensis*
A. 工蚁头部正面观；B. 工蚁整体侧面观；C. 工蚁整体背面观
（引自AntWeb，CASENT0908648，Will Ericson／摄）

111

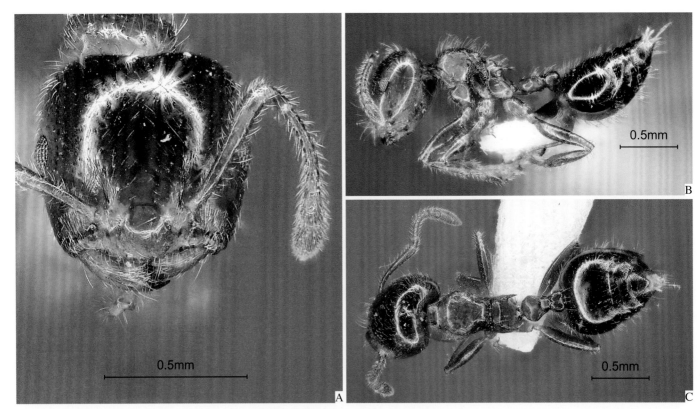

秋布举腹蚁*Crematogaster treubi*

A. 工蚁头部正面观；B. 工蚁整体侧面观；C. 工蚁整体背面观

秋布举腹蚁

Crematogaster treubi Emery, 1896

【分类地位】 切叶蚁亚科Myrmicinae / 举腹蚁属*Crematogaster* Lund, 1831

【形态特征】 工蚁体长2.2～2.4mm。正面观头部近方形，后缘和侧缘轻度隆起，后角宽圆。上颚咀嚼缘具5个齿。唇基前缘轻度隆起。额脊短，额叶窄，部分遮盖触角窝。触角11节，柄节刚到达头后角，触角棒2节。复眼中等大，位于头中线稍后处。侧面观前中胸背板轻度隆起，缺前中胸背板缝，后胸沟角状深凹；并胸腹节背面轻度隆起，并胸腹节刺细长，末端轻度下弯。腹柄长而低，向后变粗，背面近平直；后腹柄向后变粗，后上角钝角状，与后腹部前部背面连接。后腹部长卵形，腹末尖，具螫针。背面观腹柄梯形；后腹柄稍窄于腹柄，具中央纵沟；后腹部近心形。上颚具纵条纹；头部光滑；胸部光滑，中胸侧板具细网纹，后胸侧板和并胸腹节侧面具细纵皱纹；腹柄具密集刻点，背面光滑；后腹柄和后腹部光滑。身体背面具稀疏立毛和丰富平伏绒毛被。身体黄棕色，后腹部浅黑色。

【生态学特性】 栖息于坝湾东坡海拔1000m的干热河谷稀树灌丛内，在植物上、地表觅食。

沃尔什举腹蚁

Crematogaster walshi Forel, 1902

【分类地位】　切叶蚁亚科Myrmicinae／举腹蚁属*Crematogaster* Lund, 1831

【形态特征】　工蚁体长3.7～3.9mm。正面观头部方形，后缘近平直，后角宽圆，侧缘轻度隆起。上颚咀嚼缘具5个齿。唇基前缘轻度隆起。额脊短，额叶窄，部分遮盖触角窝。触角11节，柄节未到达头后角，触角棒3节。复眼中等大，位于头中线稍后处。侧面观前中胸背板中度隆起，缺前中胸背板缝，后胸沟深凹；并胸腹节背面直，并胸腹节刺齿状。腹柄长而低，向后稍变粗，背面平直；后腹柄约与腹柄等高，后上角钝角状，与后腹部前部背面连接。后腹部长卵形，腹末尖，具螫针。背面观腹柄近梯形；后腹柄具中央纵沟；后腹部近心形。上颚具纵条纹；头部光滑，唇基两侧和颊区具纵条纹；胸部光滑，中胸侧板、后胸侧板和并胸腹节具细纵皱纹；腹柄具密集刻点，背面光滑；后腹柄和后腹部光滑。身体背面具丰富立毛和丰富平伏绒毛被。身体暗红棕色，后腹部端部黑色，附肢棕黄色。

【生态学特性】　栖息于泸水东坡、坝湾东坡海拔1000～1500m的干热河谷稀树灌丛、干性常绿阔叶林、针阔混交林、云南松林内，在植物上、地表、土壤内觅食。

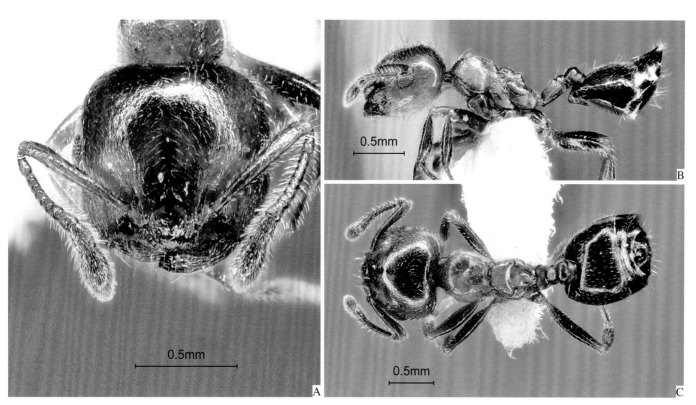

沃尔什举腹蚁*Crematogaster walshi*

A. 工蚁头部正面观；B. 工蚁整体侧面观；C. 工蚁整体背面观

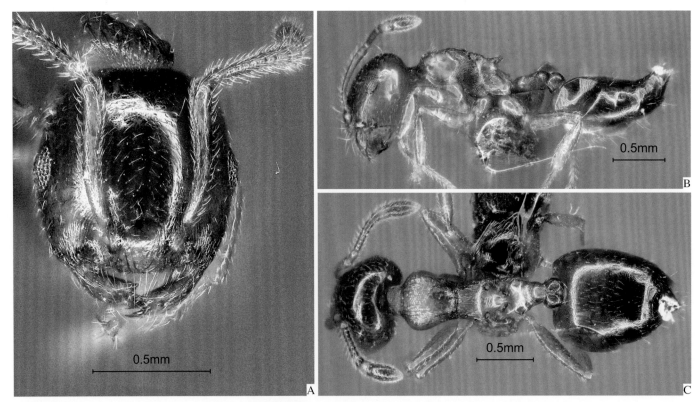

上海举腹蚁*Crematogaster zoceensis*

A. 工蚁头部正面观；B. 工蚁整体侧面观；C. 工蚁整体背面观

上海举腹蚁

Crematogaster zoceensis Santschi, 1925

【分类地位】 切叶蚁亚科Myrmicinae／举腹蚁属*Crematogaster* Lund, 1831

【形态特征】 工蚁体长3.7～3.9mm。正面观头部方形，后缘平直，后角宽圆，侧缘中度隆起。上颚咀嚼缘具5个齿。唇基前缘轻度隆起。额脊短，额叶窄，部分遮盖触角窝。触角11节，柄节刚到达头后角，触角棒3节。复眼中等大，位于头中线上。侧面观前中胸背板轻度隆起，缺前中胸背板缝，后胸沟深凹；并胸腹节背面轻度隆起，并胸腹节刺短刺状。腹柄长而低，向后变粗，背面平直；后腹柄背面中度隆起，与后腹部前部背面连接。后腹部长卵形，腹末尖，具螫针。背面观腹柄近梯形；后腹柄稍窄于腹柄，具中央纵沟；后腹部近心形。上颚具纵条纹；头部光滑，唇基和颊区具纵条纹；胸部具网状刻纹，前胸两侧光滑，中胸侧板上部和并胸腹节具纵皱纹；腹柄具密集细刻点，背面光滑；后腹柄和后腹部光滑。身体背面具稀疏立毛和丰富平伏绒毛被。身体黄棕色，后腹部浅黑色。

【生态学特性】 栖息于坝湾东坡海拔1250m的干热河谷稀树灌丛内，在植物上、地表、土壤内觅食。

江口双凸蚁

Dilobocondyla eguchii Bharti & Kumar, 2013

【分类地位】 切叶蚁亚科Myrmicinae / 双凸蚁属*Dilobocondyla* Santschi, 1910

【形态特征】 工蚁体长4.2～4.4mm。正面观头部近梯形，向前变窄；后缘中部轻度凹入，两侧轻度隆起；后角钝角状，侧缘轻度隆起。上颚咀嚼缘约具6个齿。唇基前缘中央轻度凹入。额脊与触角柄节等长，触角沟浅凹；额叶宽，遮盖触角窝。触角12节，柄节未到达头后角，触角棒3节。复眼中等大，位于头中线上。侧面观前中胸背板中度隆起呈弓形，缺前中胸背板缝，后胸沟浅凹；并胸腹节背面中度隆起，后上角宽圆，后侧叶发达。腿节中部膨大。腹柄近圆柱形，背面中度隆起，腹面中度凹陷，前下角具齿突；后腹柄高于腹柄，三角形，后上角窄圆。后腹部卵圆形，腹末具螫针。背面观腹柄长方形，后腹柄梯形。上颚具细纵条纹；头部具粗糙纵皱纹；胸部、腹柄和后腹柄具网状皱纹；后腹部光滑，基部背面具细纵条纹。身体背面具密集短立毛和稀疏倾斜绒毛被。身体黑色，胸部、腹柄和附肢暗红棕色。

【生态学特性】 栖息于高黎贡山南部低海拔区域的山地雨林、常绿阔叶林内，在地表觅食。

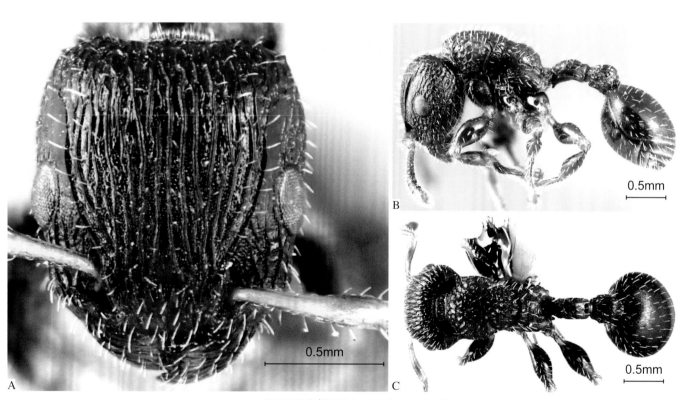

江口双凸蚁*Dilobocondyla eguchii*

A. 工蚁头部正面观；B. 工蚁整体侧面观；C. 工蚁整体背面观

（引自AntWeb，ANTWEB1008025，Himender Bharti / 摄）

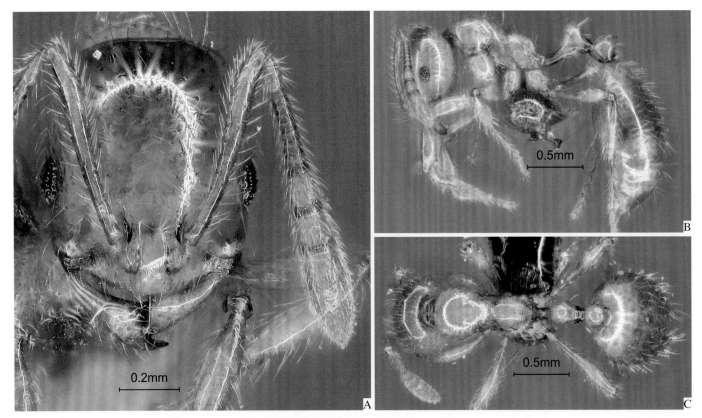

宽结摇蚁*Erromyrma latinodis*
A. 工蚁头部正面观；B. 工蚁整体侧面观；C. 工蚁整体背面观

宽结摇蚁

Erromyrma latinodis (Mayr, 1872)

【分类地位】 切叶蚁亚科Myrmicinae / 摇蚁属*Erromyrma* Bolton & Fisher, 2016

【形态特征】 工蚁体长2.6~3.7mm。正面观头部近长方形，后缘近平直，后角宽圆，侧缘轻度隆起。上颚三角形，咀嚼缘具5个齿。唇基中部具1对弱纵脊，前缘隆起，中央近平直。额脊短，额叶较窄，部分遮盖触角窝。触角12节，柄节稍超过头后角，触角棒3节。复眼中等大，位于头中线上。侧面观前中胸背板强烈隆起呈弓形，缺前中胸背板缝，后胸沟深凹；并胸腹节背面轻度隆起，后上角宽圆，后侧叶三角形。腹柄前面具细柄，约与腹柄结等长，腹柄结近锥形，背面窄圆；后腹柄结近梯形，背面宽圆。后腹部近梭形，腹末具螯针。背面观腹柄结近梭形，后腹柄结近圆形，与腹柄结等宽。上颚光滑，具稀疏具毛刻点；身体光滑。身体背面具丰富立毛和倾斜绒毛被。身体棕黄色，复眼浅黑色。

【生态学特性】 栖息于贡山西坡、福贡东坡、泸水西坡、泸水东坡、坝湾东坡海拔750~2000m的干热河谷稀树灌丛、干性常绿阔叶林、季风常绿阔叶林、中山常绿阔叶林、针阔混交林内，在地表、土壤内觅食，在朽木内、地被下、石下、土壤内筑巢。

平背高黎贡蚁

Gaoligongidris planodorsa Xu, 2012

【分类地位】　切叶蚁亚科Myrmicinae／高黎贡蚁属*Gaoligongidris* Xu, 2012

【形态特征】　工蚁体长2.3～2.6mm。正面观头部近梯形，后缘近平直，后角窄圆，侧缘轻度隆起。上颚咀嚼缘具6个齿。唇基中部具1对向前分歧的纵脊，前缘隆起，中部近平直。额脊短，额叶宽，遮盖触角窝。触角11节，柄节未到达头后角，触角棒3节。复眼较小，位于头中线上。侧面观前中胸背面近平直，后上角钝角状，缺前中胸背板缝，后胸沟深凹；并胸腹节背面平直，并胸腹节刺细长。腹柄前面具长柄，稍长于腹柄结，腹柄结三角形，顶端较尖；后腹柄结背面圆形隆起。后腹部长卵形，腹末具螯针。背面观腹柄结横椭圆形，后腹柄结近梯形。上颚具纵条纹；头部具细纵条纹，后部具网状皱纹；胸部具网状皱纹，侧面具网状细皱纹；腹柄和后腹柄具密集刻点，后腹柄结和后腹部光滑。身体背面具丰富立毛和密集倾斜绒毛被。身体棕红色，复眼和后腹部黑色，附肢棕黄色。

【生态学特性】　栖息于福贡东坡、坝湾西坡、坝湾东坡、龙陵西坡海拔1500～2000m的季风常绿阔叶林、中山常绿阔叶林、针阔混交林内，在地表、土壤内觅食，在土壤内筑巢。

平背高黎贡蚁*Gaoligongidris planodorsa*

A. 工蚁头部正面观；B. 工蚁整体侧面观；C. 工蚁整体背面观

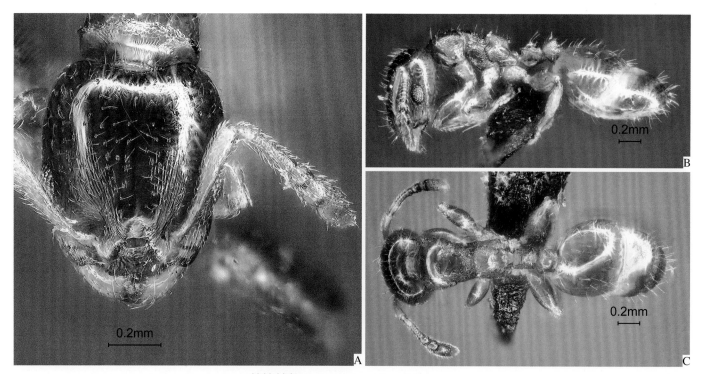

棘棱结蚁*Gauromyrmex acanthinus*
A. 工蚁头部正面观；B. 工蚁整体侧面观；C. 工蚁整体背面观

棘棱结蚁

Gauromyrmex acanthinus (Karavaiev, 1935)

【分类地位】 切叶蚁亚科Myrmicinae / 棱结蚁属*Gauromyrmex* Menozzi, 1933

【形态特征】 工蚁体长2.3~2.5mm。正面观头部梯形，后缘浅凹，后角宽圆，侧缘轻度隆起。上颚咀嚼缘具5个齿。唇基前缘轻度隆起。额脊短，额叶宽，遮盖触角窝。触角11节，柄节未到达头后角，触角棒3节。复眼较小，位于头中线之前。侧面观前中胸背板强烈隆起呈弓形，缺前中胸背板缝，后胸沟深凹；并腹胸节背面隆起，并胸腹节刺尖齿状，端部上弯。腹柄前面缺小柄，腹柄结三角形，顶端直角形，腹柄下突齿状；后腹柄结背面中度隆起。后腹部长卵形，腹末具螫针。背面观前胸背板肩角齿状，腹柄结近方形，后腹柄结近梯形。上颚光滑；头前部具纵皱纹，后部光滑；胸部光滑，前胸两侧具细纵纹，并胸腹节背面具细网纹，侧面具少数纵皱纹；腹柄和后腹柄具细刻点和稀疏皱纹；后腹部光滑。身体背面具丰富立毛和倾斜绒毛被。身体黄棕色，复眼和后腹部浅黑色，附肢棕黄色。

【生态学特性】 栖息于高黎贡山南部低海拔区域的山地雨林、常绿阔叶林、针阔混交林内，在地表觅食。

母卫无刺蚁

Kartidris matertera Bolton, 1991

【分类地位】 切叶蚁亚科Myrmicinae / 无刺蚁属*Kartidris* Bolton, 1991

【形态特征】 工蚁体长3.9~4.1mm。正面观头部近方形，后缘近平直，后角宽圆，头顶中央凹陷。上颚咀嚼缘具5个齿。唇基前缘强烈隆起。额脊短，额叶宽，遮盖触角窝。触角12节，柄节超过头后角，触角棒3节。复眼中等大，位于头中线稍后处。侧面观前胸背板高，背面中部浅凹，前中胸背板缝消失，中胸背板坡形，后胸沟深凹；并胸腹节背面轻度隆起，后上角宽圆。腹柄前面小柄约与腹柄结等长，腹柄结近梯形，轻度后倾，腹面前下角齿状；后腹柄结近锥形，后倾，后上角窄圆。后腹部长卵形，腹末具螫针。上颚具纵条纹；头部具网状微刻纹，颊区具纵皱纹；胸部光滑，中胸侧板具网状细刻纹；腹柄、后腹柄和后腹部光滑。身体背面具稀疏立毛和丰富倾斜绒毛被，头部和后腹部立毛丰富。身体黄棕色，头部和后腹部红棕色。

【生态学特性】 栖息于贡山西坡、贡山东坡、福贡东坡、泸水西坡、泸水东坡、坝湾西坡、龙陵西坡、龙陵东坡海拔1500~1750m的季风常绿阔叶林内，在地表觅食。

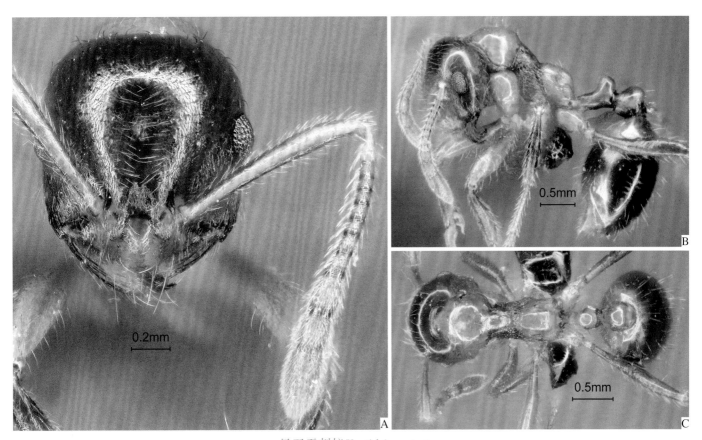

母卫无刺蚁*Kartidris matertera*

A. 工蚁头部正面观；B. 工蚁整体侧面观；C. 工蚁整体背面观

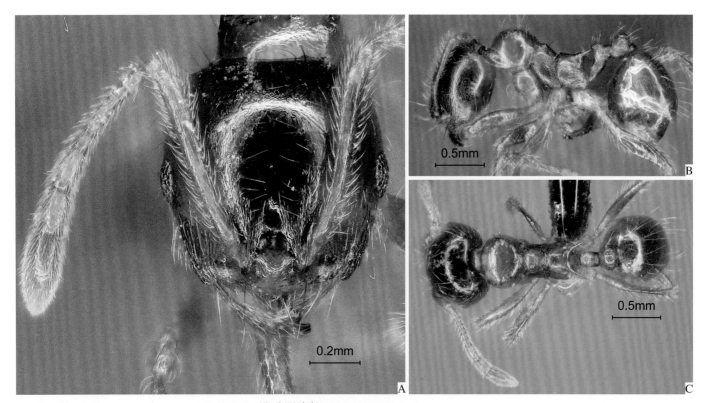

贝氏冠胸蚁*Lophomyrmex bedoti*

A. 工蚁头部正面观；B. 工蚁整体侧面观；C. 工蚁整体背面观

贝氏冠胸蚁

Lophomyrmex bedoti Emery, 1893

【分类地位】 切叶蚁亚科Myrmicinae / 冠胸蚁属*Lophomyrmex* Emery, 1892

【形态特征】 工蚁体长2.2～2.5mm。正面观头部梯形，后缘平直，后角宽圆，侧缘轻度隆起。上颚咀嚼缘具5个齿。唇基前缘强烈隆起。额脊较短，额叶遮盖触角窝。触角11节，柄节稍超过头后角，触角棒3节。复眼较小，位于头中线上。侧面观前中胸背板强烈隆起，两侧具瘤突，前中胸背板缝消失，中胸背板深凹，后胸沟深凹；并胸腹节背面直，并胸腹节刺长。腹柄前面小柄长于腹柄结，腹柄结近三角形，顶端较尖；后腹柄结近半圆形，轻度后倾。后腹部长卵形，腹末具螫针。背面观前胸背面两侧具锋利边缘，腹柄结近圆形，后腹柄结近六边形。上颚具纵条纹；头部光滑，颊区具纵皱纹；胸部光滑，中胸和并胸腹节侧面具细网纹；腹柄和后腹柄具细网纹；后腹部光滑。身体背面具丰富立毛和倾斜绒毛被。身体黄棕色，头部暗棕色。

【生态学特性】 栖息于龙陵西坡海拔1000～1250m的山地雨林、季风常绿阔叶林内，在地表、土壤内觅食。

120

四刺冠胸蚁

Lophomyrmex quadrispinosus (Jerdon, 1851)

【分类地位】 切叶蚁亚科Myrmicinae / 冠胸蚁属*Lophomyrmex* Emery, 1892

【形态特征】 工蚁体长3.1～3.3mm。正面观头部近梯形，后缘直，后角宽圆，侧缘中度隆起。上颚咀嚼缘约具5个齿。唇基前缘强烈隆起。额脊短，额叶遮盖触角窝。触角11节，柄节稍超过头后角，触角棒3节。复眼较小，位于头中线上。侧面观前胸背板强烈隆起，背面具粗大角突，前中胸背板缝消失，中胸背板深凹，后胸沟深凹；并胸腹节背面直，后上角具长刺。腹柄前面小柄约与腹柄结等长，腹柄结近三角形，顶端较尖；后腹柄结近半圆形，轻度后倾。后腹部长卵形，腹末具螫针。背面观前胸背板具1对粗大角突，腹柄结近圆形，后腹柄结近梯形。上颚具纵条纹；头部光滑，颊区具纵皱纹；胸部光滑，中胸和并胸腹节具细网纹；腹柄具细网纹；后腹柄和后腹部光滑。身体背面具丰富立毛和倾斜绒毛被。身体黄棕色，头部和后腹部棕黑色。

【生态学特性】 栖息于龙陵东坡海拔1250～1500m的季风常绿阔叶林、针阔混交林内，在朽木内、地表、土壤内觅食，在土壤内筑巢。

四刺冠胸蚁*Lophomyrmex quadrispinosus*

A. 工蚁头部正面观；B. 工蚁整体侧面观；C. 工蚁整体背面观

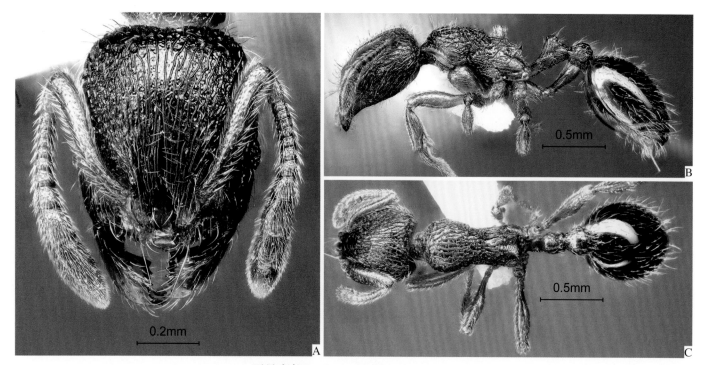

不丹弯蚁*Lordomyrma bhutanensis*

A.工蚁头部正面观；B.工蚁整体侧面观；C.工蚁整体背面观

不丹弯蚁

Lordomyrma bhutanensis (Baroni Urbani, 1977)

【分类地位】 切叶蚁亚科Myrmicinae／弯蚁属*Lordomyrma* Emery, 1897

【形态特征】 工蚁体长2.9~3.3mm。正面观头部近长方形，后缘近平直，后角宽圆，侧缘轻度隆起。上颚咀嚼缘具7个齿。唇基背面中央具双脊，前缘强烈隆起，中央具小齿。额脊较短，额叶遮盖触角窝。触角12节，柄节未到达头后角，触角棒3节。复眼较小，位于头中线上。侧面观前中胸背板中度隆起呈弱弓形，前中胸背板缝消失，后胸沟宽形浅凹；并胸腹节背面近平直，后上角具齿突。腹柄前面小柄稍短于腹柄结，腹柄结近锥形，背面窄圆；后腹柄结近梯形，轻度后倾，背面圆形隆起。后腹部长卵形，腹末具螫针。上颚具稀疏具毛刻点；头部具纵皱纹，两侧呈网状皱纹；胸部、腹柄和后腹柄具网状皱纹，后胸侧板具纵皱纹；后腹部光滑。身体背面具丰富立毛和倾斜绒毛被。身体红棕色，后腹部浅黑色，附肢黄棕色。

【生态学特性】 栖息于贡山西坡、贡山东坡、福贡东坡、泸水西坡海拔2500~3250m的苔藓常绿阔叶林、苔藓针阔混交林、铁杉落叶松林、冷杉落叶松林、箭竹林内，在苔藓下、地表、石下觅食，在石下、土壤内筑巢。

中华小家蚁

Monomorium chinense Santschi，1925

【分类地位】 切叶蚁亚科Myrmicinae / 小家蚁属*Monomorium* Mayr, 1855

【形态特征】 工蚁体长1.7～1.8mm。正面观头部长方形，后缘轻度隆起，后角宽圆，侧缘轻度隆起。上颚咀嚼缘具4个齿。唇基中部前伸，近梯形，前缘平直。额脊较短，额叶部分遮盖触角窝。触角12节，柄节未到达头后角，触角棒3节。复眼中等大，位于头中线稍前处。侧面观前中胸背板强烈隆起呈弓形，前中胸背板缝消失，后胸沟深凹；并胸腹节背面和斜面呈弱弓形，后上角不明显。腹柄前面小柄很短，腹柄结近锥形，顶端窄圆；后腹柄结背面圆形隆起，前上角钝角状。后腹部长卵形，腹末具螯针。背面观腹柄结横椭圆形，后腹柄结近梯形。上颚光滑；头部光滑，颊区具纵皱纹；胸部、腹柄、后腹柄和后腹部光滑。身体背面具稀疏立毛和稀疏倾斜绒毛被。身体黄棕色至棕色，复眼浅黑色，附肢浅黄色。

【生态学特性】 栖息于龙陵东坡海拔750～1000m的干热河谷稀树灌丛、针阔混交林内，在地表觅食，在土壤内筑巢。

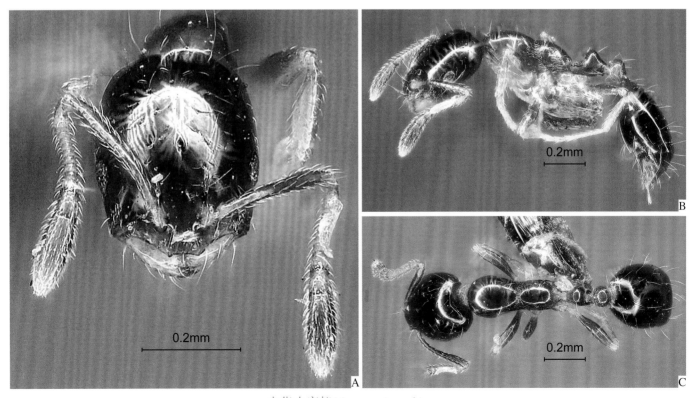

中华小家蚁*Monomorium chinense*

A. 工蚁头部正面观；B. 工蚁整体侧面观；C. 工蚁整体背面观

123

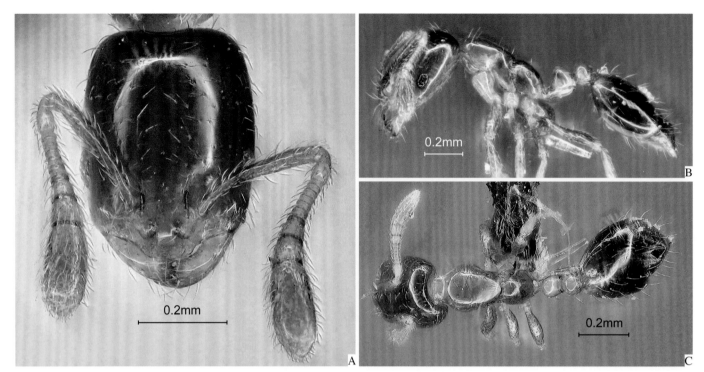

东方小家蚁*Monomorium orientale*
A. 工蚁头部正面观；B. 工蚁整体侧面观；C. 工蚁整体背面观

东方小家蚁

Monomorium orientale Mayr, 1879

【分类地位】 切叶蚁亚科Myrmicinae / 小家蚁属*Monomorium* Mayr, 1855

【形态特征】 工蚁体长1.5~1.6mm。正面观头部梯形，后缘近平直，后角宽圆，侧缘轻度隆起。上颚咀嚼缘具4个齿。唇基中部前伸，近梯形，前缘平直。额脊短，额叶部分遮盖触角窝。触角11节，柄节未到达头后角，触角棒3节。复眼较小，位于头中线之前。侧面观前中胸背板中度隆起呈弓形，前中胸背板缝消失，后胸沟深凹；并胸腹节背面与斜面呈弱弓形，后上角不明显。腹柄前面小柄极短，腹柄结锥形，顶端窄圆；后腹柄结背面圆形隆起。后腹部长卵形，腹末具螯针。背面观腹柄结近方形，后腹柄结横椭圆形。上颚和身体光滑。身体背面具极稀疏立毛和稀疏倾斜绒毛被。身体棕黄色，附肢浅黄色。

【生态学特性】 栖息于坝湾东坡、龙陵西坡、龙陵东坡海拔1250~1500m的针阔混交林、云南松林内，在地表、土壤内觅食，在土壤内筑巢。

法老小家蚁

Monomorium pharaonis (Linnaeus, 1758)

【分类地位】 切叶蚁亚科Myrmicinae / 小家蚁属*Monomorium* Mayr, 1855

【形态特征】 工蚁体长2.4～2.6mm。正面观头部长方形，后缘和侧缘轻度隆起，后角宽圆。上颚咀嚼缘具4个齿。唇基中部前伸，近梯形，前缘平直。额脊较短，额叶部分遮盖触角窝。触角12节，柄节超过头后角，触角棒3节。复眼较小，位于头中线上。侧面观前中胸背板中度隆起呈弓形，前中胸背板缝消失，后胸沟深凹；并胸腹节背面长近平直，后上角宽圆。腹柄前面小柄稍短于腹柄结，腹柄结锥形，顶端较尖；后腹柄结半圆形，轻度前倾。后腹部近梭形，腹末具螫针。背面观腹柄结横椭圆形，后腹柄结近梯形。上颚具细纵条纹；头部、胸部、腹柄和后腹柄具细密刻点；后腹部光滑。身体背面具稀疏立毛和稀疏倾斜绒毛被。身体黄色，后腹部后部棕黑色。

【生态学特性】 栖息于泸水东坡、坝湾西坡、坝湾东坡海拔1500m的季风常绿阔叶林、针阔混交林内，在地表、土壤内觅食，在朽木内、土壤内筑巢。

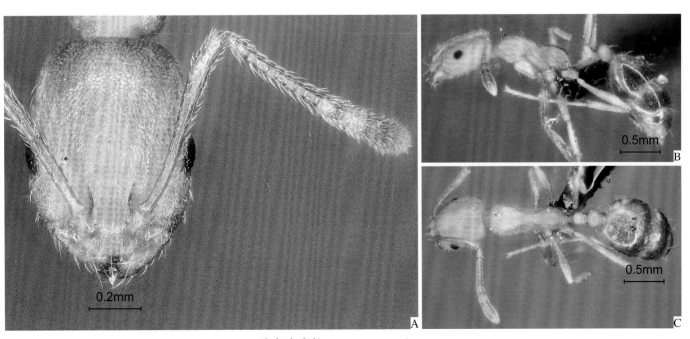

法老小家蚁*Monomorium pharaonis*

A. 工蚁头部正面观；B. 工蚁整体侧面观；C. 工蚁整体背面观

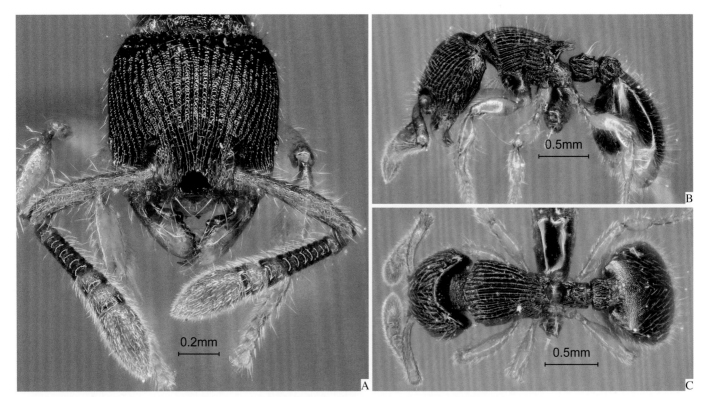

弯刺双脊蚁*Myrmecina curvispina*
A.工蚁头部正面观；B.工蚁整体侧面观；C.工蚁整体背面观

弯刺双脊蚁

Myrmecina curvispina Zhou et al., 2008

【分类地位】 切叶蚁亚科Myrmicinae / 双脊蚁属*Myrmecina* Curtis, 1829

【形态特征】 工蚁体长 3.3～3.5mm。正面观头部近梯形，后缘浅凹，后角钝角状，侧缘轻度隆起。上颚咀嚼缘约具7个齿。唇基中部轻度前伸，背面纵向凹陷，前缘具3个小齿。额脊短，额叶遮盖触角窝。触角12节，柄节未到达头后角，触角棒3节。复眼较小，位于头中线之前。侧面观头部腹面具1对纵脊；胸部背面中度隆起呈弓形，前中胸背板缝和后胸沟消失；并胸腹节背面具1个小齿突，并胸腹节刺长，基部粗，端部细，轻度上弯。腹柄圆柱形，背面具1个钝齿突；后腹柄背面圆形隆起，后上角较高。后腹部长卵形，腹末具螫针。背面观前胸背板肩角钝角状，腹柄方形，后腹柄梯形。上颚光滑；头部、胸部、腹柄和后腹柄具纵脊纹；后腹部光滑，基部背面具细网纹。身体背面具密集立毛和密集倾斜绒毛被。身体黑色，附肢和腹末黄棕色。

【生态学特性】 栖息于泸水东坡、龙陵东坡海拔1000m的针阔混交林内，在土壤内觅食。

少节双脊蚁

Myrmecina pauca Huang et al., 2008

【分类地位】 切叶蚁亚科Myrmicinae / 双脊蚁属*Myrmecina* Curtis, 1829

【形态特征】 工蚁体长2.7～3.0mm。正面观头部近方形，后缘浅凹，后角窄圆，侧缘轻度隆起。上颚咀嚼缘约具7个齿。唇基中部轻度前伸，背面纵向浅凹，前缘具3个小齿突。额脊短，额叶遮盖触角窝。触角11节，柄节未到达头后角，触角棒3节。复眼较小，位于头中线之前。侧面观头部腹面具1对纵脊，胸部背面中度隆起呈弓形，前中胸背板缝和后胸沟消失；并胸腹节背面具1个小齿突，并腹胸节刺中等长。腹柄近圆柱形，背面钝角状隆起；后腹柄背面圆形隆起，后上角较高。后腹部长卵形，腹末具螯针。背面观前胸背板肩角钝角状，腹柄近方形，后腹柄近梯形。上颚和唇基光滑；头部背面具稀疏纵皱纹，两侧具网状皱纹；胸部、腹柄和后腹柄具纵脊纹；后腹部光滑。身体背面具密集立毛和密集倾斜绒毛被。身体黑色，附肢和腹末黄棕色。

【生态学特性】 栖息于高黎贡山中部、南部中低海拔区域的山地雨林、常绿阔叶林、针阔混交林内，在地表觅食。

少节双脊蚁*Myrmecina pauca*

A. 工蚁头部正面观；B. 工蚁整体侧面观；C. 工蚁整体背面观

（引自AntWeb，CASENT0070302，April Nobile／摄）

127

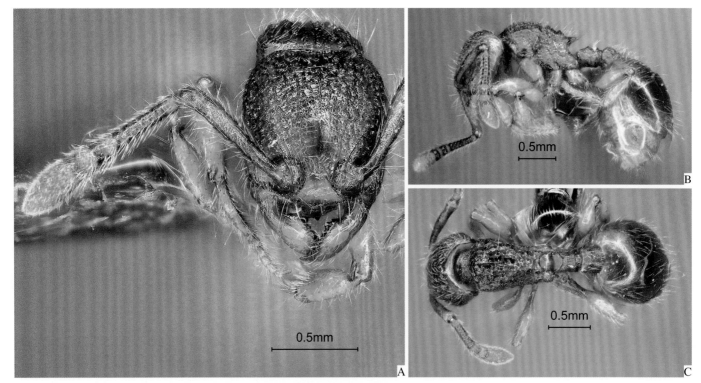

邵氏双脊蚁*Myrmecina sauteri*
A. 工蚁头部正面观；B. 工蚁整体侧面观；C. 工蚁整体背面观

邵氏双脊蚁
Myrmecina sauteri Forel, 1912

【分类地位】 切叶蚁亚科Myrmicinae／双脊蚁属*Myrmecina* Curtis, 1829

【形态特征】 工蚁体长2.4～2.6mm。正面观头部近方形，后缘近平直，后角窄圆，侧缘轻度隆起。上颚咀嚼缘约具6个齿。唇基中部轻度前伸，背面纵向浅凹，前缘具3个小齿突。额脊短，额叶遮盖触角窝。触角12节，柄节刚到达头后角，触角棒3节。复眼较小，位于头中线上。侧面观头部腹面具1对纵脊，胸部背面中度隆起呈弓形，前中胸背板缝和后胸沟消失；并胸腹节背面具1个小齿突，并胸腹节刺粗大，尖齿状。腹柄圆柱形，背面钝角形突起；后腹柄背面圆形隆起。后腹部长卵形，腹末具螫针。背面观前胸背板肩角直角形，腹柄方形，后腹柄梯形。上颚和唇基光滑；头胸部具网状皱纹，前胸具纵皱纹；腹柄和后腹柄具网状细皱纹；后腹部光滑，基部背面具细网纹。身体背面具密集立毛和密集倾斜绒毛被。身体红棕色，后腹部黑棕色，附肢和腹末黄棕色。

【生态学特性】 栖息于高黎贡山中部、南部中低海拔区域的山地雨林、常绿阔叶林、针阔混交林内，在地表觅食。

中华双脊蚁

Myrmecina sinensis Wheeler, 1921

【分类地位】　切叶蚁亚科Myrmicinae ／ 双脊蚁属*Myrmecina* Curtis, 1829

【形态特征】　工蚁体长3.0～3.2mm。正面观头部近方形，后缘浅凹，后角窄圆，侧缘轻度隆起。上颚咀嚼缘约具7个齿。唇基中部轻度前伸，背面近平坦，前缘平直，不具齿突。额脊短，额叶遮盖触角窝。触角12节，柄节接近头后角，触角棒3节。复眼较小，位于头中线之前。侧面观头部腹面具1对纵脊，胸部背面中度隆起呈弓形，前中胸背板缝和后胸沟消失；并胸腹节背面缺齿突，并胸腹节刺粗，短刺状。腹柄圆柱形，背面钝角状隆起；后腹柄背面轻度隆起。后腹部长卵形，腹末具螫针。背面观前胸背板肩角钝角状，腹柄方形，后腹柄梯形。上颚和唇基光滑；头胸部具稀疏纵皱纹；腹柄和后腹柄具网状细皱纹；后腹部光滑。身体背面具丰富立毛和倾斜绒毛被，头胸部立毛较密集。身体黑色至黑棕色，附肢黄棕色。

【生态学特性】　栖息于贡山东坡、泸水东坡海拔2000～2750m的针阔混交林、中山常绿阔叶林、苔藓常绿阔叶林内，在地表、土壤内觅食。

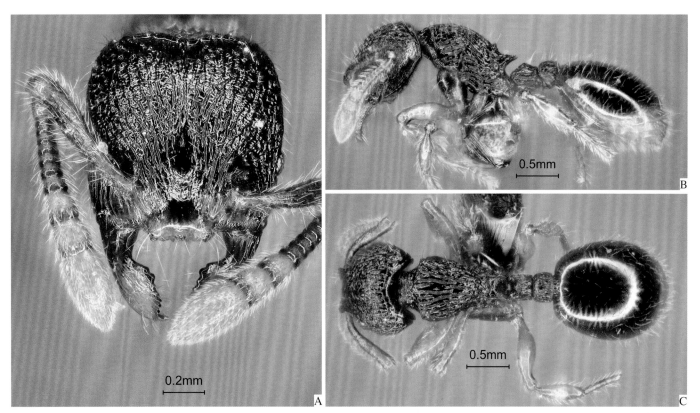

中华双脊蚁*Myrmecina sinensis*

A. 工蚁头部正面观；B. 工蚁整体侧面观；C. 工蚁整体背面观

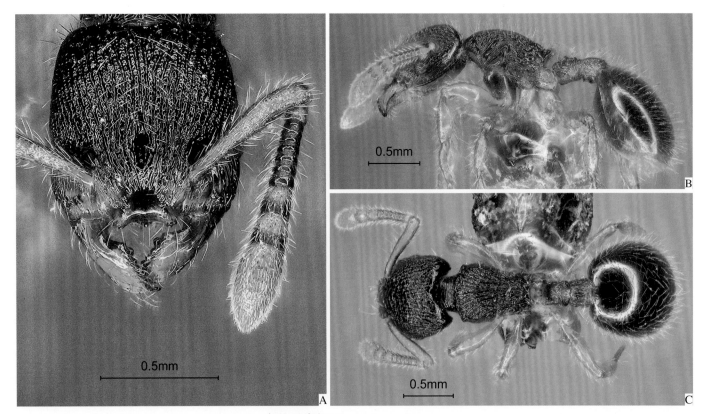

条纹双脊蚁*Myrmecina striata*

A. 工蚁头部正面观；B. 工蚁整体侧面观；C. 工蚁整体背面观

条纹双脊蚁

Myrmecina striata Emery, 1889

【分类地位】 切叶蚁亚科Myrmicinae / 双脊蚁属*Myrmecina* Curtis, 1829

【形态特征】 工蚁体长3.1～3.3mm。正面观头部方形，后缘平直，后角窄圆，侧缘轻度隆起。上颚咀嚼缘约具7个齿。唇基中部轻度前伸，背面轻度凹陷，前缘具3个齿突。额脊短，额叶遮盖触角窝。触角12节，柄节稍超过头后角，触角棒3节。复眼较小，位于头中线之前。侧面观头部腹面具1对纵脊，胸部背面中度隆起呈弓形，前中胸背板缝和后胸沟消失；并胸腹节背面轻度隆起，并胸腹节刺尖齿状，粗大。腹柄圆柱形，背面钝角状隆起；后腹柄近梯形，背面轻度隆起。后腹部长卵形，腹末具螫针。背面观，前胸背板肩角窄圆，腹柄方形，后腹柄近梯形。上颚和唇基光滑；头部、胸部、腹柄和后腹柄具纵脊纹，胸部背面纵脊纹波形；后腹部光滑。身体背面具密集立毛和丰富倾斜绒毛被。身体黑色，附肢和后腹部末端红棕色。

【生态学特性】 栖息于坝湾西坡海拔2000～2500m的针阔混交林、中山常绿阔叶林内，在地表、土壤内觅食。

棒结红蚁
Myrmica bactriana Ruzsky, 1915

【分类地位】 切叶蚁亚科Myrmicinae / 红蚁属*Myrmica* Latreille, 1804

【形态特征】 工蚁体长3.8~4.0mm。正面观头部近长方形，后缘中度隆起，后角宽圆，侧缘轻度隆起。上颚咀嚼缘约具7个齿。唇基近三角形，前缘强烈隆起。额脊短，额叶部分遮盖触角窝。触角12节，柄节超过头后角，触角棒5节。复眼中等大，隆起，位于头中线上。侧面观前胸背板高，前中胸背板缝消失，中胸背板坡形，后部隆起，后胸沟深凹；并胸腹节背面平直，后上角具长刺。腹柄前面小柄很短，腹柄结三角形，顶端窄圆，前下角具齿突；后腹柄结轻度后倾，后上角较高，宽圆。后腹部长卵形，腹末具螯针。上颚具纵条纹；头部背面前部具纵皱纹，后半部具密集刻点；胸部背面具横皱纹，侧面具纵皱纹，前胸两侧具细网纹；腹柄和后腹柄具密集刻点；后腹部光滑。身体背面具丰富立毛和倾斜绒毛被。身体黄棕色，头部和后腹部黑色。

【生态学特性】 栖息于福贡东坡、泸水西坡、泸水东坡海拔2750m的中山常绿阔叶林内，在土壤内觅食。

棒结红蚁*Myrmica bactriana*
A. 工蚁头部正面观；B. 工蚁整体侧面观；C. 工蚁整体背面观

龙红蚁*Myrmica draco*
A. 工蚁头部正面观；B. 工蚁整体侧面观；C. 工蚁整体背面观

龙红蚁

Myrmica draco Radchenko et al., 2001

【分类地位】 切叶蚁亚科Myrmicinae / 红蚁属*Myrmica* Latreille, 1804

【形态特征】 工蚁体长6.5～6.7mm。正面观头部近长方形，后缘近平直，后角窄圆，侧缘中度隆起。上颚咀嚼缘约具9个齿。唇基前缘中度隆起，中央凹陷。额脊短，额叶遮盖触角窝。触角12节，柄节超过头后角，触角棒4节。复眼中等大，位于头中线上。侧面观前中胸背板中度隆起呈弓形，前中胸背板缝消失，后胸沟深凹；并胸腹节背面平直，后上角具长刺。腹柄前面具短柄，腹柄结长，近梯形，背面中度隆起；后腹柄三角形，向后变粗，后上角窄圆。后腹部长卵形，腹末具螫针。上颚具纵条纹；头部具稀疏纵皱纹；胸部具网状皱纹，侧面具纵皱纹；腹柄和后腹柄具纵皱纹；后腹部光滑。身体背面具丰富立毛和丰富倾斜绒毛被。身体棕黑色，附肢和后腹部红棕色。

【生态学特性】 栖息于高黎贡山中上部的常绿阔叶林、针阔混交林内，在地表、土壤内觅食。

异皱红蚁
Myrmica heterorhytida Radchenko & Elmes, 2009

【分类地位】 切叶蚁亚科Myrmicinae / 红蚁属*Myrmica* Latreille, 1804

【形态特征】 工蚁体长4.8～5.0mm。正面观头部近长方形，后缘中度隆起，后角宽圆，侧缘轻度隆起。上颚咀嚼缘具8个齿。唇基前缘强烈隆起。额脊短，额叶遮盖触角窝。触角12节，柄节超过头后角，触角棒5节。复眼中等大，位于头中线稍前处。侧面观前胸背板中度隆起，前中胸背板缝消失；中胸背板直，后上角宽圆，后胸沟深凹；并胸腹节背面平直，后上角具长刺。腹柄前面具短柄，腹柄结近梯形，前上角高于后上角；后腹柄结近三角形，轻度后倾，后上角钝角状。后腹部长卵形，腹末具螫针。上颚具纵条纹；头部具密集纵皱纹；胸部具横皱纹，侧面具纵皱纹，前胸背面具网状皱纹；腹柄和后腹柄具细纵皱纹和密集刻点；后腹部光滑。身体背面具丰富立毛和倾斜绒毛被。身体黑色，附肢棕黑色。

【生态学特性】 栖息于贡山西坡、贡山东坡、泸水西坡、泸水东坡海拔1750～3500m的季风常绿阔叶林、中山常绿阔叶林、苔藓常绿阔叶林、苔藓针阔混交林、冷杉林、铁杉冷杉林、冷杉落叶松林、箭竹林内，在植物上、朽木内、朽木下、牛粪下、地表、石下、土壤内觅食，在朽木内、石下、土壤内筑巢。

异皱红蚁*Myrmica heterorhytida*
A. 工蚁头部正面观；B. 工蚁整体侧面观；C. 工蚁整体背面观

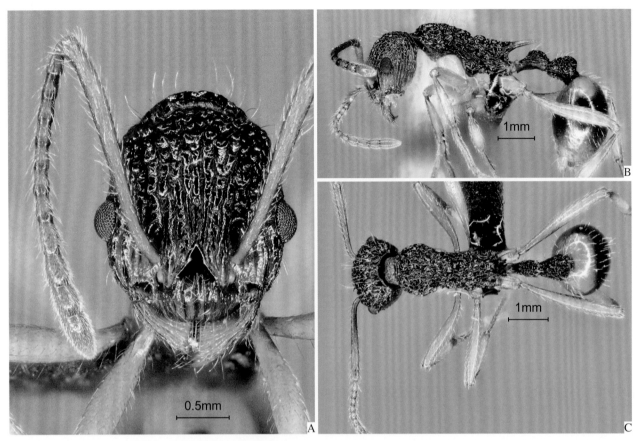

玛氏红蚁*Myrmica margaritae*

A. 工蚁头部正面观；B. 工蚁整体侧面观；C. 工蚁整体背面观

玛氏红蚁

Myrmica margaritae Emery, 1889

【分类地位】 切叶蚁亚科Myrmicinae ／红蚁属*Myrmica* Latreille, 1804

【形态特征】 工蚁体长5.9～6.1mm。正面观头部近长方形，后缘中度隆起，后角宽圆，侧缘轻度隆起。上颚咀嚼缘约具9个齿。唇基前缘中度隆起，中央凹陷。额脊较长，额叶遮盖触角窝。触角12节，柄节显著超过头后角，触角棒5节。复眼中等大，位于头中线上。侧面观前中胸背板轻度隆起呈弱弓形，前中胸背板缝消失，后胸沟深凹；并胸腹节背面浅凹，后上角具长刺，轻度下弯。腹柄前面小柄中等长，腹柄结近梯形，前上角窄圆，后上角宽圆；后腹柄结近三角形，轻度后倾，后上角窄圆。后腹部长卵形，腹末具螫针。上颚具纵条纹；头前部具纵皱纹，后部具网状皱纹；胸部、腹柄和后腹柄具网状皱纹；后腹部光滑。身体背面具丰富立毛和倾斜绒毛被。身体棕黑色，附肢和后腹部黄棕色。

【生态学特性】 栖息于坝湾东坡、龙陵西坡、龙陵东坡海拔1500～2500m的季风常绿阔叶林、中山常绿阔叶林、针阔混交林、苔藓常绿阔叶林、针叶林内，在植物上、朽木下、苔藓下、地表、石下、土壤内觅食，在朽木内、朽木下、石下、土壤内筑巢。

近丽红蚁

Myrmica pararitae Radchenko & Elmes, 2008

【分类地位】　切叶蚁亚科Myrmicinae／红蚁属*Myrmica* Latreille, 1804

【形态特征】　工蚁体长6.1~6.3mm。正面观头部近长方形，后缘平直，后角宽圆，侧缘轻度隆起。上颚三角形，咀嚼缘约具9个齿。唇基背面具中央纵脊，前缘强烈隆起，中央凹入。额脊较短，额叶部分遮盖触角窝。触角12节，柄节显著超过头后角，触角棒4节。复眼中等大，位于头中线上。侧面观前中胸背板轻度隆起呈弱弓形，缺前中胸背板缝，后胸沟深凹；并胸腹节背面平直，后上角具长刺。腹柄前面小柄中等长，腹柄结近梯形，背面近平直；后腹柄结近三角形，轻度后倾，后上角窄圆。后腹部长卵形，腹末具螯针。上颚具纵条纹；头部具稀疏纵皱纹；胸部具网状皱纹，侧面具纵脊纹；腹柄具网纹，后腹柄具纵皱纹；后腹部光滑。身体背面具丰富立毛和倾斜绒毛被。身体红棕色，胸部黑棕色，附肢和后腹部黄棕色。

【生态学特性】　栖息于贡山东坡、福贡东坡海拔3000m的箭竹林内，在地表觅食，在地被内筑巢。

近丽红蚁*Myrmica pararitae*

A. 工蚁头部正面观；B. 工蚁整体侧面观；C. 工蚁整体背面观

多皱红蚁Myrmica pleiorhytida
A. 工蚁头部正面观；B. 工蚁整体侧面观；C. 工蚁整体背面观

多皱红蚁

Myrmica pleiorhytida Radchenko & Elmes, 2009

【分类地位】 切叶蚁亚科Myrmicinae ／红蚁属*Myrmica* Latreille, 1804

【形态特征】 工蚁体长7.6～7.8mm。正面观头部长方形，后缘中度隆起，后角宽圆，侧缘轻度隆起。上颚咀嚼缘约具9个齿。唇基前缘钝角状。额脊短，额叶遮盖触角窝。触角12节，柄节超过头后角，触角棒4节。复眼中等大，位于头中线上。侧面观前中胸背板中度隆起呈弓形，前中胸背板缝消失，后胸沟深凹；并胸腹节背面平直，后上角具长刺。腹柄前面具短柄，腹柄结近梯形，前上角高于后上角；后腹柄结近三角形，轻度后倾，后上角窄圆。后腹部长卵形，腹末具螫针。上颚具纵条纹；头部具纵皱纹和密集刻点；胸部背面具横皱纹，侧面具纵皱纹，前胸背板具网纹；腹柄和后腹柄侧面具细网纹；后腹部光滑。身体背面具丰富立毛和倾斜绒毛被。身体黑色，附肢和腹末黄棕色。

【生态学特性】 栖息于贡山东坡、泸水东坡海拔2500～3500m的中山常绿阔叶林、苔藓常绿阔叶林、苔藓针阔混交林、苔藓矮林、冷杉林、铁杉冷杉林、冷杉落叶松林、箭竹林内，在植物上、朽木内、朽木下、地表、石下、土壤内觅食，在石下、土壤内筑巢。

117

丽塔红蚁
Myrmica ritae Emery, 1889

【分类地位】 切叶蚁亚科Myrmicinae / 红蚁属*Myrmica* Latreille, 1804

【形态特征】 工蚁体长6.0~6.2mm。正面观头部近长方形，后缘近平直，后角宽圆，侧缘中度隆起。上颚三角形，咀嚼缘约具8个齿。唇基具中央纵脊，前缘强烈隆起。额脊较长，额叶遮盖触角窝。触角12节，柄节超过头后角，触角棒4节。复眼中等大，位于头中线稍前处。侧面观前中胸背板轻度隆起呈弱弓形，前中胸背板缝消失，后胸沟深凹。并胸腹节背面直，并胸腹节刺很长。腹柄前面具短柄，腹柄结近梯形，后倾，后上角高于前上角；后腹柄结近三角形，后倾，后上角窄圆。后腹部长卵形，腹末具螯针。上颚具纵条纹；头部具纵皱纹；胸部具不规则网状皱纹；腹柄和后腹柄具不规则网状细皱纹；后腹部光滑。身体背面具稀疏立毛和倾斜绒毛被。身体暗棕色，头部红棕色，附肢和腹末黄棕色。

【生态学特性】 栖息于泸水东坡海拔2500~3000m的中山常绿阔叶林、针阔混交林、苔藓常绿阔叶林、苔藓针阔混交林、箭竹林内，在朽木内、朽木下、地表、土壤内觅食，在朽木内、地被内、石下、土壤内筑巢。

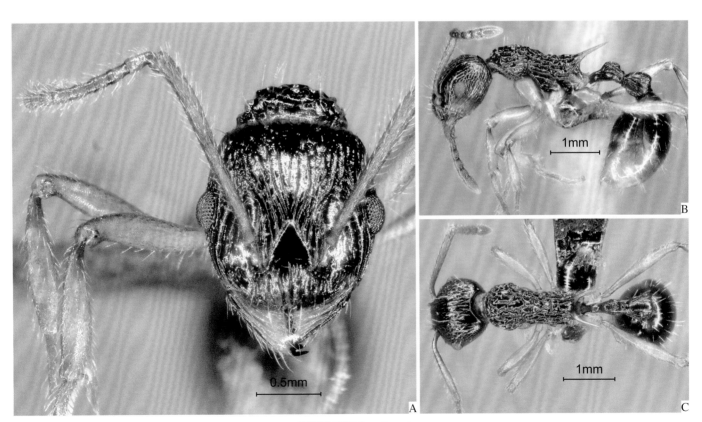

丽塔红蚁*Myrmica ritae*

A. 工蚁头部正面观；B. 工蚁整体侧面观；C. 工蚁整体背面观

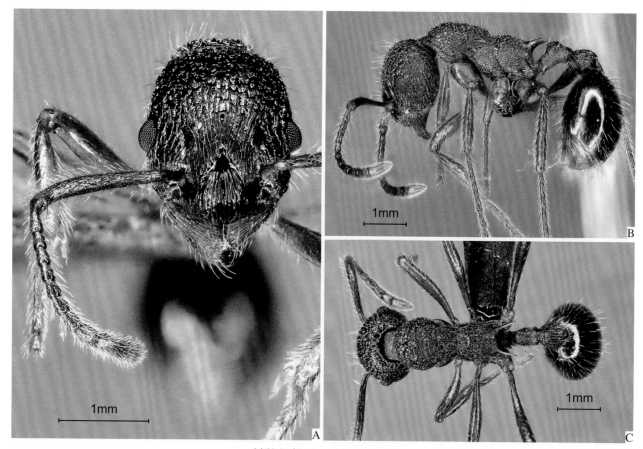

皱纹红蚁*Myrmica rugosa*
A. 工蚁头部正面观；B. 工蚁整体侧面观；C. 工蚁整体背面观

皱纹红蚁

Myrmica rugosa Mayr, 1865

【分类地位】 切叶蚁亚科Myrmicinae / 红蚁属*Myrmica* Latreille, 1804

【形态特征】 工蚁体长6.4～6.6mm。正面观头部近梯形，后缘平直，后角宽圆，侧缘中度隆起。上颚咀嚼缘约具9个齿。唇基前缘强烈隆起。额脊较长，额叶遮盖触角窝。触角12节，柄节稍超过头后角，触角棒4节。复眼中等大，位于头中线上。侧面观前中胸背板中度隆起呈弓形，前中胸背板缝消失，后胸沟深凹；并胸腹节背面轻度隆起，后上角具长刺，轻度下弯。腹柄前面小柄短于腹柄结，腹柄结近三角形，前倾，前上角近直角形；后腹柄结近三角形，后倾，后上角钝角状。后腹部长卵形，腹末具螫针。上颚具纵条纹；头部具纵皱纹，后部和两侧呈网状；胸部具网状皱纹，并胸腹节具纵皱纹；腹柄和后腹柄具细网纹；后腹部光滑。身体背面具丰富立毛和倾斜绒毛被，胸部立毛稀疏。身体黑棕色，附肢和腹末浅棕色。

【生态学特性】 栖息于贡山西坡、贡山东坡、福贡东坡、泸水西坡、泸水东坡海拔1500～3250m的季风常绿阔叶林、中山常绿阔叶林、苔藓常绿阔叶林、苔藓针阔混交林、苔藓矮林、铁杉冷杉林、铁杉落叶松林、冷杉落叶松林内，在植物上、朽木下、苔藓下、地表、石下、土壤内觅食，在地被下、石下、土壤内筑巢。

阿伦大头蚁

Pheidole allani Bingham, 1903

【分类地位】 切叶蚁亚科Myrmicinae / 大头蚁属*Pheidole* Westwood, 1841

【形态特征】 大型工蚁体长4.0~4.2mm。正面观头很大，近梯形，后缘宽形深凹，后角窄圆。上颚咀嚼缘具2个端齿、1个齿间隙和2个基齿。唇基前缘中央浅凹。额脊长于触角柄节，额叶遮盖触角窝，触角沟浅凹。触角12节，柄节未到达头后角，触角棒3节。复眼较小，位于头中线之前。侧面观头部腹面前缘具齿突，前中胸背板高，前中胸背板缝消失，中胸背板具横脊，后胸沟深凹；并胸腹节背面直，并胸腹节刺细长。腹柄前面小柄与腹柄结等长，腹柄结三角形，后倾，顶端较尖；后腹柄结与腹柄结等高，背面圆形隆起。后腹部长卵形，腹末具螯针。上颚光滑；头部具纵皱纹；胸部背面具稀疏横纹，侧面具细网纹；腹柄结、后腹柄结和后腹部光滑。身体背面具丰富立毛和倾斜绒毛被。身体黄棕色，头胸部红棕色。

小型工蚁体长2.3~2.5mm，与大型工蚁相似但身体很小。头部正常，近长方形，后缘直，侧缘中度隆起，上颚约具12个齿，唇基前缘中度隆起，柄节超过头后角，复眼位于头中线上。并胸腹节刺短，腹柄结顶端窄圆。头部光滑，颊区具纵皱纹；中胸、后胸和胸腹节具细网纹。身体黄棕色。

【生态学特性】 栖息于高黎贡山中部、南部中低海拔区域的山地雨林、常绿阔叶林、针阔混交林内，在地表觅食。

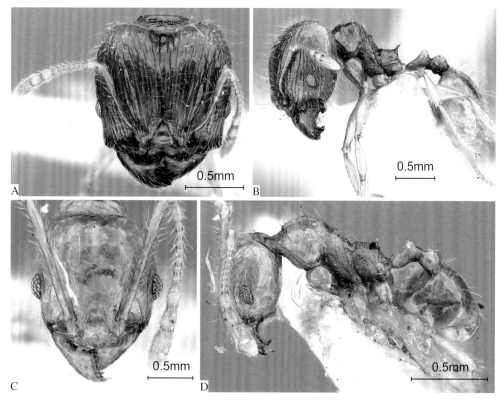

阿伦大头蚁*Pheidole allani*

A.大型工蚁头部正面观；B.大型工蚁整体侧面观；C.小型工蚁头部正面观；D.小型工蚁整体侧面观
（大型工蚁引自AntWeb，CASENT0901513，Zach Lieberman / 摄；
小型工蚁引自AntWeb，CASENT0901512，Zach Lieberman / 摄）

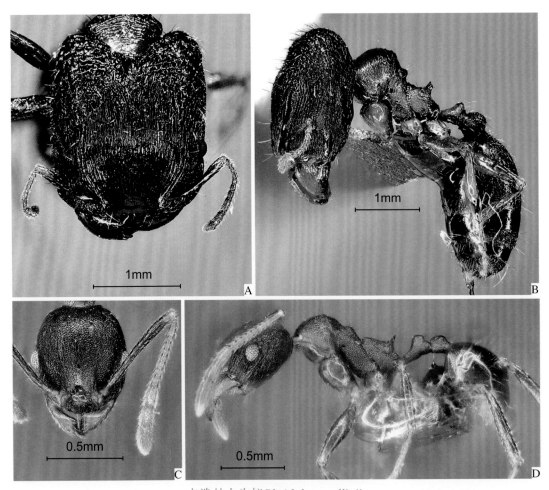

卡泼林大头蚁 *Pheidole capellinii*

A. 大型工蚁头部正面观；B. 大型工蚁整体侧面观；C. 小型工蚁头部正面观；D. 小型工蚁整体侧面观

卡泼林大头蚁

Pheidole capellinii Emery, 1887

【分类地位】 切叶蚁亚科Myrmicinae / 大头蚁属*Pheidole* Westwood, 1841

【形态特征】 大型工蚁体长5.5～6.1mm。正面观头部长方形，背面中部平坦，后缘角状深凹，后角窄圆。上颚咀嚼缘具2个端齿、1个齿间隙和2个基齿。唇基前缘中央浅凹。额脊长于触角柄节，额叶遮盖触角窝，触角沟浅凹。触角12节，柄节到达头中部，触角棒3节。复眼较小，位于头中线之前。侧面观前中胸背板高，前中胸背板缝消失，中胸背板具横脊，后胸沟深凹；并胸腹节背面直，并胸腹节刺粗而长。腹柄前面小柄与腹柄结等长，腹柄结三角形，后倾，顶端较尖；后腹柄结稍低于腹柄结，背面圆形隆起。后腹部长卵形，腹末具螫针。上颚光滑；头部具稀疏纵条纹和密集刻点，后头叶较光滑；胸部具细网纹，前中胸背面具细横纹；腹柄和后腹柄具密集刻点；后腹部光滑。身体背面具稀疏立毛和丰富平伏绒毛被。身体红棕色，附肢和后腹部黄棕色。

小型工蚁体长2.8～3.0mm，与大型工蚁相似但身体很小。头部正常，后缘平直，侧缘中度隆起，上颚约具12个齿，唇基前缘强烈隆起，柄节超过头后角，复眼位于头中线上。并胸腹节刺中等长，腹柄结顶端窄圆。头胸部具密集刻点。

【生态学特性】 栖息于贡山西坡、贡山东坡、福贡东坡、泸水东坡、坝湾西坡、坝湾东坡、龙陵西坡海拔1750m的季风常绿阔叶林、针阔混交林、针叶林内，在地表、土壤内觅食，在土壤内筑巢。

康斯坦大头蚁
Pheidole constanciae Forel, 1902

【分 类 地 位】　切叶蚁亚科Myrmicinae / 大头蚁属*Pheidole* Westwood, 1841

【形 态 特 征】　大型工蚁体长5.4～5.6mm。正面观头很大，近梯形，后缘角状深凹。上颚咀嚼缘具2个端齿、1个齿间隙和2个基齿。唇基前缘中央浅凹。额脊与触角柄节等长，额叶遮盖触角窝，触角沟浅凹。触角12节，柄节未到达头后角，触角棒3节。复眼较小，位于头中线之前。侧面观头部腹面前缘具齿突，前中胸背板高，前中胸背板缝消失，中胸背板具尖锐横脊，后胸沟深凹；并胸腹节背面直，后上角具短刺。腹柄前面小柄与腹柄结等长，腹柄结三角形，后倾，顶端尖锐；后腹柄结稍高于腹柄结，背面圆形隆起。后腹部长卵形，腹末具螫针。上颚光滑；头前部具纵皱纹，后部具网状皱纹；胸部背面具网状皱纹，侧面具细网纹；腹柄结、后腹柄结和后腹部光滑。身体背面具密集立毛和密集倾斜绒毛被。身体黄棕色，头胸部红棕色。

小型工蚁体长3.4～3.6mm，与大型工蚁相似但身体很小。头部正常，近长方形，后缘轻度隆起，上颚约具14个齿，唇基前缘中部近平直，柄节超过头后角，复眼位于头中线上。并胸腹节刺短，腹柄结顶端窄圆。头部光滑，颊区具纵皱纹；胸部具细网纹，前胸具稀疏横纹。身体黄棕色，头部暗棕色。

【生态学特性】　栖息于坝湾西坡海拔1500～2500m的季风常绿阔叶林、中山常绿阔叶林、针阔混交林内，在地表、土壤内觅食，在土壤内筑巢。

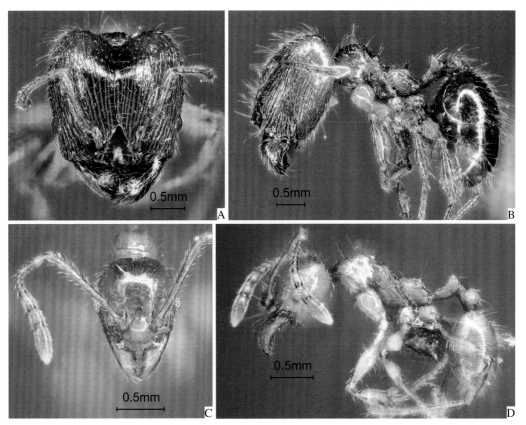

康斯坦大头蚁*Pheidole constanciae*

A. 大型工蚁头部正面观；B. 大型工蚁整体侧面观；C. 小型工蚁头部正面观；D. 小型工蚁整体侧面观

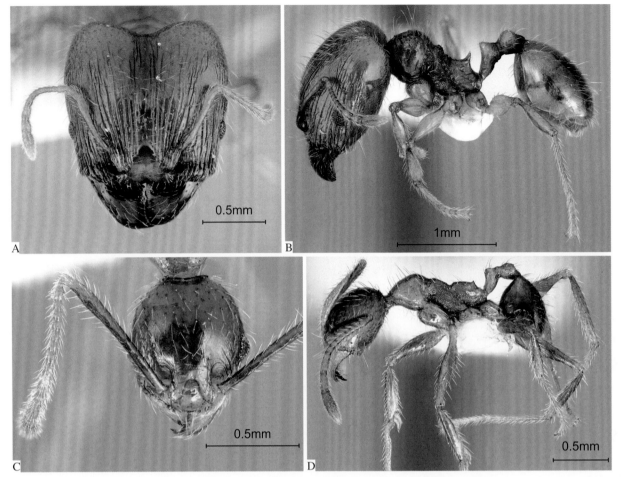

长节大头蚁*Pheidole fervens*

A. 大型工蚁头部正面观；B. 大型工蚁整体侧面观；C. 小型工蚁头部正面观；D. 小型工蚁整体侧面观
（大型工蚁引自AntWeb，CASENT0008638，April Nobile / 摄；小型工蚁引自AntWeb，CASENT0005780，April Nobile / 摄）

长节大头蚁

Pheidole fervens Smith, 1858

【分类地位】 切叶蚁亚科Myrmicinae / 大头蚁属*Pheidole* Westwood, 1841

【形态特征】 大型工蚁体长4.3～4.5mm。正面观头部近梯形，后缘宽形深凹。上颚咀嚼缘具2个端齿、1个齿间隙和2个基齿。唇基前缘中央角状深凹。额脊较短，额叶遮盖触角窝，缺触角沟。触角12节，柄节未到达头后角，触角棒3节。复眼较小，位于头中线之前。侧面观前中胸背板高，前中胸背板缝消失，中胸背板具钝横脊，后胸沟深凹；并胸腹节背面直，并胸腹节刺中等长。腹柄小柄与腹柄结等长，腹柄结三角形，顶端尖；后腹柄结与腹柄结等高，背面圆形隆起。后腹部长卵形，腹末具螫针。上颚光滑；头部具纵皱纹；前胸背板具稀疏横纹，中胸具网纹，后胸和并胸腹节较光滑；腹柄结、后腹柄结和后腹部光滑。身体背面具丰富立毛和丰富倾斜绒毛被。身体红棕色，附肢和后腹部黄棕色。

小型工蚁体长2.5～2.6mm，与大型工蚁相似但身体很小。头部近椭圆形，后缘直，侧缘强烈隆起，上颚约具12个齿，唇基前缘隆起，柄节超过头后角，复眼位于头中线上。中胸背板缺横脊，并胸腹节刺齿状，腹柄结顶端窄圆。头部光滑，颊区具纵纹；胸部、腹柄、后腹柄和后腹部具密集刻点，前胸光滑。身体黄棕色。

【生态学特性】 栖息于高黎贡山中部、南部中低海拔区域的山地雨林、常绿阔叶林、针阔混交林内，在地表觅食。

142

亮红大头蚁

Pheidole fervida Smith, 1874

【分类地位】 切叶蚁亚科Myrmicinae / 大头蚁属*Pheidole* Westwood, 1841

【形态特征】 大型工蚁体长4.2～4.4mm。正面观头部近梯形，后缘宽形深凹。上颚咀嚼缘具2个端齿、1个齿间隙和2个基齿。唇基前缘中央角状深凹。额脊接近后头叶，额叶遮盖触角窝，触角沟很浅。触角12节，柄节未到达头后角，触角棒3节。复眼较小，位于头中线之前。侧面观前中胸背板高，前中胸背板缝消失，中胸背板具横脊，后胸沟深凹；并胸腹节背面直，并胸腹节刺细长。腹柄小柄与腹柄结等长，腹柄结三角形，顶端窄圆；后腹柄结与腹柄结等高，背面圆形隆起。后腹部长卵形，腹末具螫针。上颚光滑；头部具纵皱纹，后部具网纹；胸部具细网纹，前胸背板具稀疏横纹；腹柄结、后腹柄结和后腹部光滑。身体背面具丰富立毛和倾斜绒毛被。身体红棕色，附肢和后腹部黄棕色。

小型工蚁体长2.5～3.0mm，与大型工蚁相似但身体很小。头部近长方形，后缘中央浅凹，上颚约具10个齿，唇基前缘中部轻度隆起，柄节超过头后角，复眼位于头中线上。中胸背板横脊钝，并胸腹节刺齿状。头部具稀疏网纹，中央纵带较光滑；胸部具密集刻点，前胸背面具稀疏横皱纹。身体黄棕色。

【生态学特性】 栖息于泸水东坡、坝湾西坡、坝湾东坡海拔1500～2000m的季风常绿阔叶林、中山常绿阔叶林、针阔混交林、云南松林内，在地表、土壤内觅食，在土壤内筑巢。

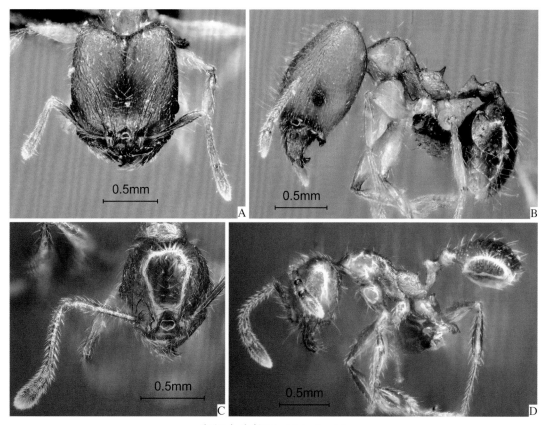

亮红大头蚁*Pheidole fervida*

A. 大型工蚁头部正面观；B. 大型工蚁整体侧面观；C. 小型工蚁头部正面观；D. 小型工蚁整体侧面观

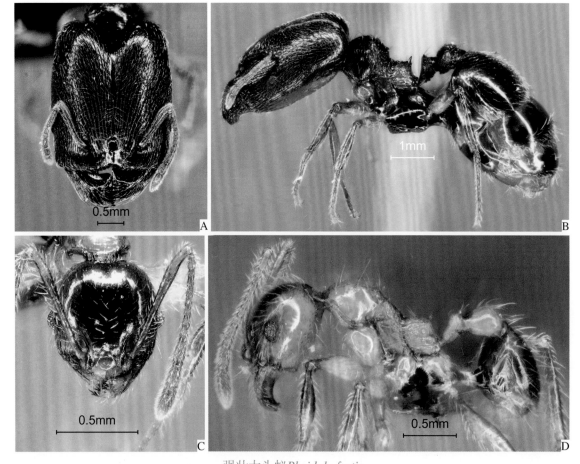

强壮大头蚁 *Pheidole fortis*

A. 大型工蚁头部正面观；B. 大型工蚁整体侧面观；C. 小型工蚁头部正面观；D. 小型工蚁整体侧面观

强壮大头蚁

Pheidole fortis Eguchi, 2006

【分类地位】 切叶蚁亚科Myrmicinae／大头蚁属*Pheidole* Westwood, 1841

【形态特征】 大型工蚁体长9.3~9.5mm。正面观头部长方形，后缘角状深凹，侧缘近平行。上颚咀嚼缘具2个端齿、1个齿间隙和2个基齿。唇基前缘中央角状凹陷。额脊到达复眼水平，额叶遮盖触角窝，缺触角沟。触角12节，柄节接近头中线，触角棒3节。复眼较小，位于头中线之前。侧面观前中胸背板高，前中胸背板缝消失，中胸背板横脊低，后胸沟深凹；并胸腹节背面直，并胸腹节刺短。腹柄小柄约与腹柄结等长，腹柄结三角形，后倾，顶端尖锐；后腹柄结高于腹柄结，背面圆形隆起。后腹部长卵形，腹末具螫针。上颚具丰富具毛刻点；头部具向后分歧的纵皱纹；胸部、腹柄和后腹柄具网纹，前胸具稀疏横纹；后腹部光滑，基部背面具细刻点。身体背面具稀疏立毛和丰富倾斜绒毛被。身体红棕色，头部暗红棕色，后腹部浅黑色，附肢黄棕色。

小型工蚁体长3.3~3.5mm，与大型工蚁相似但身体很小。头部近梯形，后缘中央浅凹，上颚约具12个齿，唇基前缘中部轻度隆起，柄节超过头后角，复眼位于头中线上。中胸背板缺横脊，并胸腹节刺齿状，后腹柄显著高于腹柄。上颚具纵条纹；头部光滑，颊区具纵皱纹；胸部具细网纹，前胸、腹柄和后腹柄光滑。身体黄棕色。

【生态学特性】 栖息于福贡东坡、泸水东坡、坝湾东坡、龙陵西坡、龙陵东坡海拔1500~1750m的季风常绿阔叶林、针阔混交林内，在地表、石下、土壤内觅食，在土壤内筑巢。

盖氏大头蚁
Pheidole gatesi (Wheeler, 1927)

【分类地位】 切叶蚁亚科Myrmicinae / 大头蚁属*Pheidole* Westwood, 1841

【形态特征】 大型工蚁体长9.9～10.2mm。正面观头部梯形，后缘宽形深凹。上颚咀嚼缘具2个端齿、1个齿间隙和2个基齿。唇基前缘中央角状凹陷。额脊达到复眼水平，额叶遮盖触角窝，缺触角沟。触角12节，柄节未到达头后角，触角棒4节。复眼较小，位于头中线之前。侧面观前中胸背板高，缺前中胸背板缝，中胸背板具横脊，后胸沟深凹；并胸腹节背面直，并胸腹节刺中等长。腹柄小柄很短，腹柄结三角形，后倾，顶端尖锐；后腹柄结高于腹柄结，背面圆形隆起。后腹部长卵形，腹末具螫针。上颚具丰富具毛刻点；头部具向后分歧的纵皱纹，后部和两侧呈网纹；胸部较光滑，中胸具细皱纹；腹柄和后腹柄具细刻点；后腹部光滑。身体背面具丰富立毛和丰富倾斜绒毛被，后腹部立毛密集。身体红棕色，上颚黑色，附肢黄棕色。

小型工蚁体长5.6～5.8mm，与大型工蚁相似但身体很小。头部近梯形，后缘近平直，上颚约具12个齿，唇基前缘中央具小齿，柄节超过头后角，复眼位于头中线上。中胸背板横脊低，并胸腹节刺齿状，腹柄结顶端较尖，后腹柄结高于腹柄结。上颚具纵条纹；头部光滑，颊区具纵皱纹；胸部具细网纹，前胸、腹柄和后腹柄较光滑。身体红棕色。

【生态学特性】 栖息于泸水东坡、坝湾东坡海拔1250～1750m的季风常绿阔叶林、针阔混交林、云南松林内，在植物上、朽木下、地表、石下、土壤内觅食，在土壤内筑巢。

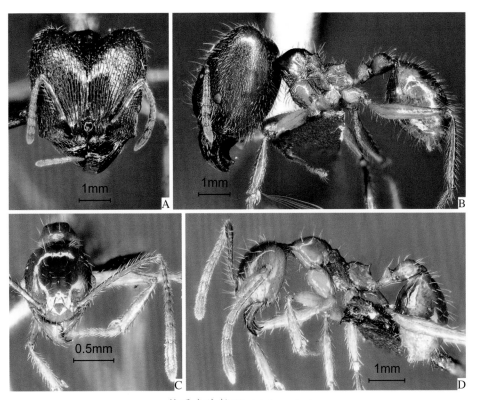

盖氏大头蚁*Pheidole gatesi*

A.大型工蚁头部正面观；B.大型工蚁整体侧面观；C.小型工蚁头部正面观；D.小型工蚁整体侧面观

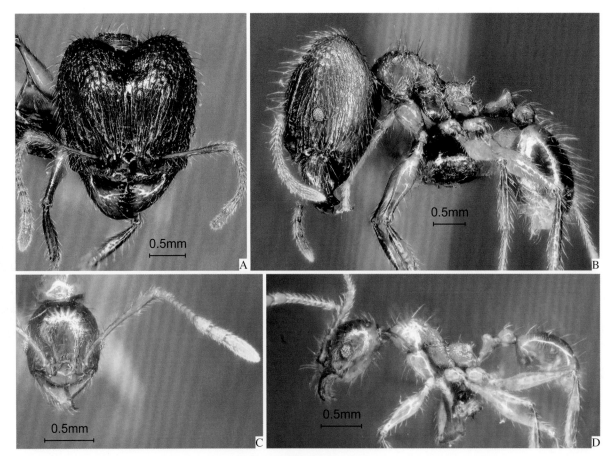

印度大头蚁*Pheidole indica*

A. 大型工蚁头部正面观；B. 大型工蚁整体侧面观；C. 小型工蚁头部正面观；D. 小型工蚁整体侧面观

印度大头蚁

Pheidole indica Mayr, 1879

【分类地位】 切叶蚁亚科Myrmicinae / 大头蚁属*Pheidole* Westwood, 1841

【形态特征】 大型工蚁体长4.6~4.9mm。正面观头部梯形，后缘宽形深凹。上颚咀嚼缘具2个端齿、1个齿间隙和2个基齿。唇基前缘中央角状深凹。额脊接近后头叶，额叶遮盖触角窝，触角沟浅凹。触角12节，柄节未到达头后角，触角棒3节。复眼较小，位于头中线之前。侧面观前中胸背板高，缺前中胸背板缝，中胸背板具横脊，后胸沟深凹；并胸腹节背面直，并胸腹节刺中等长。腹柄小柄约与腹柄结等长，腹柄结三角形，后倾，顶端窄圆；后腹柄结约与腹柄结等高，背面圆形隆起。后腹部长卵形，腹末具螫针。上颚具稀疏具毛刻点；头部具纵皱纹，在后头叶上外弯；胸部背面具细横纹，侧面具细纵纹；腹柄和后腹柄具细刻点；后腹部光滑。身体背面具丰富立毛和丰富倾斜绒毛被。身体暗红棕色，后腹部黑色，附肢黄棕色。

小型工蚁体长2.6~3.0mm，与大型工蚁相似但身体很小。头部近梯形，后缘轻度延伸，平直；上颚约具12个齿，唇基前缘中度隆起，柄节超过头后角，复眼位于头中线上。中胸背板横脊钝，并胸腹节刺短。上颚具纵条纹；头部光滑，颊区具纵皱纹；胸部具密集细刻点，前胸、腹柄结和后腹柄结光滑。身体红棕色，头部和后腹部暗棕色。

【生态学特性】 栖息于泸水东坡、坝湾东坡海拔1000~1500m的干热河谷稀树灌丛、针阔混交林、云南松林内，在地表、土壤内觅食，在土壤内筑巢。

146

巨大头蚁

Pheidole magna Eguchi, 2006

【分类地位】 切叶蚁亚科Myrmicinae / 大头蚁属*Pheidole* Westwood, 1841

【形态特征】 大型工蚁体长6.7~6.8mm。正面观头部梯形，后缘角状深凹。上颚咀嚼缘具2个端齿、1个齿间隙和2个基齿。唇基前缘中央近平直。额脊到达复眼之后，额叶遮盖触角窝，缺触角沟。触角12节，柄节未到达头后角，触角棒3节。复眼较小，位于头中线之前。侧面观头部腹面前缘具齿突，前中胸背板高，缺前中胸背板缝，中胸背板具横脊，后胸沟深凹；并胸腹节背面直，并胸腹节刺中等长。腹柄小柄约与腹柄结等长，腹柄结三角形，后倾，顶端尖锐；后腹柄结稍低于腹柄结，背面圆形隆起。后腹部长卵形，腹末具螫针。上颚具稀疏具毛刻点；头部具纵皱纹，后头叶光滑；胸部具细网纹，前胸具细横纹；腹柄和后腹柄具细刻点；后腹部光滑。身体背面具密集立毛和密集倾斜绒毛被。身体红棕色，头部和后腹部黑色，附肢黄棕色。

小型工蚁体长4.0~4.2mm，与大型工蚁相似但身体较小。头部近梯形，后缘中央浅凹；上颚约具12个齿，唇基前缘中央近平直，柄节超过头后角，复眼位于头中线上。并胸腹节刺短，后腹柄结明显高于腹柄结。上颚具纵条纹；头部光滑，颊区具纵皱纹；胸部具密集细刻点，前胸、腹柄结和后腹柄结光滑。身体黄棕色，头部暗棕色。

【生态学特性】 栖息于泸水东坡、坝湾东坡海拔1500~2000m的季风常绿阔叶林内，在植物上、地表、石下、土壤内觅食，在石下、土壤内筑巢。

巨大头蚁*Pheidole magna*

A. 大型工蚁头部正面观；B. 大型工蚁整体侧面观；C. 小型工蚁头部正面观；D. 小型工蚁整体侧面观

尼特纳大头蚁*Pheidole nietneri*

A. 大型工蚁头部正面观；B. 大型工蚁整体侧面观；C. 小型工蚁头部正面观；D. 小型工蚁整体侧面观

尼特纳大头蚁

Pheidole nietneri Emery, 1901

【分类地位】 切叶蚁亚科Myrmicinae / 大头蚁属*Pheidole* Westwood, 1841

【形态特征】 大型工蚁体长4.1～4.3mm。正面观头部梯形，后缘宽形深凹。上颚咀嚼缘具2个端齿、1个齿间隙和2个基齿。唇基前缘中央深凹。额脊接近后头叶，额叶遮盖触角窝，触角沟浅凹。触角12节，柄节未到达头后角，触角棒3节。复眼较小，位于头中线之前。侧面观头部腹面前缘具齿突，前中胸背板高，缺前中胸背板缝，中胸背板具横脊，后胸沟深凹；并胸腹节背面直，并胸腹节刺中等长。腹柄小柄约与腹柄结等长，腹柄结三角形，后倾，顶端窄圆；后腹柄结稍低于腹柄结，背面圆形隆起。后腹部长卵形，腹末具螯针。上颚具稀疏具毛刻点；头部具纵皱纹，后头叶后部光滑；胸部背面具细横纹，侧面具细网纹；腹柄和后腹柄下部具细刻点，背面光滑；后腹部光滑。身体背面具丰富立毛和丰富倾斜绒毛被。身体红棕色，附肢黄棕色。

小型工蚁体长1.7～1.9mm，与大型工蚁相似但身体很小。头部近椭圆形，后缘中部直，侧缘中度隆起；上颚约具12个齿，唇基前缘中度隆起，柄节超过头后角，复眼位于头中线上。中胸背板横脊低，并胸腹节刺短，后腹柄结明显高于腹柄结。上颚具纵条纹；头部具纵皱纹，中央纵带光滑；胸部和腹柄具细网纹，前胸前部具横纹，后部和两侧光滑；腹柄结、后腹柄和后腹部光滑。身体红棕色，附肢黄棕色。

【生态学特性】 栖息于泸水东坡、坝湾西坡、坝湾东坡海拔1250～2500m的季雨林、季风常绿阔叶林、中山常绿阔叶林、针阔混交林、苔藓常绿阔叶林、针叶林、华山松林内，在植物上、朽木内、朽木下、地表、石下、土壤内觅食，在朽木内、朽木下、地被内、牛粪内、石下、土壤内筑巢。

宽结大头蚁

Pheidole nodus Smith，1874

【**分 类 地 位**】　切叶蚁亚科Myrmicinae／大头蚁属*Pheidole* Westwood, 1841

【**形 态 特 征**】　大型工蚁体长5.6～6.0mm。正面观头部梯形，后缘宽形深凹。上颚咀嚼缘具2个端齿、1个齿间隙和2个基齿。唇基前缘中央角状深凹。额脊接近后头叶，额叶遮盖触角窝，触角沟浅凹。触角12节，柄节未到达头后角，触角棒3节。复眼较小，位于头中线之前。侧面观前中胸背板高，缺前中胸背板缝，中胸背板具横脊，后胸沟深凹；并胸腹节背面直，并胸腹节刺中等长。腹柄小柄稍短于腹柄结，腹柄结三角形，轻度后倾，顶端窄圆；后腹柄结明显高于腹柄结，背面圆形隆起。后腹部长卵形，腹末具螫针。上颚光滑；头前部纵皱纹，后部呈网状皱纹；胸部和后腹柄背面具细横纹，胸部侧面具细网纹；腹柄和后腹部光滑，后腹部背面基部具细皱纹。身体背面具稀疏立毛和稀疏倾斜绒毛被。身体红棕色，头部和后腹部暗红棕色。

小型工蚁体长3.7～3.9mm，与大型工蚁相似但身体很小。头部近椭圆形，后缘轻度延伸，中部直，侧缘中度隆起；上颚约具12个齿，唇基前缘强烈隆起，柄节超过头后角，复眼位于头中线上。中胸背板横脊低，并胸腹节背面轻度隆起，并胸腹节刺齿状，腹柄结顶端较尖。上颚具弱纵纹；头部光滑；胸部具密集刻点，前胸、腹柄、后腹柄和后腹部光滑。身体黄棕色，头部和后腹部暗棕色。

【**生态学特性**】　栖息于泸水东坡、坝湾西坡、坝湾东坡、龙陵西坡、龙陵东坡海拔750～1750m的干热河谷稀树灌丛、干性常绿阔叶林、山地雨林、季风常绿阔叶林、针阔混交林、云南松林内，在地表、石下、土壤内觅食，在朽木内、地被内、石下、土壤内筑巢。

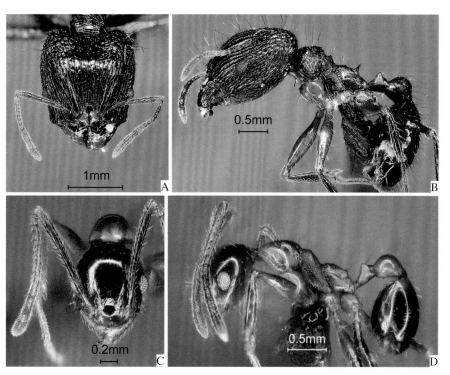

宽结大头蚁*Pheidole nodus*

A. 大型工蚁头部正面观；B. 大型工蚁整体侧面观；C. 小型工蚁头部正面观；D. 小型工蚁整体侧面观

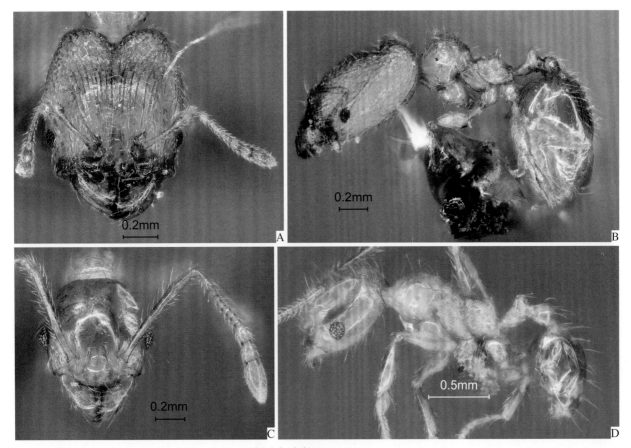

皮氏大头蚁*Pheidole pieli*

A.大型工蚁头部正面观；B.大型工蚁整体侧面观；C.小型工蚁头部正面观；D.小型工蚁整体侧面观

皮氏大头蚁

Pheidole pieli Santschi, 1925

【分类地位】切叶蚁亚科Myrmicinae／大头蚁属*Pheidole* Westwood, 1841

【形态特征】大型工蚁体长2.6~2.8mm。正面观头部近长方形，后缘宽形深凹。上颚咀嚼缘具2个端齿、1个齿间隙和2个基齿。唇基前缘中央角状深凹。额脊长于触角柄节，额叶遮盖触角窝，缺触角沟。触角12节，柄节到达头中线，触角棒3节。复眼较小，位于头中线之前。侧面观头部腹面前缘具齿突，前中胸背板高，缺前中胸背板缝，中胸背板缺横脊，后胸沟深凹；并胸腹节背面直，并胸腹节刺尖齿状。腹柄小柄稍长于腹柄结，腹柄结三角形，顶端较尖；后腹柄结与腹柄结等高，背面圆形隆起。后腹部长卵形，腹末具螫针。上颚光滑；头前部具纵皱纹，后部呈网状皱纹；胸部背面具细横纹，侧面较光滑；腹柄结、后腹柄结和后腹部光滑。身体背面具丰富立毛和丰富倾斜绒毛被。身体黄棕色，后腹部灰色。

　　小型工蚁体长1.8~1.9mm，与大型工蚁相似但身体很小。头部近长方形，后缘中央浅凹，侧缘中度隆起；上颚约具10个齿，唇基前缘中度隆起，柄节稍超过头后角，复眼位于头中线上。并胸腹节刺小齿状，腹柄结顶端较尖。上颚和头部光滑，颊区具纵纹；胸部光滑，并胸腹节背面具横纹，侧面具斜纹。身体黄棕色，后腹部灰色。

【生态学特性】栖息于贡山西坡、贡山东坡、福贡东坡、泸水西坡、泸水东坡、坝湾西坡、坝湾东坡、龙陵西坡、龙陵东坡海拔750~2000m的干热河谷稀树灌丛、山地雨林、针阔混交林、针叶林内，在朽木下、地被下、地表、土壤内觅食，在土壤内筑巢。

斜纹大头蚁

Pheidole plagiaria Smith, 1860

【分类地位】　切叶蚁亚科Myrmicinae ／ 大头蚁属*Pheidole* Westwood, 1841

【形态特征】　大型工蚁体长5.6～6.1mm。正面观头部近梯形，后缘角状深凹。上颚咀嚼缘具2个端齿、1个齿间隙和2个基齿。唇基前缘中央浅凹。额脊接近后头叶，额叶遮盖触角窝，触角沟浅凹。触角12节，柄节未到达头后角，触角棒3节。复眼较小，位于头中线之前。侧面观前中胸背板高，缺前中胸背板缝，中胸背板具横脊，后胸沟深凹；并胸腹节背面直，并胸腹节刺中等长。腹柄小柄约与腹柄结等长，腹柄结三角形，顶端较尖；后腹柄结与腹柄结等高，背面圆形隆起。后腹部长卵形，腹末具螫针。上颚光滑；头部具纵皱纹，在后头叶上向外弯曲，两侧具网状皱纹；胸部背面具稀疏细横纹，侧面具细刻点；腹柄结、后腹柄结和后腹部光滑。身体背面具丰富立毛和丰富倾斜绒毛被。身体黄棕色，后腹部浅黑色。

小型工蚁体长3.2～3.3mm，与大型工蚁相似但身体很小。头部近椭圆形，后缘轻度延伸，具横脊，侧缘中度隆起；上颚约具12个齿，唇基前缘中度隆起，柄节超过头后角，复眼位于头中线上。中胸背板横脊低而钝，并胸腹节刺短，腹柄结顶端窄圆。头部具倾斜纵皱纹，中央纵带光滑；胸部具密集刻点，前胸背面光滑，两侧具斜纹。身体红棕色，后腹部浅黑色。

【生态学特性】　栖息于坝湾东坡海拔1500m的针阔混交林内，在地表、土壤内觅食，在石下、土壤内筑巢。

斜纹大头蚁*Pheidole plagiaria*

A. 大型工蚁头部正面观；B. 大型工蚁整体侧面观；C. 小型工蚁头部正面观；D. 小型工蚁整体侧面观

平额大头蚁*Pheidole planifrons*

A.大型工蚁头部正面观；B.大型工蚁整体侧面观；C.小型工蚁头部正面观；D.小型工蚁整体侧面观

平额大头蚁

Pheidole planifrons Santschi, 1920

【分类地位】 切叶蚁亚科Myrmicinae / 大头蚁属*Pheidole* Westwood, 1841

【形态特征】 大型工蚁体长6.2～6.4mm。正面观头部近长方形，背面中部平坦，后缘角状深凹。上颚咀嚼缘具2个端齿、1个齿间隙和2个基齿。唇基前缘中央浅凹。额脊长于触角柄节，额叶遮盖触角窝，触角沟深凹。触角12节，柄节到达头中线，触角棒3节。复眼较小，位于头中线之前。侧面观前中胸背板高，缺前中胸背板缝，中胸背板具钝横脊，后胸沟深凹；并胸腹节背面直，并胸腹节刺中等长。腹柄小柄长于腹柄结，腹柄结三角形，顶端尖锐；后腹柄结与腹柄结等高，背面圆形隆起。后腹部长卵形，腹末具螯针。上颚光滑；头部具纵皱纹，后部呈网状皱纹；胸部背面具细横纹，侧面具细网纹；腹柄结较光滑，后腹柄结具细横纹，后腹部具密集纵条纹。身体背面具丰富立毛和丰富倾斜绒毛被。身体暗红棕色，附肢黄棕色。

小型工蚁体长3.1～3.3mm，与大型工蚁相似但身体较小。头部近椭圆形，后缘轻度延伸，具横脊，侧缘中度隆起；上颚约具12个齿，唇基前缘中度隆起，柄节超过头后角，复眼位于头中线上。中胸背板横脊低而钝，并胸腹节刺短，腹柄结顶端窄圆。上颚具细纵条纹；头部两侧具细网纹，中央纵带光滑；胸部、腹柄和后腹柄具密集刻点，前胸和后腹部光滑。胸部背面具成对钝立毛。身体黄棕色，头部暗棕色。

【生态学特性】 栖息于泸水东坡、坝湾东坡、龙陵东坡海拔750～1500m的干热河谷稀树灌丛、针阔混交林、云南松林内，在地被下、地表、土壤内觅食，在土壤内筑巢。

罗伯特大头蚁

Pheidole roberti Forel, 1902

【分类地位】 切叶蚁亚科Myrmicinae / 大头蚁属*Pheidole* Westwood, 1841

【形态特征】 大型工蚁体长5.2～5.4mm。正面观头部近梯形，后缘角状深凹，后头叶圆。上颚咀嚼缘具2个端齿、1个齿间隙和2个基齿。唇基前缘中央深凹。额脊长于触角柄节，额叶遮盖触角窝，触角沟浅凹。触角12节，柄节未到达头后角，触角棒3节。复眼较小，位于头中线之前。侧面观前中胸背板高，缺前中胸背板缝，中胸背板具横脊，后胸沟深凹；并胸腹节背面直，并胸腹节刺长。腹柄小柄约与腹柄结等长，腹柄结三角形，顶端较尖；后腹柄结低于腹柄结，背面圆形隆起。后腹部长卵形，腹末具螯针。上颚光滑；头部具纵皱纹，后部呈网状皱纹；胸部背面具横皱纹，侧面具网状皱纹；腹柄结较光滑，后腹柄结具细横纹；后腹部光滑。身体背面具密集立毛和密集倾斜绒毛被。身体红棕色，附肢和后腹部黄棕色。

小型工蚁体长3.0～3.2mm，与大型工蚁相似但身体很小。头部近椭圆形，后缘轻度延伸，具横脊，侧缘中度隆起；上颚约具12个齿，唇基前缘中部近平直，柄节超过头后角，复眼位于头中线上。中胸背板横脊不明显，并胸腹节刺短，腹柄结顶端窄圆。头部光滑；胸部具密集刻点，前胸和后腹部光滑。身体黄棕色，后腹部浅黑色。

【生态学特性】 栖息于福贡东坡、泸水东坡、坝湾西坡、坝湾东坡、龙陵东坡海拔750～1750m的干热河谷稀树灌丛、干性常绿阔叶林、季风常绿阔叶林、针阔混交林、云南松林内，在植物上、地表、土壤内觅食，在石下、土壤内筑巢。

罗伯特大头蚁*Pheidole roberti*

A. 大型工蚁头部正面观；B. 大型工蚁整体侧面观；C. 小型工蚁头部正面观；D. 小型工蚁整体侧面观

皱胸大头蚁*Pheidole rugithorax*

A. 大型工蚁头部正面观；B. 大型工蚁整体侧面观；C. 小型工蚁头部正面观；D. 小型工蚁整体侧面观

（大型工蚁引自AntWeb，CASENT0905871，Alexandra Westrich / 摄；

小型工蚁引自AntWeb，CASENT0282449，Adam Lazarus / 摄）

皱胸大头蚁

Pheidole rugithorax Eguchi, 2008

【分类地位】 切叶蚁亚科Myrmicinae / 大头蚁属*Pheidole* Westwood, 1841

【形态特征】 大型工蚁体长6.6～6.8mm。正面观头部近方形，后缘角状深凹，后头叶圆。上颚咀嚼缘具2个端齿、1个齿间隙和2个基齿。唇基前缘中央浅凹。额脊与触角柄节等长，额叶遮盖触角窝，触角沟浅凹。触角12节，柄节未到达头后角，触角棒3节。复眼较小，位于头中线之前。侧面观前中胸背板高，缺前中胸背板缝，中胸背板具横脊，后胸沟深凹；并胸腹节背面直，并胸腹节刺较短。腹柄小柄约与腹柄结等长，腹柄结三角形，顶端较尖；后腹柄结稍高于腹柄结，背面圆形隆起。后腹部长卵形，腹末具螯针。上颚具稀疏具毛刻点；头部具纵皱纹，后部和两侧呈网状皱纹；胸部具网状皱纹，前胸背面具横皱纹；腹柄结具密集刻点，后腹柄和后腹部光滑。身体背面具丰富立毛和丰富倾斜绒毛被。身体红棕色，附肢和后腹部黄棕色。

小型工蚁体长2.7～2.9mm，与大型工蚁相似但身体很小。头部近椭圆形，后缘平直，侧缘中度隆起；上颚约具12个齿，唇基前缘中度隆起，柄节超过头后角，复眼位于头中线上。中胸背板横脊低而钝，并胸腹节刺尖齿状，腹柄结顶端较尖，后腹柄结明显高于腹柄结。头部光滑，侧面具纵皱纹；胸部具密集刻点，前胸具细网纹。身体黄棕色，胸部红棕色。

【生态学特性】 栖息于贡山西坡、坝湾西坡海拔1500～2000m的季风常绿阔叶林、针阔混交林内，在地表、土壤内觅食，在朽木内、土壤内筑巢。

塞奇大头蚁

Pheidole sagei Forel, 1902

【分类地位】　切叶蚁亚科Myrmicinae / 大头蚁属*Pheidole* Westwood, 1841

【形态特征】　大型工蚁体长3.0～3.2mm。正面观头部近梯形，后缘宽形深凹，后头叶圆。上颚咀嚼缘具2个端齿、1个齿间隙和2个基齿。唇基前缘中央深凹。额脊长于触角柄节，额叶遮盖触角窝，触角沟不明显。触角12节，柄节到达头中线，触角棒3节。复眼较小，位于头中线之前。侧面观前中胸背板高，缺前中胸背板缝，中胸背板角状隆起，后胸沟深凹；并胸腹节背面直，并胸腹节刺短。腹柄小柄约与腹柄结等长，腹柄结三角形，顶端较尖；后腹柄结低于腹柄结，背面圆形隆起。后腹部长卵形，腹末具螫针。上颚光滑；头前部具纵皱纹和密集刻点，后部呈网状皱纹；胸部、腹柄和后腹柄具密集刻点；后腹部光滑。身体背面具丰富立毛和倾斜绒毛被。身体红棕色，后腹部灰色，附肢黄棕色。

　　小型工蚁体长1.9～2.0mm，与大型工蚁相似但身体很小。头部近方形，后缘浅凹；上颚约具12个齿，唇基前缘中度隆起，柄节稍超过头后角，复眼位于头中线上。中胸背板中度隆起。头胸部具密集刻点，腹柄、后腹柄和后腹部光滑。身体暗棕色，腹柄、后腹柄和附肢黄棕色。

【生态学特性】　栖息于泸水东坡、坝湾西坡、坝湾东坡海拔1000～2000m的干热河谷稀树灌丛、中山常绿阔叶林、针阔混交林、云南松林内，在地表、土壤内觅食，在土壤内筑巢。

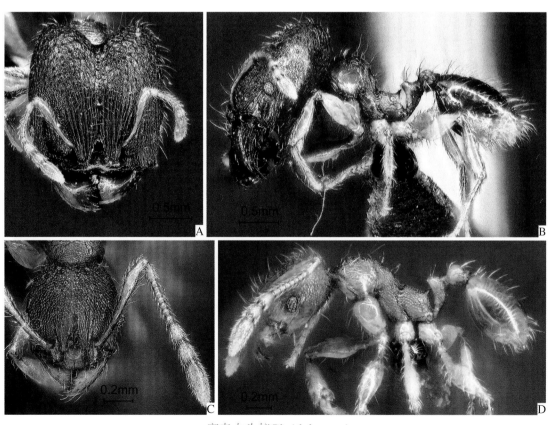

塞奇大头蚁*Pheidole sagei*

A. 大型工蚁头部正面观；B. 大型工蚁整体侧面观；C. 小型工蚁头部正面观；D. 小型工蚁整体侧面观

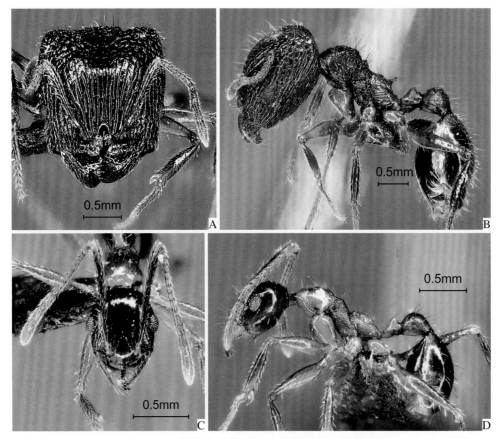

膨胀大头蚁*Pheidole tumida*

A.大型工蚁头部正面观；B.大型工蚁整体侧面观；C.小型工蚁头部正面观；D.小型工蚁整体侧面观

膨胀大头蚁

Pheidole tumida Eguchi, 2008

【分类地位】 切叶蚁亚科Myrmicinae / 大头蚁属*Pheidole* Westwood, 1841

【形态特征】 大型工蚁体长7.0～7.2mm。正面观头部近梯形，后缘宽形深凹，后头叶圆。上颚咀嚼缘具2个端齿、1个齿间隙和2个基齿。唇基前缘中央浅凹。额脊与触角柄节等长，额叶遮盖触角窝，触角沟浅凹。触角12节，柄节未到达头后角，触角棒3节。复眼较小，位于头中线之前。侧面观前中胸背板高，缺前中胸背板缝，中胸背板具横脊，后胸沟深凹；并胸腹节背面坡形，并胸腹节刺细长。腹柄小柄短于腹柄结，腹柄结三角形，顶端较尖，腹柄下突宽大；后腹柄结显著高于腹柄结，背面圆形隆起。后腹部长卵形，腹末具螫针。上颚具稀疏具毛刻点；头前部具纵皱纹，后部和两侧呈网状皱纹；胸部和后腹柄具网状皱纹，后胸具纵皱纹；腹柄和后腹部光滑，后腹部基部背面具细纵条纹。身体背面具丰富立毛和密集倾斜绒毛被。身体红棕色，附肢暗棕色。

小型工蚁体长3.2～3.4mm，与大型工蚁相似但身体很小。头部近椭圆形，后缘轻度延伸，平直，侧缘中度隆起；上颚约具12个齿，唇基前缘中度隆起，柄节超过头后角，复眼位于头中线上。中胸背板具钝横脊，并胸腹节后上角钝角状。上颚和头部光滑，颊区具纵皱纹；胸部光滑，中胸具密集刻点；后腹柄和后腹部光滑。身体黄棕色，后腹部浅黑色。

【生态学特性】 栖息于坝湾东坡海拔1000～1750m的干热河谷稀树灌丛、季风常绿阔叶林、针阔混交林、针叶林、云南松林内，在朽木下、地表、土壤内觅食，在石下、土壤内筑巢。

维氏大头蚁

Pheidole vieti Eguchi, 2008

【分类地位】　切叶蚁亚科Myrmicinae／大头蚁属*Pheidole* Westwood, 1841

【形态特征】　大型工蚁体长4.4～4.6mm。正面观头部近长方形，后缘宽形深凹，后头叶圆。上颚咀嚼缘具2个端齿、1个齿间隙和2个基齿。唇基前缘中央浅凹。额脊接近后头叶，额叶遮盖触角窝，触角沟浅凹。触角12节，柄节未到达头后角，触角棒3节。复眼较小，位于头中线之前。侧面观头部腹面前缘具齿突，前中胸背板高，缺前中胸背板缝，中胸背板轻度突起，后胸沟深凹；并胸腹节背面直，并胸腹节刺短。腹柄小柄约与腹柄结等长，腹柄结三角形，顶端较尖。后腹柄结稍高于腹柄结，背面圆形隆起。后腹部长卵形，腹末具螫针。上颚光滑；头部具纵皱纹；胸部光滑，中胸侧面、并胸腹节背面、腹柄和后腹柄具密集刻点；后腹部光滑。身体背面具丰富立毛和密集倾斜绒毛被。身体红棕色，附肢和后腹部黄棕色。

　　小型工蚁体长2.4～2.5mm，与大型工蚁相似但身体很小。头部近方形，后缘平直；上颚约具10个齿，唇基前缘中度隆起，柄节稍超过头后角，复眼位于头中线上。中胸背板缺横脊。上颚具细纵条纹；头部光滑，侧面具细纵纹；胸部和腹柄具细刻点，前胸、后腹柄和后腹部光滑。身体黄棕色。

【生态学特性】　栖息于贡山东坡、龙陵西坡海拔1250m的季风常绿阔叶林内，在地表、土壤内觅食，在土壤内筑巢。

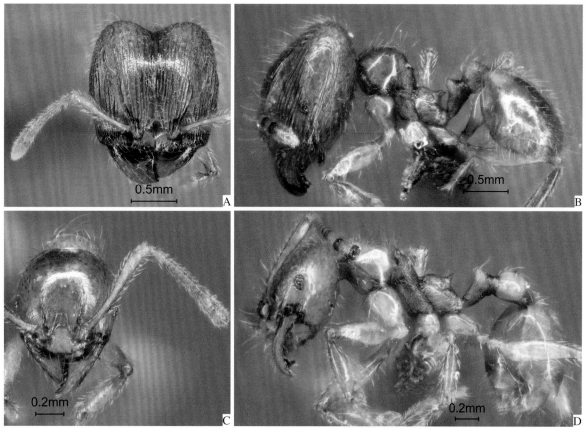

维氏大头蚁*Pheidole vieti*

A. 大型工蚁头部正面观；B. 大型工蚁整体侧面观；C. 小型工蚁头部正面观；D. 小型工蚁整体侧面观

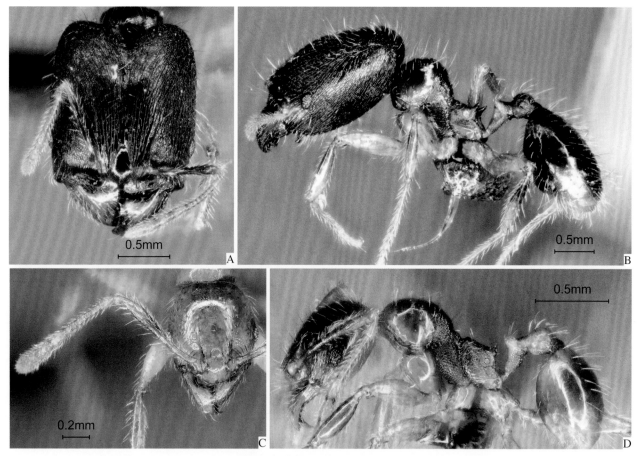

普通大头蚁*Pheidole vulgaris*

A.大型工蚁头部正面观；B.大型工蚁整体侧面观；C.小型工蚁头部正面观；D.小型工蚁整体侧面观

普通大头蚁

Pheidole vulgaris Eguchi, 2006

【分类地位】 切叶蚁亚科Myrmicinae / 大头蚁属*Pheidole* Westwood, 1841

【形态特征】 大型工蚁体长4.3～4.4mm。正面观头部近方形，后缘角状深凹，后头叶圆。上颚咀嚼缘具2个端齿、1个齿间隙和2个基齿。唇基前缘中央浅凹。额脊短，额叶遮盖触角窝，缺触角沟。触角12节，柄节稍超过头中线，触角棒3节。复眼较小，位于头中线之前。侧面观头部腹面前缘具齿突，前中胸背板高，缺前中胸背板缝，中胸背板缺横脊，后胸沟深凹；并胸腹节背面直，并胸腹节刺中等长。腹柄小柄约与腹柄结等长，腹柄结三角形，顶端尖锐；后腹柄结约与腹柄结等高，背面圆形隆起。后腹部长卵形，腹末具螯针。上颚具稀疏具毛刻点；头部具向后分歧的稀疏倾斜条纹；胸部光滑，前胸背面两侧具细网纹，胸部侧面、腹柄和后腹柄具密集刻点；后腹部光滑。身体背面具密集立毛和密集倾斜绒毛被。身体黄棕色，后腹部浅黑色，附肢棕黄色。

小型工蚁体长2.4～2.5mm，与大型工蚁相似但身体很小。头部近梯形，后缘轻度隆起；上颚约具12个齿，唇基前缘中度隆起，柄节超过头后角，复眼位于头中线稍前处。并胸腹节刺齿状。头部光滑，颊区具纵皱纹；胸部具密集刻点，前中胸背板光滑。身体黄棕色，后腹部中部浅黑色。

【生态学特性】 栖息于贡山东坡、坝湾西坡、坝湾东坡、龙陵西坡海拔750～2000m的干热河谷稀树灌丛、干性常绿阔叶林、山地雨林、季风常绿阔叶林、中山常绿阔叶林内，在地表、土壤内觅食，在土壤内筑巢。

139

上海大头蚁
Pheidole zoceana Santschi, 1925

【分类地位】　切叶蚁亚科Myrmicinae / 大头蚁属*Pheidole* Westwood, 1841

【形态特征】　大型工蚁体长4.3～4.5mm。正面观头部近方形，后缘角状深凹，后头叶窄圆。上颚咀嚼缘具2个端齿、1个齿间隙和2个基齿。唇基前缘中央浅凹。额脊到达复眼水平，额叶遮盖触角窝，缺触角沟。触角12节，柄节稍超过头中线，触角棒3节。复眼较小，位于头中线之前。侧面观头部腹面前缘具齿突，前中胸背板高，缺前中胸背板缝，中胸背板缺横脊，后胸沟深凹；并胸腹节背面浅凹，并胸腹节刺粗，短刺状。腹柄小柄约与腹柄结等长，腹柄结三角形，顶端尖锐；后腹柄结稍低于腹柄结，背面窄圆。后腹部长卵形，腹末具螯针。上颚光滑；头部具纵皱纹和密集刻点，后部和两侧呈网状皱纹；胸部、腹柄和后腹柄具密集刻点，前胸背板具弱的细网纹；腹柄结和后腹部光滑，后腹部基部背面具细刻点。身体背面具丰富立毛和丰富倾斜绒毛被。身体黄棕色，后腹部浅黑色，附肢棕黄色。

　　小型工蚁体长2.2～2.3mm，与大型工蚁相似但身体很小。头部近长方形，后缘平直，侧缘中度隆起；上颚约具9个齿，唇基前缘中度隆起，柄节超过头后角，复眼位于头中线上。并胸腹节刺尖齿状。头部具细网纹。身体棕黄色，后腹部浅黑色。

【生态学特性】　栖息于泸水东坡、坝湾西坡、坝湾东坡海拔1500～2000m的季风常绿阔叶林、中山常绿阔叶林、针阔混交林、针叶林、云南松林内，在朽木内、朽木下、地表、土壤内觅食，在朽木内、石下、土壤内筑巢。

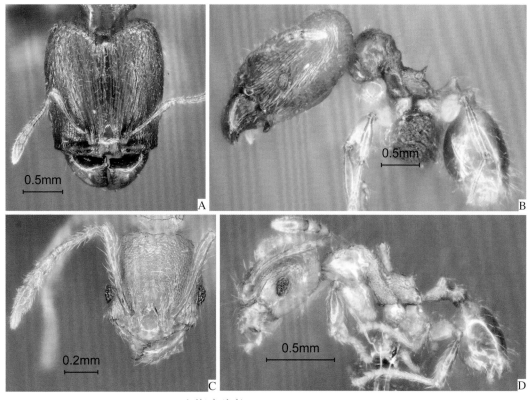

上海大头蚁*Pheidole zoceana*

A. 大型工蚁头部正面观；B. 大型工蚁整体侧面观；C. 小型工蚁头部正面观；D. 小型工蚁整体侧面观

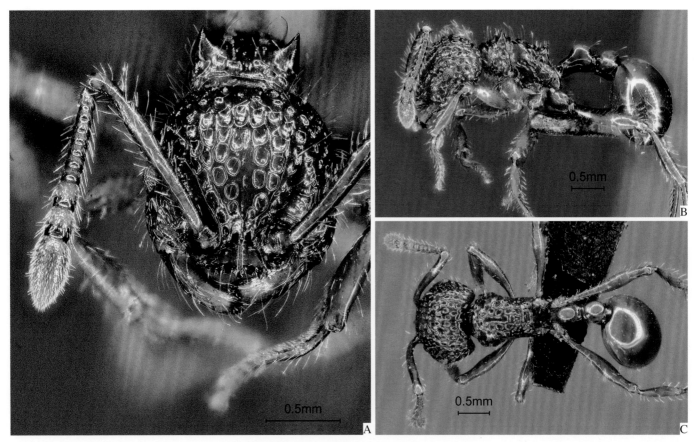

短刺棱胸蚁*Pristomyrmex brevispinosus*
A. 工蚁头部正面观；B. 工蚁整体侧面观；C. 工蚁整体背面观

短刺棱胸蚁

Pristomyrmex brevispinosus Emery, 1887

【分类地位】 切叶蚁亚科Myrmicinae ／ 棱胸蚁属*Pristomyrmex* Mayr, 1886

【形态特征】 工蚁体长3.0～3.4mm。正面观头部近方形，后缘近平直，后角宽圆，侧缘中度隆起。上颚咀嚼缘具2个端齿、1个齿间隙和2个基齿。唇基具中央纵脊，前缘具3个齿。额脊超过复眼，缺额叶，触角窝外露，触角沟深凹。触角11节，柄节超过头后角，触角棒3节。复眼中等大，位于头中线上。侧面观胸部背面中度隆起呈弱弓形，前胸背板肩角具齿突，前中胸背板缝和后胸沟消失；并胸腹节背面浅凹，具1个小瘤突，并胸腹节刺中等长，指向后上方。腹柄小柄短于腹柄结，腹柄结近梯形，前上角高于后上角；后腹柄结与腹柄结等高，背面圆形隆起，轻度后倾。后腹部长卵形，腹末具螯针。背面观腹柄和后腹柄近梯形，后腹柄宽于腹柄。上颚光滑；头胸部具粗糙网状皱纹；腹柄、后腹柄和后腹部光滑。身体背面具稀疏立毛和平伏绒毛被，后腹部缺立毛。身体红棕色，附肢黄棕色。

【生态学特性】 栖息于高黎贡山南部低海拔区域的山地雨林、常绿阔叶林内，在地表觅食。

弯钩棱胸蚁

Pristomyrmex hamatus Xu & Zhang, 2002

【分类地位】 切叶蚁亚科Myrmicinae / 棱胸蚁属*Pristomyrmex* Mayr, 1886

【形态特征】 工蚁体长3.2～3.4mm。正面观头部近方形，后缘近平直，后角宽圆，侧缘中度隆起。上颚咀嚼缘具2个端齿、1个齿间隙和2个基齿。唇基具中央纵脊，前缘中度隆起，具7个齿突。额脊超过复眼，缺额叶，触角窝外露，触角沟深凹。触角11节，柄节超过头后角，触角棒3节。复眼中等大，位于头中线上。侧面观胸部背面中度隆起呈弱弓形，前中胸背板缝和后胸沟消失；并腹节背面直，并胸腹节刺长。腹柄小柄短于腹柄结，腹柄结近梯形，前上角高于后上角；后腹柄结与腹柄结等高，背面轻度隆起，轻度后倾。后腹部长卵形，腹末具螯针。背面观前胸背板肩角钝角状，并胸腹节刺端部内弯呈钩状，腹柄近梯形，后腹柄近方形。上颚具稀疏纵纹；头胸部具粗糙网状皱纹；腹柄和后腹柄侧面具纵皱纹，背面光滑；后腹部光滑。身体背面具丰富立毛和平伏绒毛被，后腹部缺立毛。身体红棕色，附肢棕红色。

【生态学特性】 栖息于高黎贡山南部低海拔区域的山地雨林、常绿阔叶林内，在地表觅食。

弯钩棱胸蚁*Pristomyrmex hamatus*
A. 工蚁头部正面观；B. 工蚁整体侧面观；C. 工蚁整体背面观

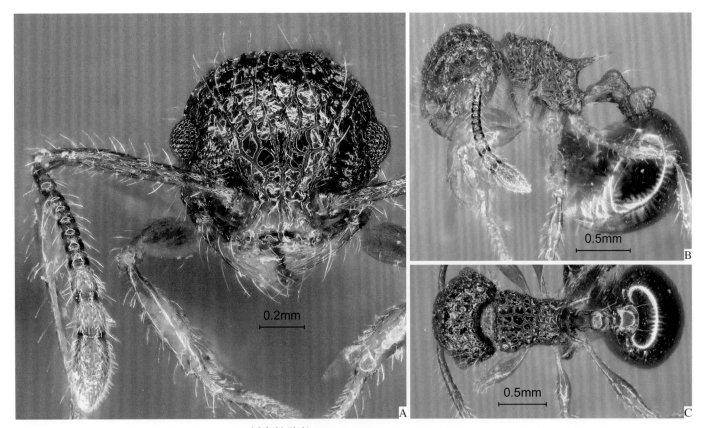

刻点棱胸蚁*Pristomyrmex punctatus*
A. 工蚁头部正面观；B. 工蚁整体侧面观；C. 工蚁整体背面观

刻点棱胸蚁

Pristomyrmex punctatus (Smith, 1860)

【分类地位】 切叶蚁亚科Myrmicinae / 棱胸蚁属*Pristomyrmex* Mayr, 1886

【形态特征】 工蚁体长2.5～3.0mm。正面观头部近方形，后缘近平直，后角宽圆，侧缘中度隆起。上颚咀嚼缘具2个端齿、1个齿间隙和2个基齿。唇基具中央纵脊，前缘中度隆起，约具7个齿突。额脊超过复眼，缺额叶，触角窝外露，触角沟深凹。触角11节，柄节超过头后角，触角棒3节。复眼中等大，位于头中线上。侧面观前胸背板浅凹，中胸背板中度隆起，前中胸背板缝和后胸沟消失；并胸腹节背面浅凹，并胸腹节刺细长。腹柄小柄短于腹柄结，腹柄结近三角形，顶端窄圆；后腹柄结稍高于腹柄结，近锥形，轻度后倾，后上角窄圆。后腹部长卵形，腹末具螫针。背面观前胸背板肩角窄圆，并胸腹节刺直，腹柄近长方形，后腹柄近方形。上颚具弱纵纹；头胸部具粗糙网状皱纹；腹柄和后腹柄具网状皱纹，背面光滑；后腹部光滑。身体背面具丰富立毛和平伏绒毛被，后腹部缺立毛。身体红棕色，附肢黄棕色。

【生态学特性】 栖息于福贡东坡海拔1500m的季风常绿阔叶林内，在植物上、地表觅食，在石下筑巢。

弯刺角腹蚁
Recurvidris recurvispinosa (Forel, 1890)

【**分类地位**】 切叶蚁亚科Myrmicinae / 角腹蚁属*Recurvidris* Bolton, 1992

【**形态特征**】 工蚁体长1.8～1.9mm。正面观头部近长方形，后缘浅凹，后角宽圆，侧缘轻度隆起。上颚亚三角形，咀嚼缘具4个齿。唇基前缘中度隆起。额脊短，额叶发达，遮盖触角窝。触角11节，柄节接近头后角，触角棒3节。复眼中等大，位于头中线上。侧面观前中胸背板中度隆起呈弓形，前中胸背板缝消失，后胸沟深凹；并胸腹节背面近平直，并胸腹节刺中等长，向前上方弯曲。腹柄小柄长于腹柄结，腹柄结三角形，顶端较尖，腹面前下角具刺突；后腹柄近圆柱形，显著低于腹柄结，背面轻度隆起。后腹部近三角形，腹面强烈隆起，腹末具螯针。上颚具弱纵纹；头部、胸部、腹柄和后腹柄具密集刻点；后腹部光滑。身体背面具稀疏钝立毛和倾斜绒毛被，胸部、腹柄和后腹柄立毛成对排列。身体棕黄色。

【**生态学特性**】 栖息于泸水东坡、坝湾东坡海拔1000m的干热河谷稀树灌丛内，在地表觅食，在土壤内筑巢。

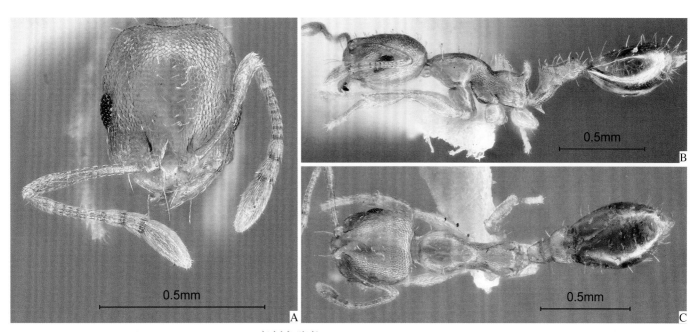

弯刺角腹蚁*Recurvidris recurvispinosa*
A. 工蚁头部正面观；B. 工蚁整体侧面观；C. 工蚁整体背面观

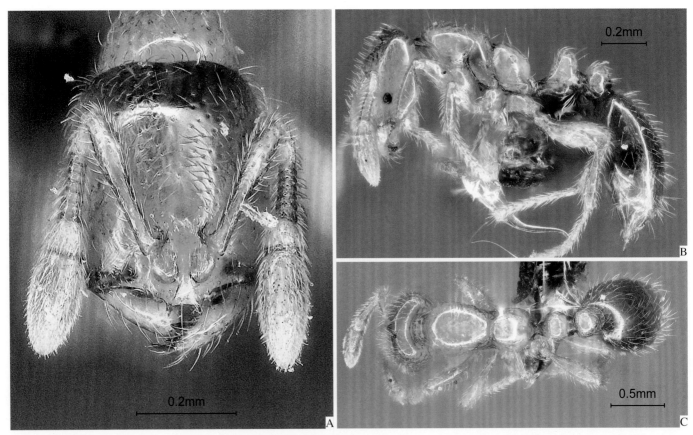

贾氏火蚁*Solenopsis jacoti*

A. 工蚁头部正面观；B. 工蚁整体侧面观；C. 工蚁整体背面观

贾氏火蚁

Solenopsis jacoti Wheeler, 1923

【分类地位】 切叶蚁亚科Myrmicinae / 火蚁属*Solenopsis* Westwood, 1840

【形态特征】 工蚁体长1.3～1.5mm。正面观头部近长方形，后缘中部浅凹，后角窄圆，侧缘轻度隆起。上颚亚三角形，咀嚼缘具4个齿。唇基中部前伸，背面具1对向前分歧的纵脊，纵脊前端突出呈小齿状，小齿之间浅凹。额脊短，额叶发达，遮盖触角窝。触角10节，柄节未到达头后角，触角棒2节。复眼很小，位于头中线之前。侧面观前中胸背板中度隆起呈弓形，前中胸背板缝消失，后胸沟浅凹；并胸腹节背面和斜面形成完整弓形，后上角极宽圆。腹柄前面小柄很短，腹柄结近锥状，顶端窄圆；后腹柄结稍低于腹柄结，背面圆形隆起，轻度前倾。后腹部长卵形，腹末具螫针。背面观腹柄结横椭圆形，后腹柄结近方形。上颚和身体光滑。身体背面具丰富立毛和倾斜绒毛被。身体棕黄色，后腹部中部暗棕色。

【生态学特性】 栖息于泸水东坡、坝湾东坡、龙陵东坡海拔750～1000m的干热河谷稀树灌丛、干性常绿阔叶林、针阔混交林内，在地表、土壤内觅食，在土壤内筑巢。

亮火蚁
Solenopsis nitens Bingham, 1903

【分类地位】 切叶蚁亚科Myrmicinae / 火蚁属*Solenopsis* Westwood, 1840

【形态特征】 工蚁体长1.5～1.7mm。正面观头部近长方形，后缘平直，后角宽圆，侧缘轻度隆起。上颚亚三角形，咀嚼缘具4个齿。唇基中部前伸，背面具1对向前分歧的纵脊，纵脊前端突出呈小齿状，小齿之间平直。额脊短，额叶发达，遮盖触角窝。触角10节，柄节未到达头后角，触角棒2节。复眼很小，位于头中线之前。侧面观前中胸背板中度隆起呈弓形，前中胸背板缝消失，后胸沟深切；并胸腹节背面较直，长于斜面，后上角宽圆。腹柄前面小柄短，腹柄结近锥状，顶端窄圆；后腹柄结稍低于腹柄结，背面圆形隆起。后腹部长卵形，腹末具螫针。背面观腹柄近梯形，后腹柄近圆形，与腹柄等宽。上颚和身体光滑。身体背面具丰富立毛和倾斜绒毛被。身体浅黑色，附肢黄棕色。

【生态学特性】 栖息于泸水东坡海拔1000～1500m的干热河谷稀树灌丛、针阔混交林内，在地表觅食，在土壤内筑巢。

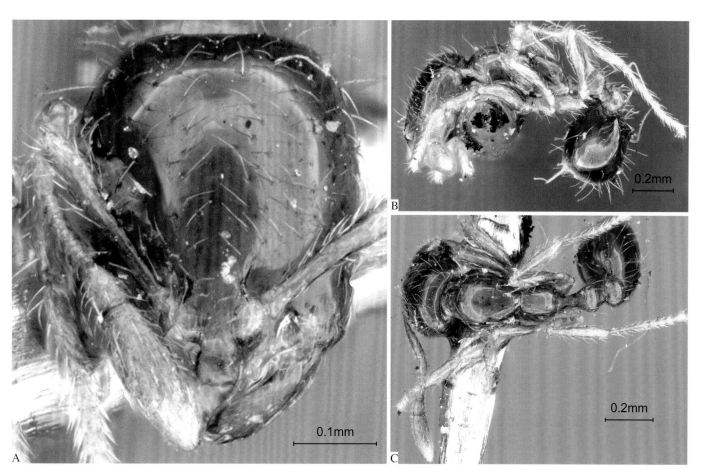

亮火蚁*Solenopsis nitens*
A. 工蚁头部正面观；B. 工蚁整体侧面观；C. 工蚁整体背面观
（引自AntWeb，CASENT0902364，Ryan Perry / 摄）

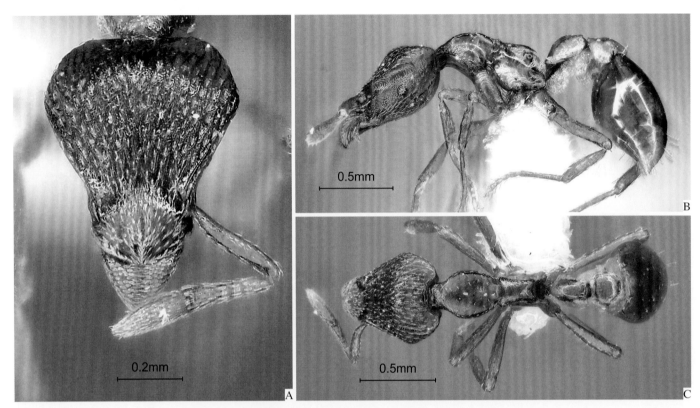

阿萨姆瘤颚蚁*Strumigenys assamensis*

A. 工蚁头部正面观；B. 工蚁整体侧面观；C. 工蚁整体背面观

阿萨姆瘤颚蚁

Strumigenys assamensis Baroni Urbani & De Andrade, 1994

【分类地位】 切叶蚁亚科Myrmicinae / 瘤颚蚁属*Strumigenys* Smith, 1860

【形态特征】 工蚁体长2.7~2.8mm。正面观头部近梯形，向前变窄，后缘深凹，后角宽圆，侧缘前部浅凹，后部强烈隆起。上颚三角形，咀嚼缘约具8个齿。唇基近棱形，前缘强烈隆起。额脊长于触角柄节，额叶发达，遮盖触角窝，触角沟深凹。触角6节，柄节未到达头后角，触角棒2节。复眼很小，位于头中线之前侧面。侧面观头顶强烈隆起，胸部背面两侧具边缘；前胸背板近平直，前中胸背板缝和后胸沟消失；中胸背板和并胸腹节背面平直，坡形；并胸腹节后上角近直角形，斜面具窄带状海绵体。腹柄伸长，背面中度隆起呈弓形，前面具短柄，侧面和腹面具宽带状海绵体；后腹柄结背面中度隆起，侧面和腹面具宽大海绵体。后腹部近三角形，腹末具螫针。上颚和头部具网状皱纹，头部皱纹网眼伸长近棱形；胸部、腹柄、后腹柄和后腹部光滑。身体背面具稀疏平伏绒毛被，头部绒毛被丰富，腹柄、后腹柄和后腹部具少数立毛。身体红棕色，附肢黄棕色。

【生态学特性】 栖息于高黎贡山中部、南部中低海拔区域的山地雨林、常绿阔叶林、针阔混交林内，在地表、土壤内觅食。

吉上瘤颚蚁

Strumigenys kichijo (Terayama et al., 1996)

【分类地位】 切叶蚁亚科Myrmicinae / 瘤颚蚁属*Strumigenys* Smith, 1860

【形态特征】 工蚁体长2.4～2.6 mm。正面观头部近梯形，向前变窄，后缘深凹，后角宽圆，侧缘前部浅凹，后部强烈隆起。上颚长三角形，咀嚼缘具10个齿。唇基近棱形，前缘钝角状。额脊长于触角柄节，额叶发达，遮盖触角窝，触角沟深凹。触角6节，柄节未到达头后角，触角棒2节。复眼很小，位于头中线之前侧面。侧面观头顶强烈隆起；前胸背板近平直，前中胸背板缝消失；中胸背板浅凹，后胸沟可见但不凹入；并胸腹节背面直，后上角钝角状，斜面具窄带状海绵体。腹柄前面小柄与腹柄结等长，腹柄结半圆形，背面圆形隆起，侧面和腹面具半圆形海绵体；后腹柄结背面中度隆起，后面和腹面具宽大海绵体。后腹部长卵形，腹末具螯针。上颚光滑；头部具细网纹和密集刻点；胸部和腹柄具密集刻点，胸部侧面、后腹柄背面和后腹部光滑。身体背面具稀疏立毛和密集倾斜绒毛被；后腹部绒毛被稀疏，缺立毛。身体红棕色，附肢黄棕色。

【生态学特性】 栖息于高黎贡山中部、南部中低海拔区域的山地雨林、常绿阔叶林、针阔混交林内，在地表、土壤内觅食。

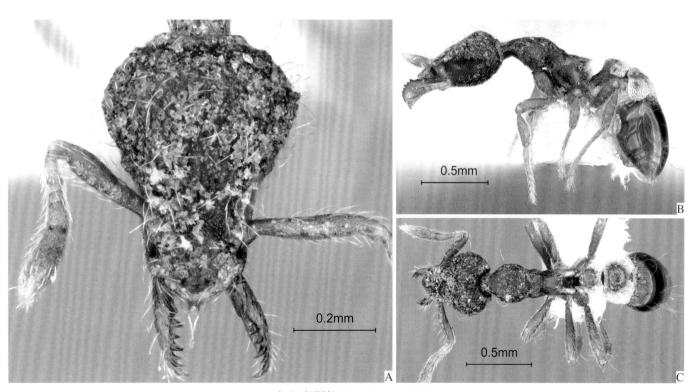

吉上瘤颚蚁*Strumigenys kichijo*
A. 工蚁头部正面观；B. 工蚁整体侧面观；C. 工蚁整体背面观
（引自AntWeb，CASENT0280711，Shannon Hartman / 摄）

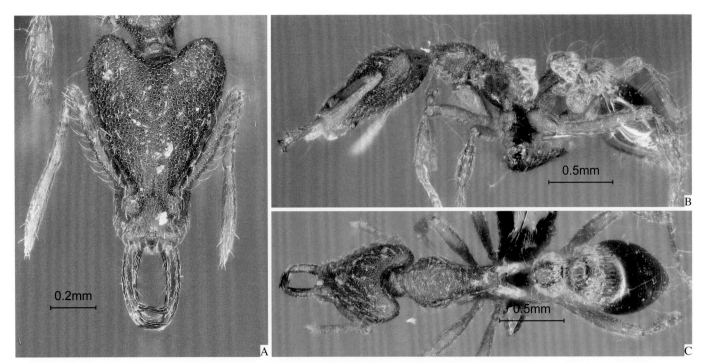

刘氏瘤颚蚁*Strumigenys lewisi*

A. 工蚁头部正面观；B. 工蚁整体侧面观；C. 工蚁整体背面观

刘氏瘤颚蚁

Strumigenys lewisi Cameron, 1886

【分类地位】 切叶蚁亚科Myrmicinae / 瘤颚蚁属*Strumigenys* Smith, 1860

【形态特征】 工蚁体长2.6～2.8 mm。正面观头部近梯形，向前变窄，后缘深凹，后角窄圆，侧缘前部浅凹，后部中度隆起。上颚细长，弧形内弯，端部具3个弯曲的刺状齿。唇基近三角形，前缘浅凹。额脊长于触角柄节，额叶发达，遮盖触角窝，触角沟深凹。触角6节，柄节未到达头后角，触角棒2节。复眼小，位于头中线上侧面。侧面观头顶轻度隆起；前胸背板近平直，前中胸背板缝和后胸沟消失；中胸背板和并胸腹节背面近平直，坡形，并胸腹节后上角直角形，背面后部和斜面具窄带状海绵体。腹柄前面小柄与腹柄结等长，腹柄结长而低，背面圆形隆起，侧面和腹面具三角形海绵体；后腹柄结背面中度隆起，后面和腹面具宽大海绵体。后腹部长卵形，腹末具螫针。上颚光滑；头部、胸部和腹柄具密集刻点，胸部侧面、后腹柄背面和后腹部光滑。头胸部具丰富短钝毛，胸部、腹柄、后腹柄和后腹部背面具稀疏弯曲长立毛。身体棕黄色，后腹部中部暗棕色。

【生态学特性】 栖息于龙陵西坡海拔1250～2000m的季风常绿阔叶林、中山常绿阔叶林内，在地表觅食，在土壤内筑巢。

薄帘瘤颚蚁
Strumigenys rallarhina Bolton, 2000

【分类地位】 切叶蚁亚科Myrmicinae / 瘤颚蚁属*Strumigenys* Smith, 1860

【形态特征】 工蚁体长2.3～2.4mm。正面观头部近梯形，向前变窄，后缘宽形深凹，后角窄圆，侧缘前部中度凹入，后部中度隆起。上颚细长，弧形内弯，端部具3个弯曲的刺状齿。唇基近三角形，前缘深凹。额脊长于触角柄节，额叶发达，遮盖触角窝，触角沟深凹。触角6节，柄节未到达头后角，触角棒2节。复眼小，位于头中线上侧面。侧面观头顶中度隆起；前胸背板近平直，前中胸背板缝和后胸沟消失，中胸背板浅凹；并胸腹节背面直，并胸腹节刺中等长。腹柄前面小柄稍短于腹柄结，腹柄结半圆形，背面圆形隆起，后缘具窄带状海绵体，腹面具宽带状海绵体；后腹柄结背面中度隆起，后面具三角形海绵体，腹面具长叶状海绵体。后腹部长卵形，腹末具螯针。上颚光滑；头部、胸部和腹柄具密集刻点，胸部侧面、后腹柄背面和后腹部光滑。身体背面具稀疏弯曲长立毛，头胸部具丰富弯曲短匙状毛。身体棕黄色，后腹部中部浅黑色。

【生态学特性】 栖息于高黎贡山中部、南部中低海拔区域的山地雨林、常绿阔叶林、针阔混交林内，在地表、土壤内觅食。

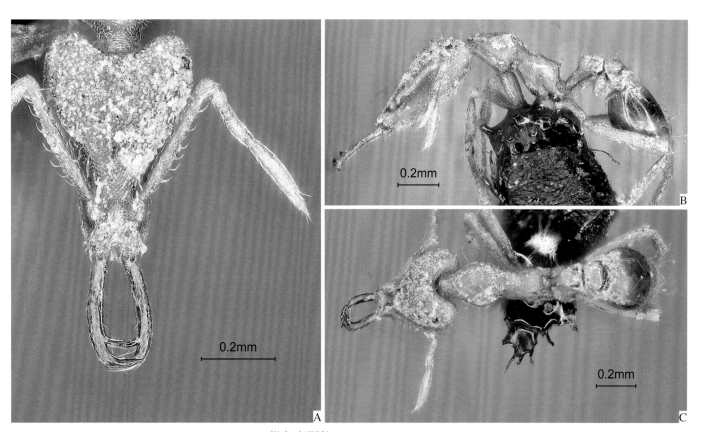

薄帘瘤颚蚁*Strumigenys rallarhina*
A. 工蚁头部正面观；B. 工蚁整体侧面观；C. 工蚁整体背面观

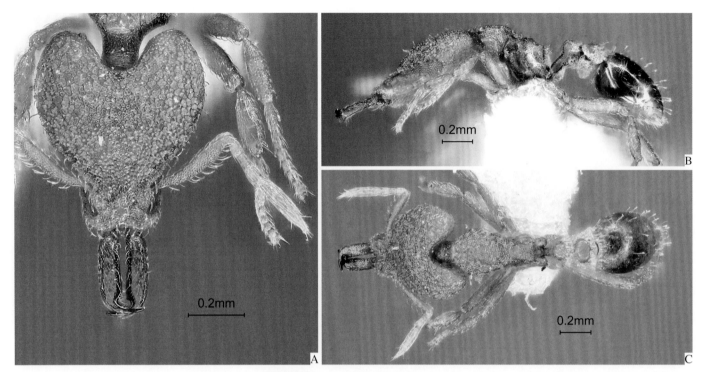

粗瘤颚蚁Strumigenys strygax
A.工蚁头部正面观；B.工蚁整体侧面观；C.工蚁整体背面观

粗瘤颚蚁

Strumigenys strygax Bolton, 2000

【分类地位】 切叶蚁亚科Myrmicinae / 瘤颚蚁属*Strumigenys* Smith, 1860

【形态特征】 工蚁体长2.1~2.5mm。正面观头部近心形，后缘圆形深凹，后角窄圆；头后部很宽，侧缘圆形隆起，前部很窄，近梯形，侧缘直。上颚细长线形，端部具2个垂直的刺状齿和1个基齿突。唇基近三角形，前缘深凹。额脊长于触角柄节，额叶发达，遮盖触角窝，触角沟深凹。触角6节，柄节未到达头后角，触角棒2节。复眼小，位于头中线之前侧面。侧面观头顶轻度隆起；前胸背板近平直，前中胸背板缝和后胸沟消失，中胸背板浅凹；并胸腹节背面直，并胸腹节刺中等长，斜面具窄带状海绵体。腹柄前面小柄与腹柄结等长，腹柄结近锥形，背面窄圆，后缘和腹面具窄带状海绵体；后腹柄结背面中度隆起，侧面具窄带状海绵体，腹面具长三角形海绵体。后腹部长卵形，腹末具螫针。上颚具丰富细刻点；头部、胸部和腹柄具细网纹，胸部侧面、后腹柄背面和后腹部光滑。身体背面具稀疏棒状短立毛，头胸部具丰富弯曲棒状短毛。身体黄棕色，后腹部中部浅黑色。

【生态学特性】 栖息于高黎贡山中部、南部中低海拔区域的山地雨林、常绿阔叶林、针阔混交林内，在地表、土壤内觅食。

沟瘤颚蚁
Strumigenys taphra (Bolton, 2000)

【分类地位】 切叶蚁亚科Myrmicinae / 瘤颚蚁属*Strumigenys* Smith, 1860

【形态特征】 工蚁体长1.8～2.0mm。正面观头部近三角形，后缘圆形深凹，后角窄圆；头后部宽，侧缘强烈隆起，前部窄，近梯形，侧缘近平直。上颚长三角形，咀嚼缘具7个尖齿。唇基近菱形，前缘强烈隆起。额脊长于触角柄节，额叶发达，遮盖触角窝，触角沟深凹。触角6节，柄节未到达头后角，触角棒2节。复眼很小，位于头中线稍后处侧面。侧面观头顶中度隆起；前胸背板中度隆起，前中胸背板缝和后胸沟消失，中胸背板轻度隆起；并胸腹节背面轻度隆起，并胸腹节刺齿状，斜面具窄带状海绵体。腹柄前面小柄短于腹柄结，腹柄结近半圆形，背面圆形隆起，后缘具狭窄海绵体，腹面具半圆形海绵体；后腹柄结背面中度隆起，侧面具宽大叶形海绵体，腹面具宽大半圆形海绵体。后腹部长卵形，腹末具螯针。上颚具丰富细刻点；身体光滑，后腹部基部背面具短纵纹。身体背面具丰富立毛和倾斜绒毛被。身体黄棕色，附肢棕黄色。

【生态学特性】 栖息于高黎贡山中部、南部中低海拔区域的山地雨林、常绿阔叶林、针阔混交林内，在地表、土壤内觅食。

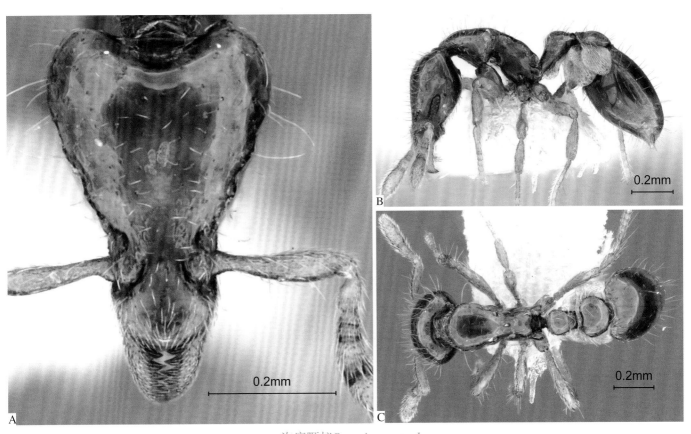

沟瘤颚蚁*Strumigenys taphra*
A. 工蚁头部正面观；B. 工蚁整体侧面观；C. 工蚁整体背面观
（引自AntWeb，CASENT0900147，Will Ericson / 摄）

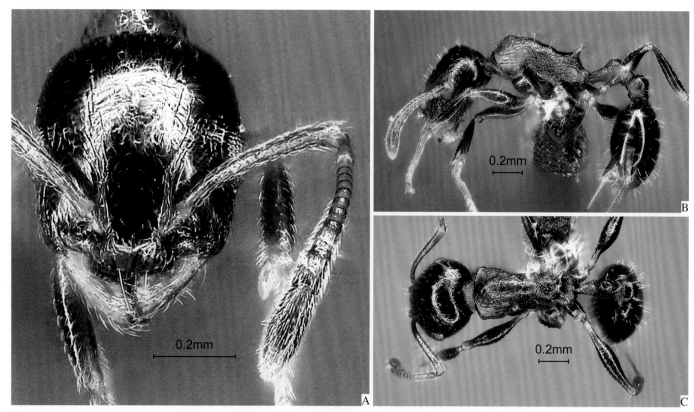

角肩切胸蚁*Temnothorax angulohumerus*

A. 工蚁头部正面观；B. 工蚁整体侧面观；C. 工蚁整体背面观

角肩切胸蚁

Temnothorax angulohumerus Zhou et al., 2010

【**分类地位**】 切叶蚁亚科Myrmicinae ／切胸蚁属*Temnothorax* Mayr, 1855

【**形态特征**】 工蚁体长2.8～2.9mm。正面观头部近长方形，后缘近平直，后角宽圆，侧缘轻度隆起。上颚三角形，咀嚼缘具5个齿。唇基背面前部具中央纵脊，前缘中度隆起。额脊到达复眼前缘水平，额叶发达，遮盖触角窝。触角12节，柄节稍超过头后角，触角棒3节。复眼中等大，位于头中线上。侧面观前胸背板强烈隆起，前中胸背板缝和后胸沟消失，中胸背板近平直；并胸腹节背面浅凹，并胸腹节刺粗，轻度后弯。腹柄小柄稍短于腹柄结，腹柄结近梯形，背面轻度隆起；后腹柄结半圆形，背面圆形隆起。后腹部长卵形，腹末具螯针。背面观前胸背板肩角直角形。上颚具细纵条纹；头部具稀疏纵皱纹；胸部、腹柄和后腹柄具细网纹，前胸侧面和后胸侧板具纵皱纹；后腹部光滑。身体背面具极稀疏短钝立毛和稀疏平伏绒毛被。身体黄棕色，后腹部浅黑色。

【**生态学特性**】 栖息于贡山东坡、泸水东坡、坝湾东坡、龙陵西坡、龙陵东坡海拔1250～2000m的干热河谷稀树灌丛、季风常绿阔叶林、针阔混交林、中山常绿阔叶林内，在植物上、地表、土壤内觅食。

阿普特铺道蚁

Tetramorium aptum Bolton, 1977

【分类地位】 切叶蚁亚科Myrmicinae / 铺道蚁属*Tetramorium* Mayr, 1855

【形态特征】 工蚁体长2.2~2.4mm。正面观头部近梯形，后缘浅凹，后角宽圆，侧缘轻度隆起。上颚咀嚼缘约具7个齿。唇基具中央纵脊，前缘轻度隆起。额脊接近头后角，额叶发达，遮盖触角窝，触角沟浅凹。触角12节，柄节未到达头后角，触角棒3节。复眼中等大，位于头中线上。侧面观胸部背面中度隆起呈弓形，前中胸背板缝和后胸沟消失；并胸腹节背面浅凹，并腹胸节刺长。腹柄前面小柄短于腹柄结，腹柄结近梯形，前上角钝角状，后上角宽圆；后腹柄结背面中度隆起。后腹部长卵形，腹末具螯针。背面观腹柄结和后腹柄结近梯形。上颚具纵条纹；头前部具纵皱纹，后部和两侧具网状皱纹；胸部、腹柄和后腹柄具网状皱纹；后腹部光滑。身体背面具丰富立毛和倾斜绒毛被。身体棕色，复眼和后腹部中部浅黑色，附肢黄棕色。

【生态学特性】 栖息于泸水东坡、坝湾东坡海拔1000m的干热河谷稀树灌丛内，在地表、土壤内觅食。

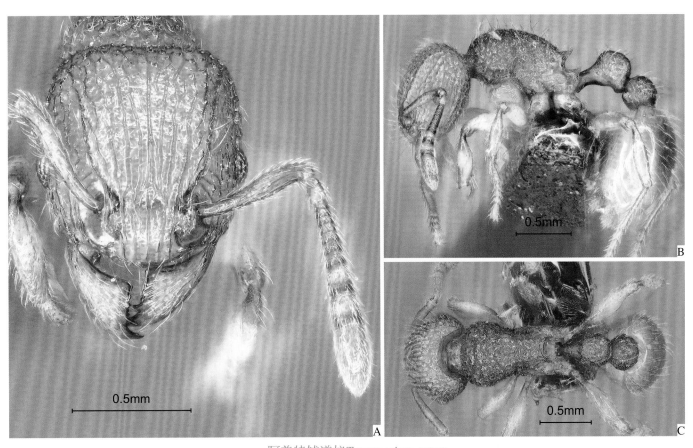

阿普特铺道蚁*Tetramorium aptum*

A. 工蚁头部正面观；B. 工蚁整体侧面观；C. 工蚁整体背面观

双脊铺道蚁*Tetramorium bicarinatum*

A. 工蚁头部正面观；B. 工蚁整体侧面观；C. 工蚁整体背面观

双脊铺道蚁

Tetramorium bicarinatum (Nylander, 1846)

【分类地位】　切叶蚁亚科Myrmicinae／铺道蚁属*Tetramorium* Mayr, 1855

【形态特征】　工蚁体长3.3～3.8mm。正面观头部近梯形，后缘浅凹，后角窄圆，侧缘轻度隆起。上颚咀嚼缘具6个齿。唇基具中央纵脊，前缘轻度隆起，中央浅凹。额脊接近头后角，额叶发达，遮盖触角窝，触角沟浅凹。触角12节，柄节未到达头后角，触角棒3节。复眼中等大，位于头中线稍后处。侧面观前胸背板中度隆起，前中胸背板缝和后胸沟消失，中胸背板直；并胸腹节背面轻度隆起，并胸腹节刺粗而长。腹柄小柄短于腹柄结，腹柄结近方形，背面轻度隆起；后腹柄结背面圆形隆起。后腹部长卵形，腹末具螫针。背面观腹柄结和后腹柄结近梯形。上颚具细纵条纹；头前部具稀疏纵皱纹，后部和两侧具网状皱纹；胸部、腹柄和后腹柄具网状皱纹；后腹部光滑。身体背面具丰富立毛和倾斜绒毛被，头部和后腹部立毛较密集。身体黄棕色，复眼和后腹部浅黑色。

【生态学特性】　栖息于贡山东坡海拔1750～2000m的季风常绿阔叶林、针阔混交林内，在植物上、地表、土壤内觅食。

毛发铺道蚁

Tetramorium ciliatum Bolton, 1977

【分类地位】 切叶蚁亚科Myrmicinae / 铺道蚁属*Tetramorium* Mayr, 1855

【形态特征】 工蚁体长3.6～4.2mm。正面观头部近梯形，后缘浅凹，后角窄圆，侧缘轻度隆起。上颚咀嚼缘具7个齿。唇基具中央纵脊，前缘中度隆起。额脊接近头后角，额叶发达，遮盖触角窝，触角沟浅凹。触角12节，柄节未到达头后角，触角棒3节。复眼中等大，位于头中线上。侧面观胸部背面中度隆起呈弓形，前中胸背板缝和后胸沟消失；并胸腹节刺很长，约为斜面长的2倍。腹柄小柄短于腹柄结，腹柄结近梯形，背面中度隆起；后腹柄结背面中度隆起。后腹部长卵形，腹末具螫针。背面观腹柄结和后腹柄结近梯形。上颚具细纵条纹；头部、胸部、腹柄和后腹柄具网状皱纹，头部网纹网眼较大；后腹部光滑。身体背面具密集长立毛和倾斜绒毛被，后腹部立毛丰富。身体棕色，复眼和后腹部浅黑色，附肢黄棕色。

【生态学特性】 栖息于坝湾东坡海拔1000～1250m的干热河谷稀树灌丛、山地雨林、季风常绿阔叶林、针阔混交林内，在地表、土壤内觅食，在土壤内筑巢。

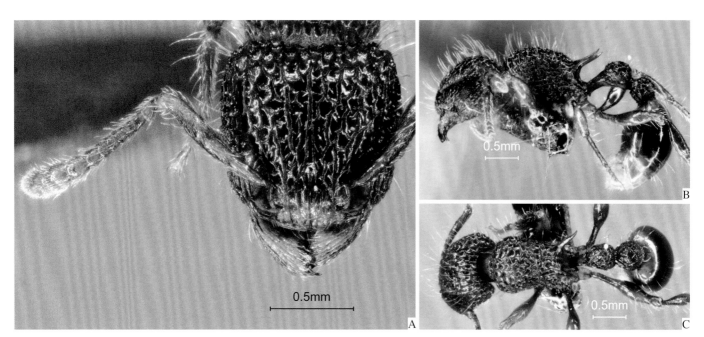

毛发铺道蚁*Tetramorium ciliatum*

A. 工蚁头部正面观；B. 工蚁整体侧面观；C. 工蚁整体背面观

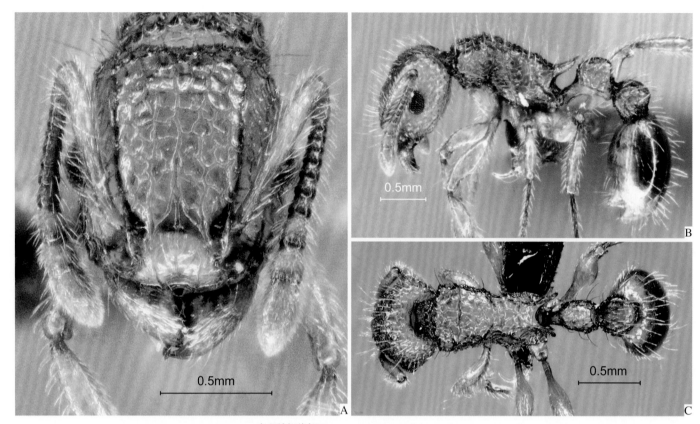

光颚铺道蚁*Tetramorium insolens*

A.工蚁头部正面观；B.工蚁整体侧面观；C.工蚁整体背面观

光颚铺道蚁

Tetramorium insolens (Smith, 1861)

【分类地位】 切叶蚁亚科Myrmicinae / 铺道蚁属*Tetramorium* Mayr, 1855

【形态特征】 工蚁体长2.9~3.2mm。正面观头部近长方形，后缘微凹，后角窄圆，侧缘轻度隆起。上颚咀嚼缘具7个齿。唇基具中央纵脊，前缘中度隆起，中央浅凹。额脊接近头后角，额叶发达，遮盖触角窝，触角沟浅凹。触角12节，柄节未到达头后角，触角棒3节。复眼中等大，位于头中线上。侧面观前胸背板轻度隆起，前中胸背板缝和后胸沟消失，中胸背板直；并胸腹节背面前部隆起，后部凹陷，并胸腹节刺长。腹柄小柄短于腹柄结，腹柄结近梯形，背面轻度隆起；后腹柄结背面圆形隆起。后腹部卵形，腹末具螫针。背面观腹柄结和后腹柄结近梯形。上颚光滑；头前部具稀疏纵皱纹，后部和两侧具网状皱纹；胸部、腹柄和后腹柄具网状皱纹；后腹部光滑。身体背面具丰富立毛和丰富倾斜绒毛被。身体黄棕色，附肢棕黄色。

【生态学特性】 栖息于贡山西坡、贡山东坡、坝湾东坡、龙陵西坡海拔1250~1500m的干热河谷稀树灌丛、季雨林、季风常绿阔叶林内，在植物上、地表、土壤内觅食，在土壤内筑巢。

凯沛铺道蚁

Tetramorium kheperra (Bolton, 1976)

【分 类 地 位】　切叶蚁亚科Myrmicinae ／铺道蚁属*Tetramorium* Mayr, 1855

【形 态 特 征】　工蚁体长2.5～2.6mm。正面观头部近梯形，后缘平直，后角窄圆，侧缘轻度隆起。上颚咀嚼缘约具7个齿。唇基具中央纵脊，前缘轻度隆起。额脊接近头后角，额叶发达，遮盖触角窝，触角沟深凹。触角12节，柄节未到达头后角，触角棒3节。复眼中等大，位于头中线上。侧面观胸部背面中度隆起呈弓形，前中胸背板缝和后胸沟消失；并胸腹节刺中等长。腹柄小柄短于腹柄结，腹柄结近梯形，后倾，前上角显著高于后上角，背面较直；后腹柄结背面轻度隆起，前上角宽圆。后腹部梭形，腹末具螫针。背面观腹柄结和后腹柄结近梯形。上颚光滑；头部、胸部、腹柄和后腹柄具规则的网状皱纹，网眼较圆；后腹部光滑。身体背面具稠密的三叉状毛和简单毛，后腹部均为三叉状毛。身体暗红棕色，复眼和后腹部黑色，附肢黄棕色。

【生态学特性】　栖息于坝湾东坡、龙陵西坡、龙陵东坡海拔1000～1750m的干热河谷稀树灌丛、山地雨林、季风常绿阔叶林、针阔混交林内，在地表、石下、土壤内觅食，在石下、土壤内筑巢。

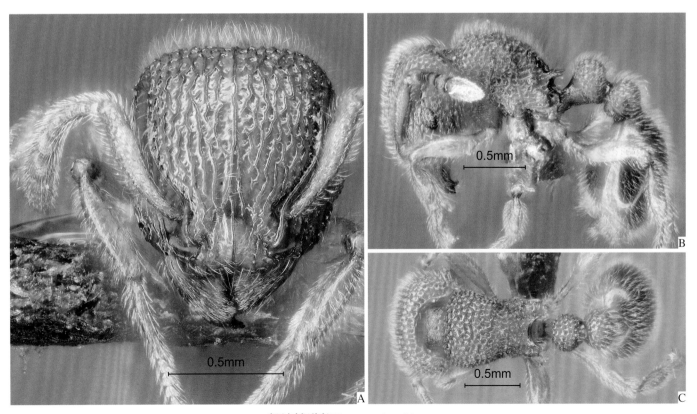

凯沛铺道蚁*Tetramorium kheperra*

A. 工蚁头部正面观；B. 工蚁整体侧面观；C. 工蚁整体背面观

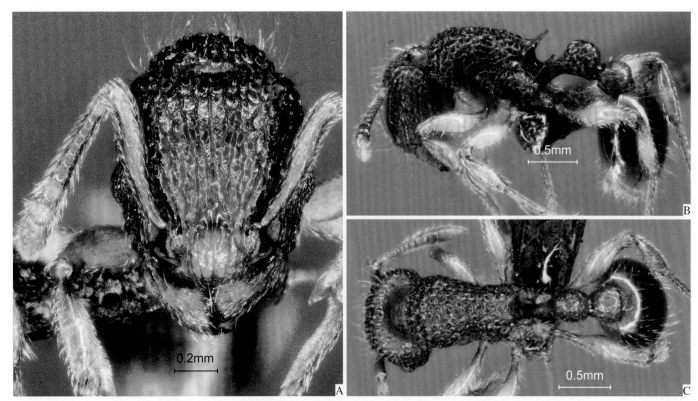

克氏铺道蚁Tetramorium kraepelini
A.工蚁头部正面观；B.工蚁整体侧面观；C.工蚁整体背面观

克氏铺道蚁

Tetramorium kraepelini Forel, 1905

【分类地位】 切叶蚁亚科Myrmicinae / 铺道蚁属*Tetramorium* Mayr, 1855

【形态特征】 工蚁体长2.1~2.3mm。正面观头部近梯形，后缘近平直，后角窄圆，侧缘轻度隆起。上颚咀嚼缘约具7个齿。唇基具中央纵脊，前缘轻度隆起。额脊接近头后角，额叶发达，遮盖触角窝，触角沟浅凹。触角12节，柄节未到达头后角，触角棒3节。复眼中等大，位于头中线上。侧面观胸部背面中度隆起呈弓形，前中胸背板缝和后胸沟消失；并胸腹节刺长。腹柄小柄短于腹柄结，腹柄结近梯形，前上角钝角状，高于后上角，后上角宽圆；后腹柄结背面圆形隆起。后腹部长卵形，腹末具螫针。背面观腹柄结和后腹柄结近梯形。上颚具纵条纹；头前部具纵皱纹，后部和两侧具网状皱纹；胸部和腹柄具网状皱纹，腹柄背面、后腹柄和后腹部光滑。身体背面具丰富立毛和倾斜绒毛被。身体红棕色，附肢和腹末棕黄色。

【生态学特性】 栖息于贡山西坡、福贡东坡、泸水西坡、龙陵西坡、龙陵东坡海拔1750~2250m的季风常绿阔叶林、中山常绿阔叶林、针阔混交林、华山松林内，在地表、土壤内觅食，在石下、土壤内筑巢。

拉帕铺道蚁

Tetramorium laparum Bolton, 1977

【分类地位】 切叶蚁亚科Myrmicinae / 铺道蚁属*Tetramorium* Mayr, 1855

【形态特征】 工蚁体长2.7~2.8mm。正面观头部近梯形，后缘平直，后角宽圆，侧缘中度隆起。上颚咀嚼缘约具7个齿。唇基具中央纵脊，前缘轻度隆起。额脊接近头后角，额叶发达，遮盖触角窝，触角沟不凹陷。触角12节，柄节未到达头后角，触角棒3节。复眼中等大，位于头中线上。侧面观胸部背面中度隆起呈弓形，前中胸背板缝和后胸沟消失；并胸腹节刺长。腹柄小柄短于腹柄结，腹柄结近梯形，后上角高于前上角，背面轻度隆起；后腹柄结背面中度隆起，轻度后倾。后腹部长卵形，腹末具螯针。背面观腹柄结和后腹柄结近梯形。上颚具细弱纵条纹；头部具波形纵皱纹和密集刻点，后缘和两侧呈网状细皱纹；胸部和腹柄具网状细皱纹，胸部侧面具密集刻点；后腹柄和后腹部光滑。身体背面具稀疏立毛和倾斜绒毛被。身体黄棕色，附肢棕黄色。

【生态学特性】 栖息于泸水西坡、泸水东坡、坝湾西坡海拔1750~2500m的季风常绿阔叶林、中山常绿阔叶林、针阔混交林、华山松林内，在地表、土壤内觅食，在土壤内筑巢。

拉帕铺道蚁*Tetramorium laparum*

A. 工蚁头部正面观；B. 工蚁整体侧面观；C. 工蚁整体背面观

179

日本铺道蚁*Tetramorium nipponense*

A. 工蚁头部正面观；B. 工蚁整体侧面观；C. 工蚁整体背面观

日本铺道蚁

Tetramorium nipponense Wheeler, 1928

【**分类地位**】 切叶蚁亚科Myrmicinae ／ 铺道蚁属*Tetramorium* Mayr, 1855

【**形态特征**】 工蚁体长3.0～3.5mm。正面观头部近梯形，后缘浅凹，后角宽圆，侧缘轻度隆起。上颚咀嚼缘约具7个齿。唇基具中央纵脊，前缘中度隆起，中央浅凹。额脊接近头后角，额叶发达，遮盖触角窝，触角沟浅凹。触角12节，柄节未到达头后角，触角棒3节。复眼中等大，位于头中线上。侧面观前中胸背板中度隆起呈弓形，前中胸背板缝和后胸沟消失；并胸腹节背面近平直，并胸腹节刺长，上弯。腹柄小柄短于腹柄结，腹柄结近梯形，后上角高于前上角，背面中度隆起；后腹柄结轻度后倾，背面中度隆起。后腹部长卵形，腹末具螫针。背面观腹柄结和后腹柄结近梯形。上颚具细弱纵条纹；头部、胸部、腹柄和后腹柄具网状皱纹，头部网纹网眼大，胸部侧面具细网纹；后腹部光滑。身体背面具密集立毛和倾斜绒毛被。身体棕黄色。

【**生态学特性**】 栖息于泸水东坡、坝湾东坡海拔1250～2500m的季雨林、季风常绿阔叶林、中山常绿阔叶林、苔藓常绿阔叶林、针阔混交林、针叶林、云南松林内，在植物上、朽木内、地表、土壤内觅食，在朽木内、地被内、土壤内筑巢。

钝齿铺道蚁

Tetramorium obtusidens Viehmeyer, 1916

【分类地位】　切叶蚁亚科Myrmicinae ／铺道蚁属*Tetramorium* Mayr, 1855

【形态特征】　工蚁体长2.4～2.7mm。正面观头部近长方形，后缘浅凹，后角宽圆，侧缘近平直。上颚咀嚼缘约具7个齿。唇基具中央纵脊，前缘中央角状深凹。额脊接近头后角，额叶发达，遮盖触角窝，触角沟浅凹。触角12节，柄节未到达头后角，触角棒3节。复眼中等大，位于头中线上。侧面观前胸背板中度隆起，前中胸背板缝和后胸沟消失，中胸背板近平直；并胸腹节背面浅凹，并胸腹节刺中等长，上弯。腹柄小柄短于腹柄结，腹柄结近梯形，后上角高于前上角，背面中度隆起；后腹柄结背面圆形隆起。后腹部长卵形，腹末具螫针。背面观腹柄结和后腹柄结近梯形。上颚光滑；头前部具稀疏纵皱纹，后部和两侧呈网状皱纹；胸部和腹柄背面具网状皱纹，胸部侧面具细网纹，腹柄侧面和后腹柄具细刻点；后腹部光滑。身体背面具密集立毛和倾斜绒毛被。身体棕黄色，后腹部中部浅黑色。

【生态学特性】　栖息于泸水东坡、坝湾东坡海拔1000～1500m的干热河谷稀树灌丛、针阔混交林内，在地表、土壤内觅食，在土壤内筑巢。

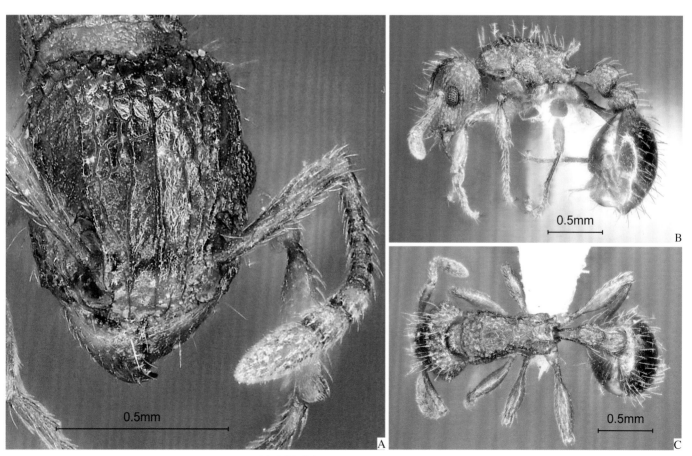

钝齿铺道蚁*Tetramorium obtusidens*

A. 工蚁头部正面观；B. 工蚁整体侧面观；C. 工蚁整体背面观

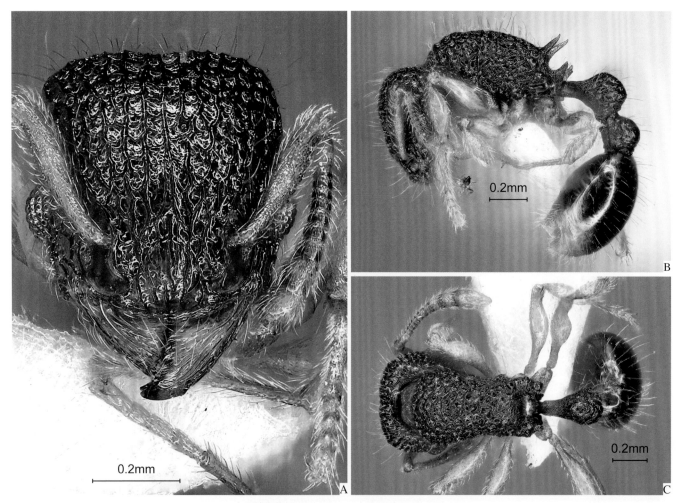

全唇铺道蚁*Tetramorium repletum*

A. 工蚁头部正面观；B. 工蚁整体侧面观；C. 工蚁整体背面观

全唇铺道蚁

Tetramorium repletum Wang et al., 1988

【分类地位】 切叶蚁亚科Myrmicinae / 铺道蚁属*Tetramorium* Mayr, 1855

【形态特征】 工蚁体长2.7~2.8mm。正面观头部近梯形，后缘近平直，后角窄圆，侧缘轻度隆起。上颚咀嚼缘具7个齿。唇基具中央纵脊，前缘轻度隆起。额脊接近头后角，额叶发达，遮盖触角窝，触角沟浅凹。触角12节，柄节未到达头后角，触角棒3节。复眼中等大，位于头中线上。侧面观胸部背面中度隆起呈弓形，前中胸背板缝和后胸沟消失；并胸腹节背面浅凹，并胸腹节刺中等长。腹柄小柄短于腹柄结，腹柄结近梯形，后上角高于前上角，背面中度隆起；后腹柄结背面圆形隆起。后腹部长卵形，腹末具螫针。背面观腹柄结和后腹柄结近梯形。上颚具细纵条纹；头胸部具网状皱纹；腹柄、后腹柄和后腹部光滑，腹柄侧面具稀疏纵条纹。身体背面具稀疏立毛和倾斜绒毛被。身体红棕色，后腹部中部浅黑色，附肢黄棕色。

【生态学特性】 栖息于泸水西坡、坝湾西坡海拔1650~2000m的季风常绿阔叶林、中山常绿阔叶林、针阔混交林内，在地表、土壤内觅食，在土壤内筑巢。

汤加铺道蚁

Tetramorium tonganum Mayr, 1870

【分类地位】 切叶蚁亚科Myrmicinae / 铺道蚁属*Tetramorium* Mayr, 1855

【形态特征】 工蚁体长2.6～3.1mm。正面观头部近梯形，后缘平直，后角宽圆，侧缘轻度隆起。上颚咀嚼缘具7个齿。唇基具中央纵脊，前缘中度隆起。额脊接近头后角，额叶发达，遮盖触角窝，触角沟浅凹。触角12节，柄节未到达头后角，触角棒3节。复眼中等大，位于头中线上。侧面观胸部背面中度隆起呈弓形，前中胸背板缝和后胸沟消失；并胸腹节背面近平直，并胸腹节刺中等长。腹柄小柄较细，短于腹柄结，腹柄结近梯形，背面轻度隆起；后腹柄结轻度后倾，背面中度隆起。后腹部长卵形，腹末具螫针。背面观腹柄结和后腹柄结近梯形。上颚具稀疏纵条纹；头前部具纵皱纹，后部和两侧呈网状皱纹；胸部具网状皱纹；腹柄和后腹柄侧面具细网纹，腹柄背面、后腹柄背面和后腹部光滑。身体背面具丰富立毛和倾斜绒毛被。身体黄棕色，附肢棕黄色。

【生态学特性】 栖息于高黎贡山南部低海拔区域的山地雨林、常绿阔叶林、针阔混交林内，在地表觅食。

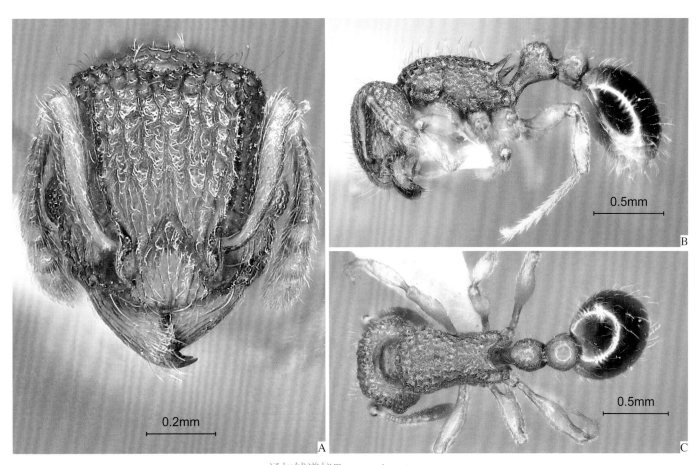

汤加铺道蚁*Tetramorium tonganum*

A. 工蚁头部正面观；B. 工蚁整体侧面观；C. 工蚁整体背面观

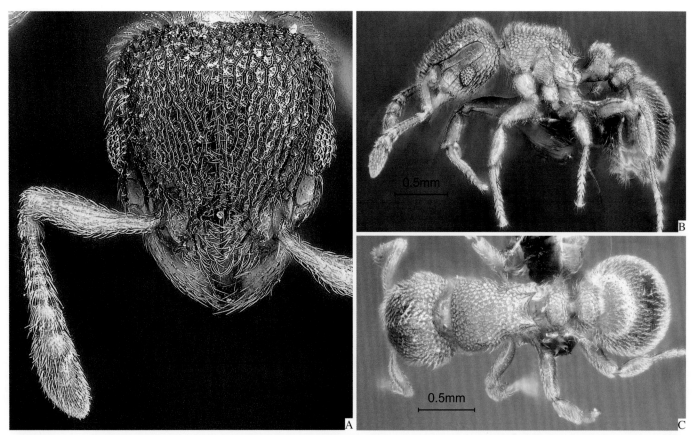

沃尔什铺道蚁*Tetramorium walshi*
A. 工蚁头部正面观；B. 工蚁整体侧面观；C. 工蚁整体背面观

沃尔什铺道蚁

Tetramorium walshi (Forel, 1890)

【分类地位】 切叶蚁亚科Myrmicinae / 铺道蚁属*Tetramorium* Mayr, 1855

【形态特征】 工蚁体长1.9～2.2mm。正面观头部近梯形，后缘平直，后角宽圆，侧缘轻度隆起。上颚咀嚼缘具7个齿。唇基具中央纵脊，前缘轻度隆起。额脊接近头后角，额叶发达，遮盖触角窝，触角沟深凹。触角12节，柄节未到达头后角，触角棒3节。复眼中等大，位于头中线上。侧面观胸部背面中度隆起呈弓形，前中胸背板缝和后胸沟消失；并胸腹节背面近平直，并胸腹节刺中等长。腹柄小柄短于腹柄结，腹柄结近三角形，顶端窄圆；后腹柄结轻度前倾，背面圆形隆起。后腹部长卵形，腹末具螫针。背面观腹柄结和后腹柄结横椭圆形。上颚具纵条纹；头前部具纵皱纹，后部和两侧呈网状皱纹；胸部、腹柄和后腹柄具网状皱纹；后腹部光滑，基部背面具细纵条纹。身体背面具稠密三叉状毛和简单毛，后腹部仅具三叉状毛。身体暗棕色，附肢黄棕色。

【生态学特性】 栖息于坝湾东坡海拔1500m的针阔混交林内，在地表、土壤内觅食，在土壤内筑巢。

罗氏铺道蚁

Tetramorium wroughtonii (Forel, 1902)

【分类地位】　切叶蚁亚科Myrmicinae ／铺道蚁属*Tetramorium* Mayr, 1855

【形态特征】　工蚁体长2.6~2.8mm。正面观头部近心形，后缘中度凹入，后角宽圆，侧缘轻度隆起。上颚咀嚼缘具8个齿。唇基具中央纵脊，前缘强烈隆起。额脊很短，额叶发达，遮盖触角窝，缺触角沟。触角12节，柄节稍超过头后角，触角棒3节。复眼中等大，位于头中线之后。侧面观前中胸背板中度隆起呈弓形，前中胸背板缝消失，后胸沟角状凹陷；并胸腹节背面直，并胸腹节刺长。腹柄小柄短于腹柄结，腹柄结近方形，后倾，背面轻度隆起，腹面中度隆起；后腹柄结背面圆形隆起。后腹部长卵形，腹末具螫针。背面观腹柄结近三角形，后腹柄结横椭圆形。上颚具纵条纹；头部背面具纵皱纹和细刻点，两侧呈网状皱纹；胸部具细网纹和细刻点；腹柄和后腹柄具密集刻点；后腹部光滑，基部背面具细纵条纹。身体背面具稀疏钝立毛和倾斜绒毛被。身体黄棕色。

【生态学特性】　栖息于坝湾东坡、龙陵西坡海拔1250~1750m的干热河谷稀树灌丛、季风常绿阔叶林、针阔混交林内，在植物上、地表、土壤内觅食，在土壤内筑巢。

罗氏铺道蚁*Tetramorium wroughtonii*

A. 工蚁头部正面观；B. 工蚁整体侧面观；C. 工蚁整体背面观

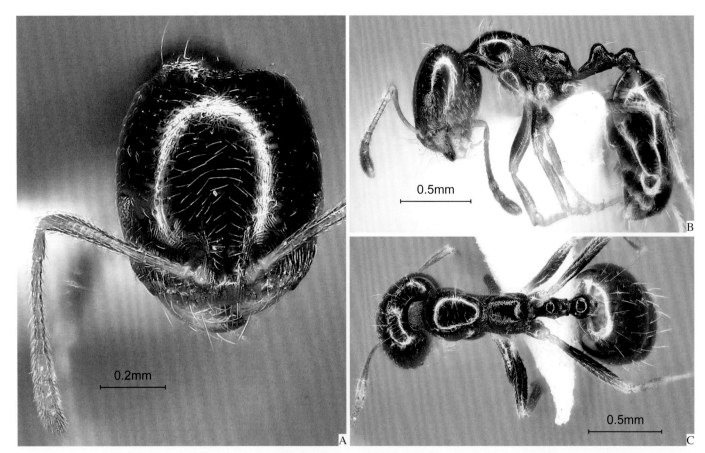

迈尔毛发蚁*Trichomyrmex mayri*

A. 工蚁头部正面观；B. 工蚁整体侧面观；C. 工蚁整体背面观

迈尔毛发蚁

Trichomyrmex mayri (Forel, 1902)

【分类地位】 切叶蚁亚科Myrmicinae / 毛发蚁属*Trichomyrmex* Mayr, 1865

【形态特征】 工蚁体长2.1～2.9mm。正面观头部近长方形，后缘近平直，后角宽圆，侧缘轻度隆起。上颚咀嚼缘具4个齿。唇基横形，前缘中度隆起。额脊短，额叶发达，遮盖触角窝。触角12节，柄节接近头后角，触角棒3节。复眼较小，位于头中线之前。侧面观前中胸背板强烈隆起呈弓形，前中胸背板缝消失，后胸沟深凹；并胸腹节背面轻度隆起，长于斜面，后上角宽圆。腹柄小柄稍短于腹柄结，腹柄结近锥形，顶端窄圆；后腹柄结背面圆形隆起。后腹部近梭形，腹末具螫针。背面观腹柄结横椭圆形，后腹柄结近梯形。上颚具纵条纹；头部光滑，前部1/4具纵皱纹；前中胸背板光滑，中胸侧板和后胸侧板具刻点，并胸腹节背面具横皱纹；腹柄、后腹柄和后腹部光滑。身体背面具极稀疏立毛和平伏绒毛被，头部绒毛被丰富。身体黑棕色，后腹部黑色，附肢黄棕色。

【生态学特性】 栖息于坝湾东坡、龙陵西坡、龙陵东坡海拔1250～1500m的针阔混交林、云南松林内，在地表、土壤内觅食，在土壤内筑巢。

埃氏扁胸蚁
Vollenhovia emeryi Wheeler, 1906

【分类地位】　切叶蚁亚科Myrmicinae ╱ 扁胸蚁属*Vollenhovia* Mayr, 1865

【形态特征】　工蚁体长2.2～2.4mm。正面观头部近长方形，后缘中度凹入，后角宽圆，侧缘近平行。上颚咀嚼缘具6个齿。唇基背面中央具1对向前分歧的纵脊，前缘中部微凹。额脊短，额叶发达，遮盖触角窝。触角12节，柄节未到达头后角，触角棒3节。复眼中等大，位于头中线上。侧面观胸部背面轻度隆起，缺前中胸背板缝和后胸沟；并胸腹节背面轻度隆起，长于斜面，后上角钝角状。腹柄前面缺小柄，腹柄结近梯形，前上角高于后上角，背面轻度隆起，腹柄下突发达，近三角形；后腹柄结背面圆形隆起。后腹部近梭形，腹末具螫针。背面观腹柄结和后腹柄结近梯形。上颚光滑；头部具网状皱纹，背面中央具纵皱纹；胸部、腹柄和后腹柄具细网纹和密集刻点，前胸背面具纵皱纹和细刻点；后腹部光滑，第一节背面具稀疏具毛粗刻点。身体背面具稀疏立毛和密集倾斜绒毛被。身体红棕色，附肢黄棕色。

【生态学特性】　栖息于福贡东坡海拔1750～2000m的季风常绿阔叶林、中山常绿阔叶林内，在朽木内、地被下觅食。

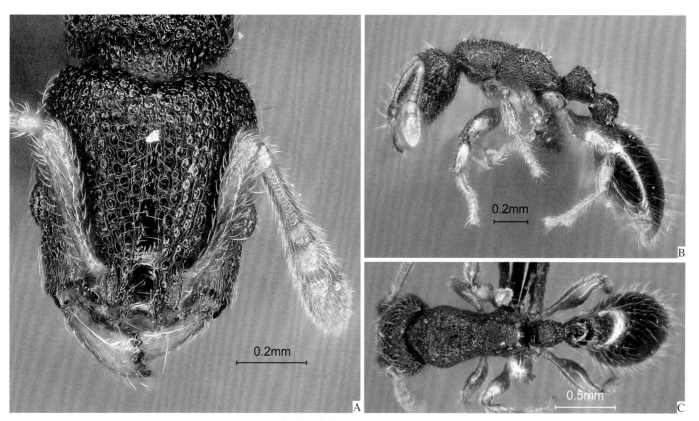

埃氏扁胸蚁*Vollenhovia emeryi*

A. 工蚁头部正面观；B. 工蚁整体侧面观；C. 工蚁整体背面观

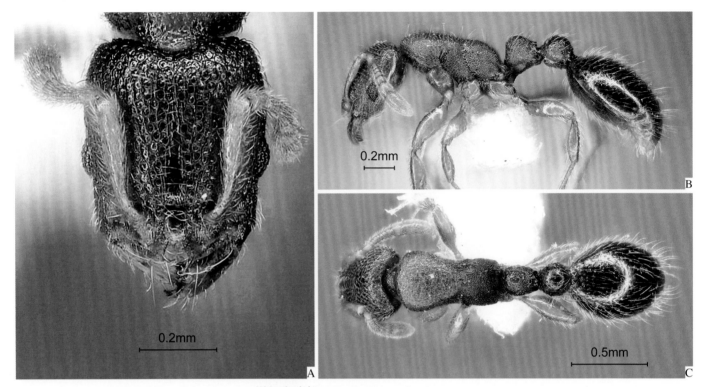

褐红扁胸蚁*Vollenhovia pyrrhoria*

A. 工蚁头部正面观；B. 工蚁整体侧面观；C. 工蚁整体背面观

褐红扁胸蚁

Vollenhovia pyrrhoria Wu & Xiao, 1989

【分 类 地 位】 切叶蚁亚科Myrmicinae / 扁胸蚁属*Vollenhovia* Mayr, 1865

【形 态 特 征】 工蚁体长2.7～2.8mm。正面观头部近梯形，向前变窄，后缘浅凹，后角窄圆，侧缘轻度隆起。上颚咀嚼缘具6个齿。唇基背面中央具1对向前分歧的纵脊，前缘中部微凹。额脊短，额叶发达，遮盖触角窝。触角12节，柄节未到达头后角，触角棒3节。复眼中等大，位于头中线上。侧面观前中胸背板轻度隆起，缺前中胸背板缝和后胸沟；并胸腹节背面轻度隆起，稍长于斜面，后上角宽圆。腹柄前面缺小柄，腹柄结近锥形，轻度前倾，顶端窄圆，腹柄下突发达，近三角形；后腹柄结背面圆形隆起。后腹部近梭形，腹末具螫针。背面观腹柄结和后腹柄结近梯形。上颚光滑；头部具网状皱纹；胸部和腹柄具细网纹，前胸背面网眼较大；后腹柄和后腹部光滑，后腹部背面具稀疏具毛粗刻点。身体背面具稀疏立毛和密集倾斜绒毛被。身体棕黑色，附肢黄棕色。

【生态学特性】 栖息于高黎贡山中部、南部中低海拔区域的山地雨林、常绿阔叶林、针阔混交林内，在地表觅食。

小眼时臭蚁

Chronoxenus myops (Forel, 1895)

【分类地位】　臭蚁亚科Dolichoderinae／时臭蚁属*Chronoxenus* Santschi, 1919

【形态特征】　工蚁体长2.2～2.5mm。正面观头部近梯形，向前变窄，后缘近平直，后角窄圆，侧缘轻度隆起。上颚咀嚼缘具6个齿。唇基前缘中部角状凹入。缺额脊，额叶狭窄，触角窝大部外露。触角12节，柄节稍超过头后角，鞭节向端部轻度变粗。复眼较小，位于头中线稍前处。侧面观前中胸背板中度隆起，前中胸背板缝明显，后胸沟浅凹；并胸腹节背面直，长于斜面，后上角极钝。腹柄结矮小，楔形，前倾。后腹部长卵形，第一节前面前倾，覆盖于腹柄上方，腹末开口横缝状。上颚具稀疏具毛刻点；身体光滑。身体背面具密集平伏短绒毛被，头前部和后腹部具少数立毛。身体浅黄色，复眼浅黑色。

【生态学特性】　栖息于坝湾东坡海拔1000m的干热河谷稀树灌丛内，在地表觅食。

小眼时臭蚁*Chronoxenus myops*

A. 工蚁头部正面观；B. 工蚁整体侧面观；C. 工蚁整体背面观

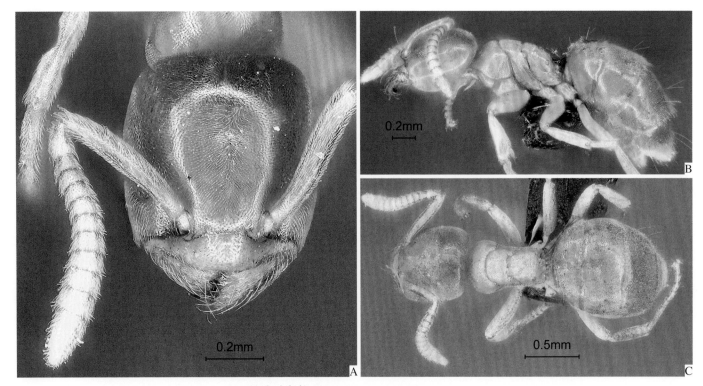

罗氏时臭蚁*Chronoxenus wroughtonii*
A. 工蚁头部正面观；B. 工蚁整体侧面观；C. 工蚁整体背面观

罗氏时臭蚁

Chronoxenus wroughtonii (Forel, 1895)

【分类地位】 臭蚁亚科Dolichoderinae ／ 时臭蚁属*Chronoxenus* Santschi, 1919

【形态特征】 工蚁体长2.0～2.2mm。正面观头部近梯形，后缘近平直，后角宽圆，侧缘中度隆起。上颚咀嚼缘具6个齿。唇基前缘中部近平直。缺额脊，额叶狭窄，触角窝大部外露。触角12节，柄节稍超过头后角，鞭节向端部轻度变粗。复眼较小，位于头中线稍前处。侧面观前中胸背板较高，前中胸背板缝浅凹，后胸沟深凹；并胸腹节背面很短，中度隆起，后上角宽圆；斜面坡形，约为背面长的3倍。腹柄结矮小，楔形，前倾。后腹部长卵形，第一节前面前倾，覆盖于腹柄上方，腹末开口横缝状。上颚具稀疏具毛刻点；身体光滑。身体背面具密集平伏短绒毛被，头前部和后腹部具少数立毛。身体黄棕色，后腹部黑棕色，复眼黑色。

【生态学特性】 栖息于泸水东坡、坝湾东坡海拔1000m的干热河谷稀树灌丛内，在地表觅食。

邻臭蚁
Dolichoderus affinis Emery, 1889

【分类地位】　臭蚁亚科Dolichoderinae ／臭蚁属*Dolichoderus* Lund，1831

【形态特征】　工蚁体长3.6～4.7mm。正面观头部近梯形，向前变窄，后缘近平直，后角宽圆，侧缘中度隆起。上颚咀嚼缘约具13个齿。唇基前缘中部轻度凹入。额脊较短，额叶狭窄，部分遮盖触角窝。触角12节，柄节超过头后角，鞭节丝状。复眼中等大，位于头中线上。侧面观前胸背板平直，前中胸背板缝明显；中胸背板前部隆起，后部坡形，后胸沟深凹；并胸腹节背面中度隆起，后上角尖齿状，斜面短于背面。腹柄结厚，近锥形，前倾。后腹部长卵形，第一节前面强烈隆起，覆盖于腹柄上方，腹末开口横缝状。上颚具稀疏具毛刻点；头胸部具密集刻点，中胸背面后部、中胸侧板、后胸侧板和并胸腹节侧面具纵皱纹；腹柄和后腹部光滑。身体背面具稀疏短立毛和密集平伏绒毛被。身体暗红棕色，附肢黄棕色。

【生态学特性】　栖息于坝湾东坡、龙陵东坡海拔1000～1250m的干热河谷稀树灌丛、针阔混交林内，在植物上、地被下、地表、土壤内觅食，在土壤内筑巢。

邻臭蚁*Dolichoderus affinis*

A. 工蚁头部正面观；B. 工蚁整体侧面观；C. 工蚁整体背面观

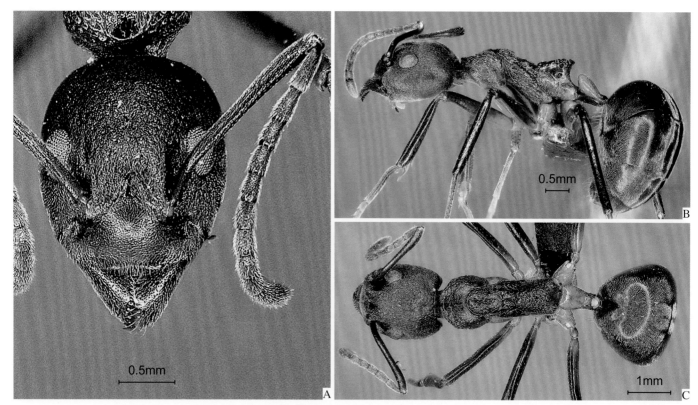

费氏臭蚁*Dolichoderus feae*

A. 工蚁头部正面观；B. 工蚁整体侧面观；C. 工蚁整体背面观

费氏臭蚁

Dolichoderus feae Emery, 1889

【**分类地位**】 臭蚁亚科Dolichoderinae ∕ 臭蚁属*Dolichoderus* Lund，1831

【**形态特征**】 工蚁体长5.5~6.8mm。正面观头部近梯形，向前变窄，后缘轻度隆起，后角宽圆，侧缘中度隆起。上颚咀嚼缘约具12个齿。唇基前缘近平直。额脊中等长，额叶三角形，部分遮盖触角窝。触角12节，柄节超过头后角，鞭节丝状。复眼中等大，位于头中线稍后处。侧面观前胸背板平坦，前端具边缘，前中胸背板缝明显，中胸背板前上角隆起呈钝角状，后胸沟角状深凹；并胸腹节背面轻微隆起，后上角向后延伸呈钝齿状，斜面短于背面。腹柄结厚，近锥形，前倾。后腹部长卵形，第一节前面强烈隆起，覆盖于腹柄上方，腹末开口横缝状。上颚具细密刻点；头胸部具细密刻点，中胸和并胸腹节具网状皱纹；腹柄和后腹部光滑。身体背面具密集平伏短绒毛被，缺立毛。身体黑色，有时胸部和腹柄棕红色，附肢黄棕色。

【**生态学特性**】 栖息于高黎贡山南部中低海拔区域的山地雨林、常绿阔叶林、针阔混交林内，在植物上、地表觅食。

鳞结臭蚁

Dolichoderus squamanodus Xu, 2001

【分类地位】　臭蚁亚科Dolichoderinae / 臭蚁属*Dolichoderus* Lund，1831

【形态特征】　工蚁体长2.7～3.7mm。正面观头部近梯形，向前变窄，后缘近平直，后角宽圆，侧缘中度隆起。上颚咀嚼缘具11个齿。唇基前缘中央轻度凹入。额脊中等长，额叶狭窄，部分遮盖触角窝。触角12节，柄节稍超过头后角，鞭节向端部轻度变粗。复眼中等大，位于头中线上。侧面观前胸背板浅凹，前中胸背板缝浅凹，中胸背板近平直，后胸沟深切；并胸腹节背面平坦，前上角钝角状，后上角向后延伸呈尖角状，斜面与背面等长。腹柄结较薄，鳞片状，轻度前倾，顶端尖锐。后腹部长卵形，第一节前面强烈隆起，覆盖于腹柄后上方，腹末开口横缝状。上颚具密集微刻点；头部具均匀一致的网状刻纹；胸部背面具密集凹坑，前胸背面、中胸侧板和并胸腹节侧面具粗糙纵皱纹，前胸侧面下部和后胸侧板具细网纹；腹柄和后腹部光滑。身体背面具稀疏立毛和丰富平伏短绒毛被。头胸部黑色，腹柄和后腹部暗红棕色，附肢黄棕色。

【生态学特性】　栖息于坝湾东坡、龙陵东坡海拔1000～1500m的针阔混交林内，在植物上、地被下、地表、土壤内觅食，在树皮下、朽木内、土壤内筑巢。

鳞结臭蚁*Dolichoderus squamanodus*

A. 工蚁头部正面观；B. 工蚁整体侧面观；C. 工蚁整体背面观

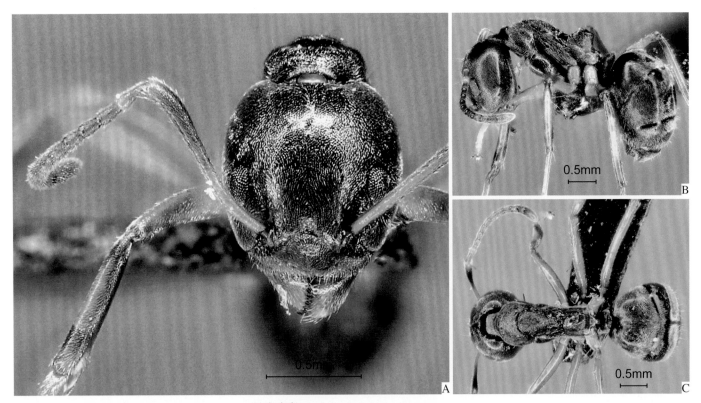

黑腹臭蚁*Dolichoderus taprobanae*

A. 工蚁头部正面观；B. 工蚁整体侧面观；C. 工蚁整体背面观

黑腹臭蚁

Dolichoderus taprobanae (Smith, 1858)

【**分类地位**】 臭蚁亚科Dolichoderinae／臭蚁属*Dolichoderus* Lund，1831

【**形态特征**】 工蚁体长2.9~3.3mm。正面观头部近梯形，向前变窄，后缘近平直，后角宽圆，侧缘中度隆起。上颚咀嚼缘约具11个齿。唇基前缘中部近平直。额脊中等长，额叶狭窄，部分遮盖触角窝。触角12节，柄节超过头后角，鞭节丝状。复眼中等大，位于头中线上。侧面观前胸背板平坦，前中胸背板缝明显，中胸背板前中部隆起呈钝角状，后胸沟角状深凹；并胸腹节背面轻度隆起，后上角近直角形，斜面稍短于背面。腹柄结较厚，近锥形，前倾，顶端较尖。后腹部长卵形，第一节前面强烈隆起，覆盖于腹柄后上方，腹末开口横缝状。上颚具稀疏具毛刻点；头部光滑或具微刻点；胸部具密集细刻点，前胸具微刻点；腹柄和后腹部光滑。身体背面具稀疏立毛和丰富平伏绒毛被。身体暗红棕色，后腹部黑色，附肢棕黄色。

【**生态学特性**】 栖息于泸水东坡、坝湾西坡、坝湾东坡、龙陵西坡海拔750~1500m的干热河谷稀树灌丛、干性常绿阔叶林、季风常绿阔叶林、针阔混交林内，在植物上、地表、土壤内觅食，在朽木内筑巢。

扁平虹臭蚁

Iridomyrmex anceps (Roger, 1863)

【分类地位】 臭蚁亚科Dolichoderinae / 虹臭蚁属*Iridomyrmex* Mayr, 1862

【形态特征】 工蚁体长2.8～4.1mm。正面观头部近梯形，向前变窄，后缘平直，后角宽圆，侧缘中度隆起。上颚三角形，咀嚼缘约具11个齿。唇基前缘中央轻度隆起呈钝角状，中央两侧轻度凹入。额脊较短，额叶狭窄，部分遮盖触角窝。触角12节，柄节超过头后角，鞭节丝状。复眼较大，位于头中线上。侧面观前胸背板中度隆起呈弓形，前中胸背板缝明显，中胸背板平直，后胸沟深凹；并胸腹节背面轻度隆起，后上角宽圆，斜面稍长于背面。腹柄结较厚，锥形，轻度前倾，顶端较尖。后腹部卵形，第一节前面强烈隆起，覆盖于腹柄后上方，腹末开口横缝状。上颚具稀疏具毛刻点；身体具细密微刻点。身体背面具极稀疏短立毛和密集平伏绒毛被。身体暗红棕色至黑色，附肢红棕色至浅黄色。

【生态学特性】 栖息于龙陵东坡海拔1750m的针阔混交林内，在地表、土壤内觅食，在土壤内筑巢。

扁平虹臭蚁*Iridomyrmex anceps*

A. 工蚁头部正面观；B. 工蚁整体侧面观；C. 工蚁整体背面观

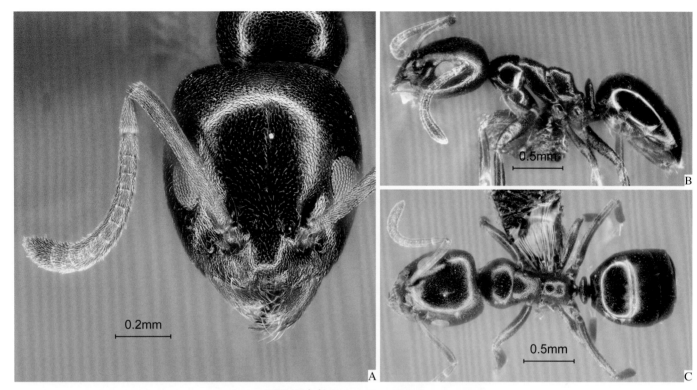

无毛凹臭蚁*Ochetellus glaber*

A. 工蚁头部正面观；B. 工蚁整体侧面观；C. 工蚁整体背面观

无毛凹臭蚁

Ochetellus glaber (Mayr, 1862)

【分类地位】 臭蚁亚科Dolichoderinae / 凹臭蚁属*Ochetellus* Shattuck, 1992

【形态特征】 工蚁体长2.1~2.4mm。正面观头部近梯形，向前变窄，后缘近平直，后角宽圆，侧缘中度隆起。上颚咀嚼缘约具8个齿。唇基前缘中部轻度宽形凹入。额脊较短，额叶狭窄，部分遮盖触角窝。触角12节，柄节稍超过头后角，鞭节向端部轻度变粗。复眼中等大，位于头中线上。侧面观前中胸背板中度隆起呈弓形，前中胸背板缝明显，后胸沟角状深凹；并胸腹节背面水平，近平直，后上角近直角形，斜面约与背面等长。腹柄结鳞片状，轻度前倾，顶端较尖。后腹部长卵形，第一节前面轻度隆起，覆盖于腹柄后上方，腹末开口横缝状。上颚具网状微刻纹和稀疏细刻点；头胸部具密集微刻点；腹柄和后腹部光滑。身体背面具密集平伏绒毛被，头前部和腹末具少数立毛。身体黑色至暗红棕色，附肢黑色至黑棕色。

【生态学特性】 栖息于泸水东坡、坝湾东坡海拔1000~2000m的干热河谷稀树灌丛、中山常绿阔叶林、针阔混交林、云南松林内，在植物上、地表、土壤内觅食，在朽木内、石下、土壤内筑巢。

黑头酸臭蚁

Tapinoma melanocephalum (Fabricius, 1793)

【分类地位】 臭蚁亚科Dolichoderinae / 酸臭蚁属*Tapinoma* Foerster, 1850

【形态特征】 工蚁体长1.5~2.0mm。正面观头部近长方形，后缘轻度隆起，后角宽圆，侧缘轻度隆起。上颚咀嚼缘约具14个齿。唇基前缘中央轻度凹入，前侧缘轻度隆起。额脊较短，额叶狭窄，部分遮盖触角窝。触角12节，柄节超过头后角，鞭节向端部轻度变粗。复眼中等大，位于头中线稍前处。侧面观前胸背板轻度隆起，前中胸背板缝明显，中胸背板平直，后胸沟钝角状浅凹；并胸腹节背面短，轻微隆起，后上角宽圆，斜面约为背面长的3倍。腹柄近圆柱形，长大于高，前缘隆起呈低矮前倾的腹柄结。后腹部近三角形，第一节前上角突出近直角形，覆盖于腹柄上方，端节短小，位于第四节下方，腹末开口横缝状。上颚具稀疏细刻点；身体光滑。身体背面具密集平伏绒毛被，头前部和腹末具少数立毛。头胸部黑色至浅黑色；附肢、腹柄和后腹部白色至浅黄色。

【生态学特性】 栖息于泸水东坡、坝湾东坡、龙陵东坡海拔750~1750m的干热河谷稀树灌丛、干性常绿阔叶林、季风常绿阔叶林、针阔混交林、云南松林内，在植物上、地表、土壤内觅食，在朽木内、土壤内筑巢。

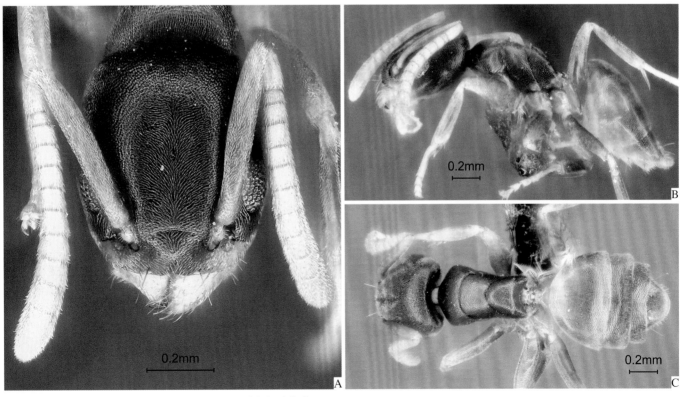

黑头酸臭蚁*Tapinoma melanocephalum*

A. 工蚁头部正面观；B. 工蚁整体侧面观；C. 工蚁整体背面观

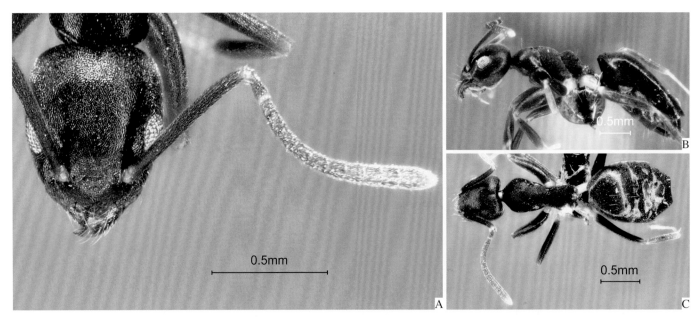

白足狡臭蚁*Technomyrmex albipes*
A. 工蚁头部正面观；B. 工蚁整体侧面观；C. 工蚁整体背面观

白足狡臭蚁

Technomyrmex albipes (Smith, 1861)

【分类地位】 臭蚁亚科Dolichoderinae / 狡臭蚁属*Technomyrmex* Mayr, 1872

【形态特征】 工蚁体长2.2～2.7mm。正面观头部近梯形，向前变窄，后缘中央浅凹，两侧轻度隆起，后角宽圆，侧缘中度隆起。上颚咀嚼缘约具8个齿。唇基前缘中央宽形浅凹，两侧轻度隆起。额脊较短，额叶狭窄，部分遮盖触角窝。触角12节，柄节超过头后角，鞭节丝状。复眼中等大，位于头中线稍前处。侧面观前胸背板轻度隆起，前中胸背板缝明显，中胸背板中度隆起，后胸沟角状深凹；并胸腹节背面轻度隆起，后上角窄圆，斜面约为背面长的2倍。腹柄棒状，前缘隆起呈低矮前倾的腹柄结。后腹部近梭形，第一节前面强烈隆起呈角状，覆盖于腹柄上方，端节短小，开口横缝状。上颚具极稀疏具毛刻点；头胸部具密集细刻点；后腹部具网状微刻纹。身体背面具密集平伏绒毛被，头前部和后腹部具稀疏立毛。身体黑色，上颚暗棕色，跗节白色。

【生态学特性】 栖息于坝湾东坡、龙陵东坡海拔750～1250m的干热河谷稀树灌丛、干性常绿阔叶林、针阔混交林内，在植物上、地表、土壤内觅食，在朽木内、土壤内筑巢。

长角狡臭蚁

Technomyrmex antennus Zhou, 2001

【分类地位】 臭蚁亚科Dolichoderinae / 狡臭蚁属*Technomyrmex* Mayr, 1872

【形态特征】 工蚁体长3.0~4.2mm。正面观头部近心形，向前变窄，后缘浅凹，后角宽圆，侧缘中度隆起。上颚咀嚼缘约具11个齿。唇基前缘中央倒"U"形深凹。额脊较短，额叶狭窄，部分遮盖触角窝。触角12节，柄节超过头后角，鞭节丝状。复眼中等大，位于头中线上。侧面观前中胸背板中度隆起呈弓形，前中胸背板缝明显，后胸沟角状深凹；并胸腹节背面近平直，向后升高，后上角钝角状，斜面约与背面等长。腹柄圆柱形，前缘隆起呈低矮前倾的腹柄结。后腹部长卵形，第一节前面强烈隆起呈角状，覆盖于腹柄上方，端节短小，开口横缝状。上颚光滑；头部和后腹部具细密微刻点；胸部具密集细刻点。身体背面具密集平伏绒毛被，头前部和后腹部末端具少数立毛。身体黑棕色，后腹部棕黑色，附肢黄棕色至黄白色。

【生态学特性】 栖息于龙陵东坡海拔1750m的针阔混交林内，在地表觅食。

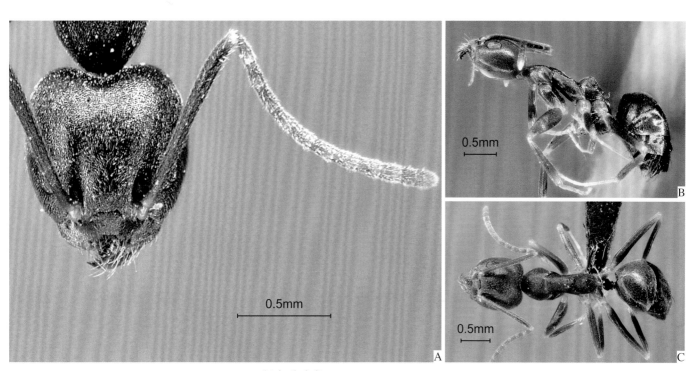

长角狡臭蚁*Technomyrmex antennus*

A. 工蚁头部正面观；B. 工蚁整体侧面观；C. 工蚁整体背面观

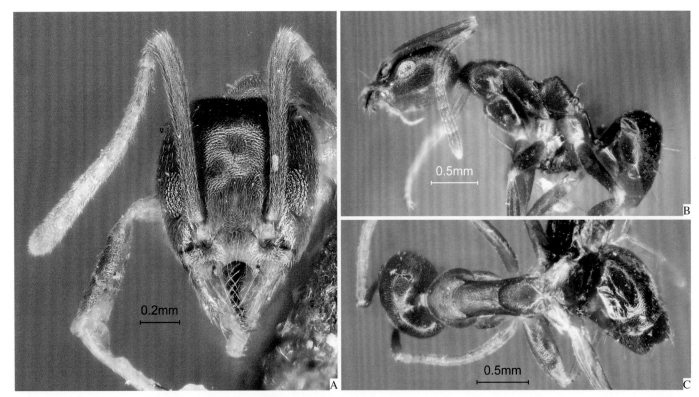

二色狡臭蚁*Technomyrmex bicolor*

A. 工蚁头部正面观；B. 工蚁整体侧面观；C. 工蚁整体背面观

二色狡臭蚁

Technomyrmex bicolor Emery, 1893

【分类地位】臭蚁亚科Dolichoderinae／狡臭蚁属*Technomyrmex* Mayr, 1872

【形态特征】工蚁体长2.5～2.7mm。正面观头部近梯形，向前变窄，后缘近平直，后角宽圆，侧缘中度隆起。上颚咀嚼缘约具10个齿。唇基前缘中央倒"U"形深凹。额脊较短，额叶狭窄，部分遮盖触角窝。触角12节，柄节超过头后角，鞭节丝状。复眼中等大，位于头中线稍前处。侧面观前中胸背板中度隆起呈弓形，前中胸背板缝明显，后胸沟角状深凹；并胸腹节背面轻微隆起，向后升高，后上角钝角状，斜面约为背面长的1.2倍。腹柄圆柱形，前缘隆起呈低矮前倾的腹柄结。后腹部长卵形，第一节前面强烈隆起呈角状，覆盖于腹柄上方，端节短小，开口横缝状。上颚光滑；头胸部具细密刻点；后腹部光滑。身体背面具丰富平伏绒毛被，头前部和后腹部具稀疏立毛。头部和后腹部黑棕色，胸部、腹柄和附肢棕黄色。

【生态学特性】栖息于泸水东坡、坝湾东坡、龙陵西坡海拔1000～1500m的针阔混交林内，在地表、土壤内觅食。

高狄臭蚁

Technomyrmex elatior Forel, 1902

【**分类地位**】 臭蚁亚科Dolichoderinae／狄臭蚁属*Technomyrmex* Mayr, 1872

【**形态特征**】 工蚁体长2.6～3.2mm。正面观头部近方形，后缘轻度凹入，后角宽圆，侧缘中度隆起。上颚咀嚼缘约具10个齿。唇基前缘中央钝角状深凹。额脊较短，额叶狭窄，部分遮盖触角窝。触角12节，柄节超过头后角，鞭节向端部轻度变粗。复眼中等大，位于头中线稍前处。侧面观前中胸背板中度隆起呈弓形，前中胸背板缝明显，后胸沟角状深凹；并胸腹节背面近平直，向后升高，后上角钝角状，斜面约为背面长的1.6倍。腹柄近棒状，前缘隆起呈低矮前倾的腹柄结。后腹部长卵形，第一节前面强烈隆起呈角状，覆盖于腹柄上方，端节短小，开口横缝状。上颚光滑；头胸部具细密微刻点；后腹部具网状微刻纹。身体背面具极稀疏立毛和密集平伏绒毛被。身体黑色，附肢棕红色至浅黄色。

【**生态学特性**】 栖息于龙陵西坡海拔1000m的山地雨林内，在地表、土壤内觅食，在地被内筑巢。

高狄臭蚁*Technomyrmex elatior*

A. 工蚁头部正面观；B. 工蚁整体侧面观；C. 工蚁整体背面观

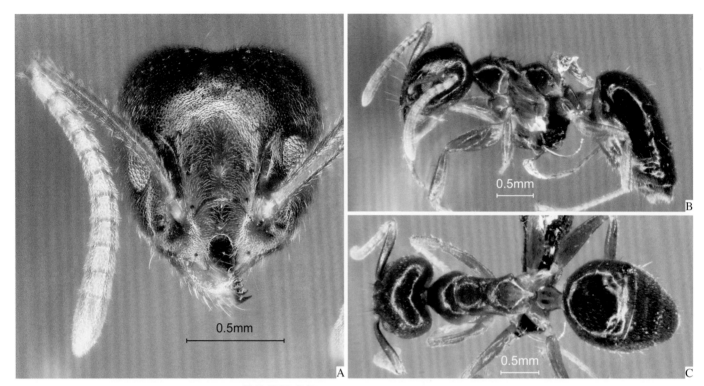

普拉特狡臭蚁*Technomyrmex pratensis*
A. 工蚁头部正面观；B. 工蚁整体侧面观；C. 工蚁整体背面观

普拉特狡臭蚁

Technomyrmex pratensis (Smith, 1860)

【分类地位】 臭蚁亚科Dolichoderinae / 狡臭蚁属*Technomyrmex* Mayr, 1872

【形态特征】 工蚁体长2.5～3.2mm。正面观头部近心形，向前变窄，后缘中央中度凹入，后角宽圆，侧缘中度隆起。上颚咀嚼缘约具10个齿。唇基前缘中央倒"U"形深凹。额脊较长，额叶狭窄，部分遮盖触角窝。触角12节，柄节超过头后角，鞭节向端部轻度变粗。复眼中等大，位于头中线稍前处。侧面观前中胸背板中度隆起呈弓形，前中胸背板缝明显，后胸沟角状深凹；并胸腹节背面中度隆起，后上角宽圆，斜面约为背面长的2倍。腹柄棒状，前缘隆起呈低矮前倾的腹柄结。后腹部长卵形，第一节前面强烈隆起呈角状，覆盖于腹柄上方，端节短小，开口横缝状。上颚光滑；身体光滑。身体背面具密集平伏短绒毛被，头部具少数立毛，后腹部具稀疏粗长立毛。身体黑棕色，后腹部黑色，附肢棕黄色。

【生态学特性】 栖息于贡山东坡、坝湾东坡海拔1000～2500m的干热河谷稀树灌丛、针阔混交林内，在地表、土壤内觅食。

长足捷蚁

Anoplolepis gracilipes (Smith, 1857)

【分类地位】 蚁亚科Formicinae ／ 捷蚁属*Anoplolepis* Santschi, 1914

【形态特征】 工蚁体长3.8～5.1mm。正面观头部近长方形，后缘圆形隆起，后角宽圆，侧缘轻度隆起。上颚长三角形，咀嚼缘具7个齿。唇基前缘强烈隆起呈钝角状。额脊很短，额叶狭窄，部分遮盖触角窝。触角11节，柄节约2/3超过头后角，鞭节丝状。复眼大，位于头中线之后。侧面观前胸背板伸长，背面轻微隆起，颈部细，前中胸背板缝明显，中胸背板轻微凹入，后胸沟浅凹；并胸腹节背面轻度隆起，后上角窄圆，斜面约与背面等长。腹柄结厚，近梯形，轻度前倾，背面中度隆起。后腹部长卵形，末端突出呈锥形，开口圆形，具1圈放射状短毛。背面观腹柄结近方形。上颚和身体光滑。身体背面具丰富平伏短绒毛被，头部和后腹部具稀疏立毛。身体浅黄色至黄色，后腹部黄棕色至浅黑色，复眼黑色。

【生态学特性】 栖息于泸水东坡、坝湾东坡、龙陵西坡、龙陵东坡海拔750～1250m的干热河谷稀树灌丛、干性常绿阔叶林、季风常绿阔叶林、针阔混交林、云南松林内，在植物上、地表、土壤内觅食，在土壤内筑巢。

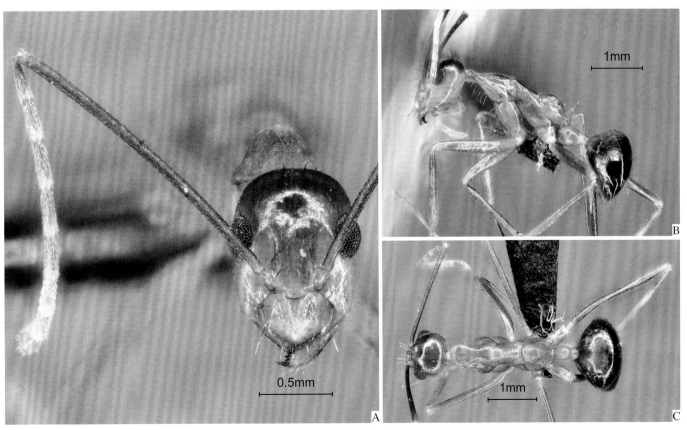

长足捷蚁*Anoplolepis gracilipes*

A.工蚁头部正面观；B.工蚁整体侧面观；C.工蚁整体背面观

203

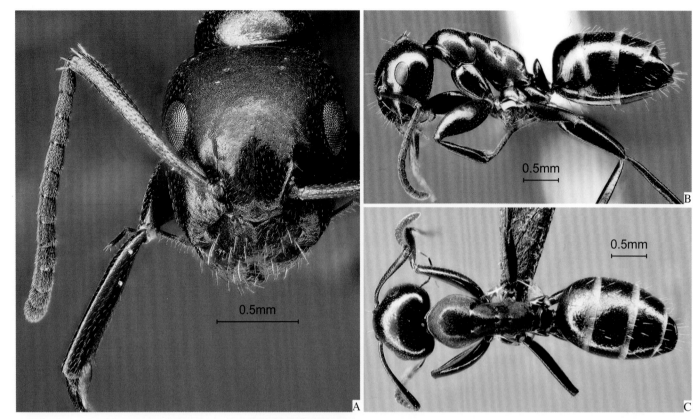

安宁弓背蚁*Camponotus anningensis*
A. 小型工蚁头部正面观；B. 小型工蚁整体侧面观；C. 小型工蚁整体背面观

安宁弓背蚁
Camponotus anningensis Wu & Wang, 1989

【分类地位】 蚁亚科Formicinae / 弓背蚁属*Camponotus* Mayr, 1861

【形态特征】 小型工蚁体长4.4~5.7mm。正面观头部近梯形，后缘轻度隆起，后角宽圆，侧缘轻度隆起。上颚咀嚼缘具5个齿。唇基近梯形，背面缺中央纵脊，中叶轻度前伸，前缘中度隆起。额脊较长，缺额叶，触角窝外露。触角12节，柄节约2/5超过头后角，鞭节丝状。复眼中等大，位于头中线之后，到达头侧缘。侧面观前胸背板中度隆起，前中胸背板缝明显；中胸背板近平直，后胸沟细弱，并胸腹节背面近平直，长于斜面，后上角极宽圆，气门椭圆形。腹柄结近锥形，轻度前倾，顶端窄圆；后腹部长卵形，腹末开口近圆形。身体具细密刻点。身体背面具稀疏平伏短绒毛被，头前部和后腹部具极稀疏立毛。身体黑色，附肢黑棕色至棕红色，后腹部各节后缘浅黄色

【生态学特性】 栖息于贡山东坡、泸水东坡海拔2000m的中山常绿阔叶林内，在地表觅食，在朽木内筑巢。

重庆弓背蚁

Camponotus chongqingensis Wu & Wang, 1989

【分类地位】 蚁亚科Formicinae / 弓背蚁属*Camponotus* Mayr, 1861

【形态特征】 大型工蚁体长7.6～7.8mm。正面观头部近梯形，向前变窄，后缘平直，后角窄圆，侧缘中度隆起。上颚咀嚼缘具7个齿。唇基背面具中央纵脊，中叶前伸，前缘平直。额脊较长，缺额叶，触角窝外露。触角12节，柄节约1/5超过头后角，鞭节丝状。复眼中等大，位于头中线之后。侧面观胸部背面中度隆起呈弓形，前中胸背板缝明显，后胸沟细弱；并胸腹节背面轻微隆起，后上角极宽圆，气门椭圆形。腹柄结三角形，轻度前倾，顶端锐角状。后腹部长卵形，腹末开口近圆形。上颚具稀疏具毛刻点；头部具粗糙刻点；胸部较光滑，侧面具细密条纹；腹柄和后腹部光滑。身体背面具丰富立毛和平伏短绒毛被。身体黑色，胸部棕色，附肢红棕色；后腹部各节后缘浅黄色，基部2节背面各具1对橙色大斑。

小型工蚁体长5.1～5.2mm，与大型工蚁相似但身体较小，头长显著大于宽，近长方形，后缘隆起；唇基中叶较短，上颚具6个齿；触角较长，柄节约1/2超出头后角；腹柄结顶端较钝。

【生态学特性】 栖息于龙陵西坡海拔1000～1750m的山地雨林、针阔混交林内，在地表、土壤内觅食。

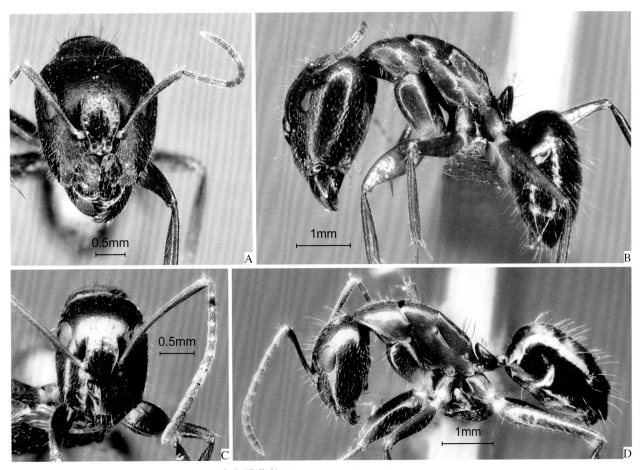

重庆弓背蚁*Camponotus chongqingensis*
A. 大型工蚁头部正面观；B. 大型工蚁整体侧面观；C. 小型工蚁头部正面观；D. 小型工蚁整体侧面观

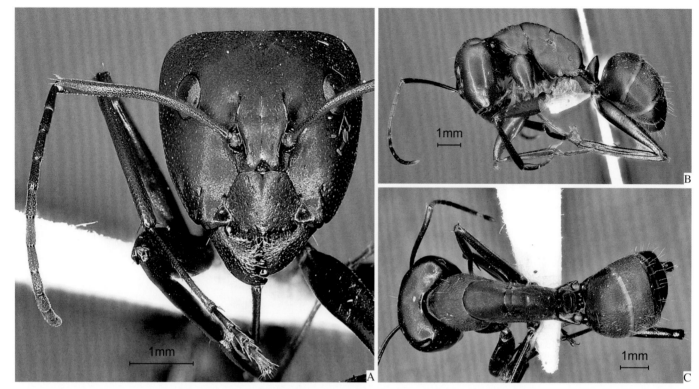

侧扁弓背蚁*Camponotus compressus*

A.大型工蚁头部正面观；B.大型工蚁整体侧面观；C.大型工蚁整体背面观

侧扁弓背蚁

Camponotus compressus (Fabricius, 1787)

【分类地位】 蚁亚科Formicinae / 弓背蚁属*Camponotus* Mayr, 1861

【形态特征】 大型工蚁体长12.1～17.3mm。正面观头部近梯形，后缘轻度凹入，后角宽圆，侧缘中度隆起。上颚咀嚼缘具5个齿。唇基缺中央纵脊，中叶明显前伸，前缘轻度凹入。额脊较长，缺额叶，触角窝外露。触角12节，柄节约1/4超过头后角，鞭节丝状。复眼中等大，位于头中线之后。侧面观胸部背面中度隆起呈弓形，前中胸背板缝浅凹，后胸沟细弱；并胸腹节背面轻微隆起，后上角钝角状，气门椭圆形。腹柄结楔形，轻度前倾，顶端尖锐。后腹部长卵形，腹末开口近圆形。上颚和头胸部具稀疏具毛刻点；腹柄和后腹部光滑。身体背面具稀疏立毛和丰富平伏短绒毛被。身体黑色，触角鞭节、中胸侧板、后胸侧板、足和腹柄结棕色，后腹部各节后缘灰白色。

小型工蚁体长 9.6～9.8mm，与大型工蚁相似但身体较小；头长显著大于宽，近长方形；唇基具弱的中央纵脊；触角柄节约1/2超出头后角；复眼较大，达到头侧缘；侧面观胸部背面呈完整弓形，并胸腹节背面与斜面呈完整弓形，界线不明显。

【生态学特性】 栖息于泸水东坡1800～1850m的云南松林、中山常绿阔叶林内，在地表觅食。

江华弓背蚁

Camponotus jianghuaensis Xiao & Wang, 1989

【分类地位】　蚁亚科Formicinae／弓背蚁属*Camponotus* Mayr, 1861

【形态特征】　大型工蚁体长9.2～9.6mm。正面观头部近梯形，后缘近平直，后角窄圆，侧缘中度隆起。上颚咀嚼缘具7个齿。唇基具中央纵脊，中叶明显前伸，前缘近平直。额脊较长，缺额叶，触角窝外露。触角12节，柄节约2/7超过头后缘，鞭节丝状。复眼较小，位于头中线之后。侧面观胸部背面中度隆起呈弓形，前中胸背板缝明显，后胸沟细弱；并胸腹节背面轻度隆起，后上角极宽圆，气门椭圆形。腹柄结近楔形，顶端锐角状。后腹部长卵形，腹末开口近圆形。身体具细密刻点，头前部除刻点外还具稀疏粗刻点。身体背面具丰富立毛和平伏短绒毛被。身体红棕色，头后部和触角鞭节棕黄色，上颚深红色，触角柄节棕黑色，后腹部各节后缘黄色。

中型和小型工蚁体长7.5～8.7mm，与大型工蚁相似但身体较小；头长明显大于宽，后缘圆形隆起；上颚具6个齿，唇基中叶轻度延伸；触角柄节约1/2超出头后角。身体棕红色，上颚基半部黑色，端半部深红色。

【生态学特性】　栖息于龙陵西坡、龙陵东坡海拔1250～1750m的季风常绿阔叶林、针阔混交林、云南松林内，在植物上、地表觅食，在朽木内、土壤内筑巢。

江华弓背蚁*Camponotus jianghuaensis*
A. 大型工蚁头部正面观；B. 大型工蚁整体侧面观；C. 小型工蚁头部正面观；D. 小型工蚁整体侧面观

毛钳弓背蚁*Camponotus lasiselene*

A.大型工蚁头部正面观；B.大型工蚁整体侧面观；C.小型工蚁头部正面观；D.小型工蚁整体侧面观

毛钳弓背蚁

Camponotus lasiselene Wang & Wu, 1994

【分类地位】 蚁亚科Formicinae / 弓背蚁属*Camponotus* Mayr, 1861

【形态特征】 大型工蚁体长4.5～4.6mm。正面观头部近梯形，前部斜切，后缘近平直，后角窄圆，侧缘轻度隆起。上颚咀嚼缘具4个齿。唇基近长方形，短于颊区前缘，缺中央纵脊，前缘浅凹。额脊较长，缺额叶，触角窝外露。触角12节，柄节刚到达头后角，鞭节丝状。复眼较小，位于头中线之后。侧面观前中胸背板轻度隆起呈弱弓形，前中胸背板缝浅凹，后胸沟深凹；并胸腹节背面轻度隆起，后上角具粗齿突，斜面深凹，气门椭圆形。腹柄结近梯形，轻度前倾，后上角高于前上角。后腹部近圆柱形，腹末开口近圆形。背面观肩角钝角状。上颚具丰富刻点；头前部具粗糙刻点，头后部、胸部和腹柄具细密刻点；后腹部较光滑。身体背面具密集短立毛和平伏绒毛被。身体黑色，上颚、唇基、柄节和跗节红棕色。

小型工蚁体长4.3～4.4mm，与大型工蚁相似但身体稍小，头部向前急剧变窄，后缘中度隆起，上颚咀嚼缘具5个齿；唇基不斜切，具中央纵脊，前缘与颊区等长；触角柄节约1/5超过头后缘。侧面观胸部背面轻度隆起呈弱弓形，前胸前缘和两侧具边缘，后胸沟浅凹；并胸腹节具1对粗壮的钳状齿，背面观内弯；后腹部长卵形。头部、胸部和腹柄具密集刻点；上颚黑色。

【生态学特性】 栖息于泸水东坡、坝湾西坡、坝湾东坡、龙陵西坡、龙陵东坡海拔1000～1750m的干热河谷稀树灌丛、季风常绿阔叶林、针阔混交林、云南松林内，在植物上、地表、土壤内觅食。

白斑弓背蚁

Camponotus leucodiscus Wheeler, 1919

【分类地位】　蚁亚科Formicinae / 弓背蚁属*Camponotus* Mayr, 1861

【形态特征】　小型工蚁体长2.7～2.9mm。正面观头部近梯形，向前变窄，后缘中度隆起，后角宽圆，侧缘轻度隆起。上颚咀嚼缘具5个齿。唇基缺中央纵脊，中叶轻度前伸，前缘钝角状。额脊较长，缺额叶，触角窝外露。触角12节，柄节约1/3超过头后角，鞭节丝状。复眼较大，位于头中线之后。侧面观前中胸背板中度隆起呈弓形，前中胸背板缝明显，后胸沟深凹；并胸腹节背面中度凹陷，前上角和后上角突起呈钝角突，斜面中度凹陷，约与背面等长，气门椭圆形。腹柄结厚而低，前倾，近四边形，前上角突出窄圆，后上角宽圆。后腹部长卵形，腹末开口近圆形。上颚具细刻点；身体光滑。身体背面具稀疏立毛和丰富平伏短绒毛被，胸部和腹柄背面立毛稀少。身体黑色，后腹部基部1～2节背面和腹面各具1个浅黄色大斑，触角、胫节端部和跗节黄棕色，基节端部浅黄色。

【生态学特性】　栖息于高黎贡山中部、南部中低海拔区域的山地雨林、常绿阔叶林、针阔混交林内，在地表觅食。

白斑弓背蚁*Camponotus leucodiscus*

A. 小型工蚁头部正面观；B. 小型工蚁整体侧面观；C. 小型工蚁整体背面观

（引自AntWiki，Cong Liu / 摄）

平和弓背蚁*Camponotus mitis*

A. 大型工蚁头部正面观；B. 大型工蚁整体侧面观；C. 小型工蚁头部正面观；D. 小型工蚁整体侧面观

平和弓背蚁

Camponotus mitis (Smith, 1858)

【分类地位】 蚁亚科Formicinae／弓背蚁属*Camponotus* Mayr, 1861

【形态特征】 大型工蚁体长12.8～13.0mm。正面观头部近梯形，后缘平直，后角宽圆，侧缘中度隆起。上颚咀嚼缘具6个齿。唇基具中央纵脊，中叶前伸，前缘近平直。额脊较长，缺额叶，触角窝外露。触角12节，柄节约1/4超过头后角，鞭节丝状。复眼较小，位于头中线之后。侧面观胸部背面弓形被短而垂直的并胸腹节斜面打断，前中胸背板缝明显，后胸沟细弱；并胸腹节背面轻微隆起，后上角宽圆，气门椭圆形。腹柄结楔形，顶端尖锐。后腹部长卵形，腹末开口近圆形。上颚具稀疏具毛细刻点；头部具细密微刻点；胸部、腹柄和后腹部光滑。身体背面具丰富立毛和丰富平伏短绒毛被。头前部和后腹部黑色，头后部、触角和后腹部第一节前半部棕红色，胸部、足和腹柄棕黄色，后腹部各节后缘灰白色。

小型工蚁体长7.9～8.1mm，与大型工蚁相似但身体较小；头部长方形，后缘强烈隆起；触角柄节约1/2超出头后角。腹柄结厚，三角形。头部黄棕色，后腹部浅黑色，胸部、腹柄和后腹部第一节前半部棕黄色，附肢棕色。

【生态学特性】 栖息于泸水东坡、坝湾西坡、坝湾东坡、龙陵东坡海拔750～1750m的干热河谷稀树灌丛、干性常绿阔叶林、季风常绿阔叶林、针阔混交林、云南松林内，在植物上、地表、土壤内觅食，在朽木内、石下、土壤内筑巢。

尼科巴弓背蚁

Camponotus nicobarensis Mayr, 1865

【分类地位】 蚁亚科Formicinae / 弓背蚁属*Camponotus* Mayr, 1861

【形态特征】 大型工蚁体长8.2～9.1mm。正面观头部梯形，后缘近平直，后角宽圆，侧缘中度隆起。上颚咀嚼缘具6个齿。唇基具弱的中央纵脊，中叶明显前伸，前缘轻微隆起。额脊较长，缺额叶，触角窝外露。触角12节，柄节约1/4超过头后角，鞭节丝状。复眼较小，位于头中线之后。侧面观胸部背面弓形完整，前中胸背板缝明显，后胸沟细弱；并胸腹节背面轻度隆起，后上角宽圆，斜面约为背面长的1/2，气门椭圆形。腹柄结近锥状，顶端锐角状。后腹部长卵形，腹末开口近圆形。上颚光滑；头胸部具细密微刻纹；腹柄和后腹部较光滑。身体背面具丰富立毛和丰富平伏绒毛被。身体暗棕红色至黄棕色，后腹部黑色，有时后腹部1～2节颜色与头胸部同色。

小型工蚁体长6.0～6.1mm，与大型工蚁相似但身体较小；头部近长方形，后缘强烈隆起；唇基前缘中度隆起，触角柄节约1/2超出头后角，复眼较大。侧面观并胸腹节斜面很短，约为背面长的1/3。胸部立毛稀疏；身体黄棕色，后腹部1～2节黄棕色，其余腹节浅黑色。

【生态学特性】 栖息于高黎贡山中部、南部中低海拔区域的山地雨林、常绿阔叶林、针阔混交林内，在地表觅食。

尼科巴弓背蚁*Camponotus nicobarensis*

A. 大型工蚁头部正面观；B. 大型工蚁整体侧面观；C. 小型工蚁头部正面观；D. 小型工蚁整体侧面观

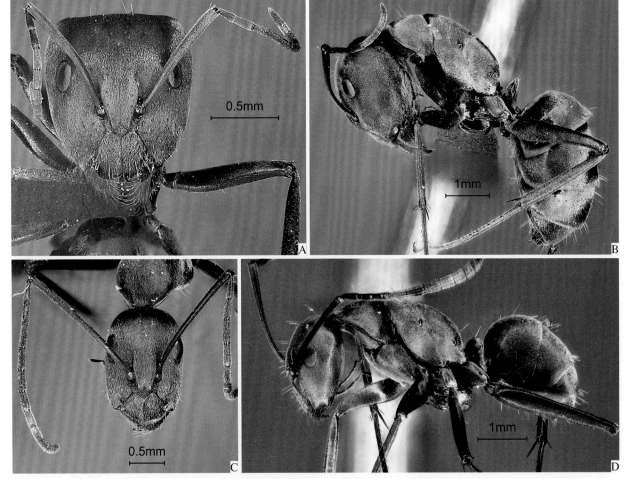

巴瑞弓背蚁*Camponotus parius*

A. 大型工蚁头部正面观；B. 大型工蚁整体侧面观；C. 小型工蚁头部正面观；D. 小型工蚁整体侧面观

巴瑞弓背蚁

Camponotus parius Emery, 1889

【分类地位】 蚁亚科Formicinae / 弓背蚁属*Camponotus* Mayr, 1861

【形态特征】 大型工蚁体长10.2～10.5mm。正面观头部梯形，后缘平直，后角窄圆，侧缘轻度隆起。上颚咀嚼缘具5个齿。唇基具中央纵脊，中叶明显前伸，前缘轻度隆起。额脊较长，缺额叶，触角窝外露。触角12节，柄节约2/7超过头后角，鞭节丝状。复眼较小，位于头中线之后。侧面观胸部背面弓形完整，前中胸背板缝明显，后胸沟轻度凹入；并胸腹节背面轻度隆起，后上角轻度隆起，斜面约为背面长的1/2，气门椭圆形。腹柄结楔形，顶端锐角状。后腹部长卵形，腹末开口近圆形。上颚具稀疏具毛刻点；头胸部具细密微刻点；腹柄和后腹部光滑。身体背面具极稀疏立毛和稠密倾斜绒毛被。身体黑色，附肢暗红棕色至浅黑色，后腹部各节后缘白色。

　　小型工蚁体长6.5～6.6mm，与大型工蚁相似但身体较小，头部近椭圆形，后缘强烈隆起，侧缘轻度隆起；唇基前缘中度隆起，触角柄节约1/2超出头后角，复眼较大。后胸沟不凹入，并胸腹节背面约为斜面长的3倍；腹柄结很厚，三角形。身体黑色，唇基和颊区浅黑色，附肢黄棕色。

【生态学特性】 栖息于泸水东坡、坝湾东坡、龙陵西坡、龙陵东坡海拔750～1750m的干热河谷稀树灌丛、针阔混交林、云南松林内，在植物上、地表、土壤内觅食，在土壤内筑巢。

212

拟哀弓背蚁

Camponotus pseudolendus Wu & Wang, 1989

【分类地位】 蚁亚科Formicinae / 弓背蚁属*Camponotus* Mayr, 1861

【形态特征】 大型工蚁体长13.5~14.6mm。正面观头部梯形，后缘轻微凹入，后角窄圆，侧缘中度隆起。上颚咀嚼缘具6个齿。唇基缺中央纵脊，中叶明显前伸，前缘近平直。额脊较长，缺额叶，触角窝外露。触角12节，柄节约1/3超过头后缘，鞭节丝状。复眼较小，位于头中线之后。侧面观胸部背面弓形被垂直的并胸腹节斜面打断，前中胸背板缝明显，后胸沟细弱；并胸腹节背面轻微隆起，后上角钝角状，斜面近垂直，约为背面长的2/5，气门椭圆形。腹柄结近楔形，顶端窄圆。后腹部长卵形，腹末开口近圆形。上颚光滑；身体具细密刻点。身体背面具密集立毛和稠密平伏绒毛被。身体黑色，后腹部各节后缘黄色。

中型工蚁体长11.0~11.6mm，与大型工蚁相似但身体较小，头部前后等宽或向前稍变窄，后缘近平直；附肢红色至深红色。

小型工蚁体长8.4~9.7mm，与大型工蚁相似但身体更小，头后部窄于前部，后缘圆形隆起；唇基具中央纵脊；柄节约1/2超出头后缘，复眼较大。

【生态学特性】 栖息于高黎贡山中部、南部中低海拔区域的山地雨林、常绿阔叶林、针阔混交林内，在地表觅食。

拟哀弓背蚁*Camponotus pseudolendus*

A.大型工蚁头部正面观；B.大型工蚁整体侧面观；C.小型工蚁头部正面观；D.小型工蚁整体侧面观

辐毛弓背蚁 *Camponotus radiatus*

A.大型工蚁头部正面观；B.大型工蚁整体侧面观；C.小型工蚁头部正面观；D.小型工蚁整体侧面观

（大型工蚁引自AntWeb，CASENT0906952，Michele Esposito / 摄；

小型工蚁引自AntWeb，CASENT0910464，Will Ericson / 摄）

辐毛弓背蚁

Camponotus radiatus Forel, 1892

【分类地位】 蚁亚科Formicinae / 弓背蚁属*Camponotus* Mayr, 1861

【形态特征】 大型工蚁体长9.2~9.4mm。正面观头部梯形，后缘浅凹，后角窄圆，侧缘中度隆起。上颚咀嚼缘具6个齿。唇基缺中央纵脊，中叶明显前伸，前缘近平直。额脊较长，缺额叶，触角窝外露。触角12节，柄节约1/6超过头后缘，鞭节丝状。复眼较小，位于头中线之后。侧面观胸部背面弓形被陡直的并胸腹节斜面打断，前中胸背板缝明显，后胸沟细弱；并胸腹节背面近平直，后上角窄圆，斜面陡，约与背面等长，气门椭圆形。腹柄结近楔形，顶端尖锐。后腹部长卵形，腹末开口近圆形。上颚和头部具细密刻点；胸部具细密微刻点；腹柄和后腹部光滑。身体背面具丰富立毛和密集平伏绒毛被。身体黑色，附肢棕黑色。

小型工蚁体长6.6~6.8mm，与大型工蚁相似但身体较小，头较长，后缘中度隆起，侧缘近平直；唇基前缘中度隆起；柄节约1/2超过头后角，复眼较大；并胸腹节后上角宽圆。

【生态学特性】 栖息于泸水东坡、坝湾东坡、龙陵西坡、龙陵东坡海拔750~1750m的干热河谷稀树灌丛、针阔混交林、云南松林内，在植物上、地表、土壤内觅食，在土壤内筑巢。

网纹弓背蚁

Camponotus reticulatus Roger, 1863

【分类地位】 蚁亚科Formicinae / 弓背蚁属*Camponotus* Mayr, 1861

【形态特征】 大型工蚁体长5.5~5.7mm。正面观头部梯形，前部斜切，后缘轻微隆起，后角窄圆，侧缘中度隆起。上颚咀嚼缘具5个齿。唇基缺中央纵脊，中叶稍短于颊区前缘，前缘平直。额脊较长，缺额叶，触角窝外露。触角12节，柄节刚到达头后缘，鞭节丝状。复眼较小，位于头中线之后。侧面观胸部背面弓形被凹陷的后胸沟打断，前中胸背板缝明显，后胸沟浅凹；并胸腹节背面近平直，后上角极宽圆，斜面近垂直，约与背面等长，气门椭圆形。腹柄结近锥形，顶端窄圆。后腹部长卵形，腹末开口近圆形。上颚具丰富刻点；头部具密集大刻点，后部具丰富细刻点；胸部、腹柄和后腹部光滑。身体背面具稀疏立毛和丰富平伏短绒毛被。身体黑色，头前部浅黄色，头后部和附肢暗棕色。

小型工蚁体长3.4~3.6mm，与大型工蚁相似但身体较小；头较小，向前急剧变窄，头前部斜切不明显，后缘中度隆起；唇基前缘稍超过颊区前缘，强烈隆起；柄节约1/3超过头后缘，复眼较大；并胸腹节后上角窄圆。头胸部具细密刻点，身体背面具丰富立毛和平伏绒毛被；身体红棕色，附肢棕黄色。

【生态学特性】 栖息于坝湾东坡海拔1000m的干热河谷稀树灌丛内，在地表、土壤内觅食。

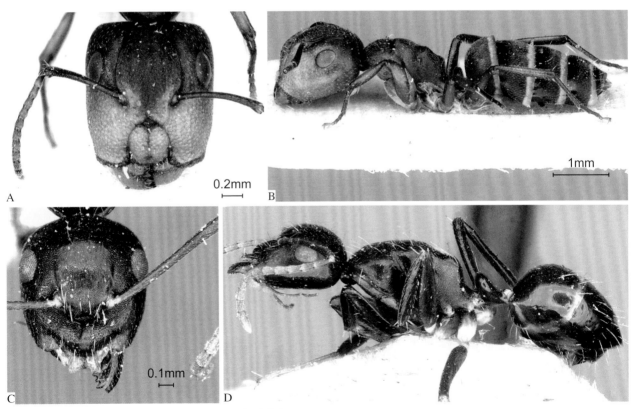

网纹弓背蚁*Camponotus reticulatus*

A. 大型工蚁头部正面观；B. 大型工蚁整体侧面观；C. 小型工蚁头部正面观；D. 小型工蚁整体侧面观
（大型工蚁引自AntWeb，CASENT0910532，Alexandra Westrich / 摄；
小型工蚁引自AntWeb，CASENT0910534，Alexandra Westrich / 摄）

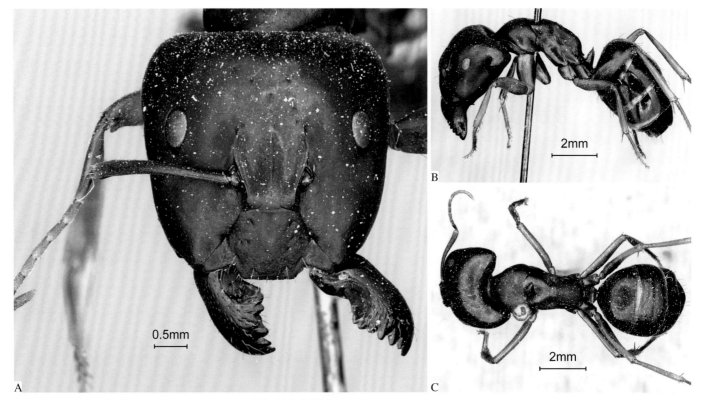

西姆森弓背蚁*Camponotus siemsseni*
A. 大型工蚁头部正面观；B. 大型工蚁整体侧面观；C. 大型工蚁整体背面观
（引自AntWeb，CASENT0910289，Zach Lieberman / 摄）

西姆森弓背蚁
Camponotus siemsseni Forel, 1901

【分类地位】 蚁亚科Formicinae / 弓背蚁属*Camponotus* Mayr, 1861

【形态特征】 大型工蚁体长12.9~13.1mm。正面观头部梯形，后缘近平直，后角宽圆，侧缘轻度隆起。上颚咀嚼缘具7个齿。唇基缺中央纵脊，中叶明显前伸，前缘平直。额脊较长，缺额叶，触角窝外露。触角12节，柄节稍超过头后角，鞭节丝状。复眼较小，位于头中线之后。侧面观胸部背面弓形被近垂直的并胸腹节斜面打断，前中胸背板中度隆起，前中胸背板缝明显，后胸沟细弱；并胸腹节背面近平直，后上角宽圆，斜面近垂直，约为背面长的2倍，气门椭圆形。腹柄结近锥形，顶端尖锐呈短刺状。后腹部长卵形，腹末开口近圆形。上颚具稀疏具毛刻点；身体光滑。身体背面具极稀疏立毛和稀疏平伏短绒毛被。身体暗红棕色，头前部、上颚和后腹部黑色，后腹部各节后缘灰白色，附肢黄棕色。

【生态学特性】 栖息于坝湾西坡海拔1750m的季风常绿阔叶林内，在地表、土壤内觅食。

金毛弓背蚁

Camponotus tonkinus Santschi, 1925

【分类地位】 蚁亚科Formicinae / 弓背蚁属*Camponotus* Mayr, 1861

【形态特征】 大型工蚁体长11.4～11.8mm。正面观头部梯形，后缘近平直，后角宽圆，侧缘轻度隆起。上颚咀嚼缘具6个齿。唇基具中央纵脊，中叶明显前伸，前缘轻度隆起。额脊较长，缺额叶，触角窝外露。触角12节，柄节稍超过头后角，鞭节丝状。复眼较小，位于头中线之后。侧面观胸部背面弓形被陡峭的并胸腹节斜面打断，前中胸背板缝明显，后胸沟细弱；并胸腹节背面近平直，后上角极宽圆，斜面陡坡状，稍长于背面，气门椭圆形。腹柄结近锥形，顶端尖锐。后腹部长卵形，腹末开口近圆形。上颚具纵皱纹；头部具稀疏细刻点；胸部和腹柄较光滑；后腹部具密集微刻点。身体背面具稀疏立毛和丰富平伏短绒毛被，后腹部具丰富立毛和稠密平伏长绒毛被。身体黑色，鞭节和跗节浅黑色，后腹部各节后缘棕黄色，立毛和后腹部绒毛被金黄色。

小型工蚁体长9.4～9.6mm，与大型工蚁相似但体较小；头部近长方形，向前稍变窄，后缘中度隆起；触角柄节约1/2超过头后角。

【生态学特性】 栖息于泸水东坡、龙陵东坡海拔1500～2250m的季风常绿阔叶林、中山常绿阔叶林、针阔混交林内，在地表觅食。

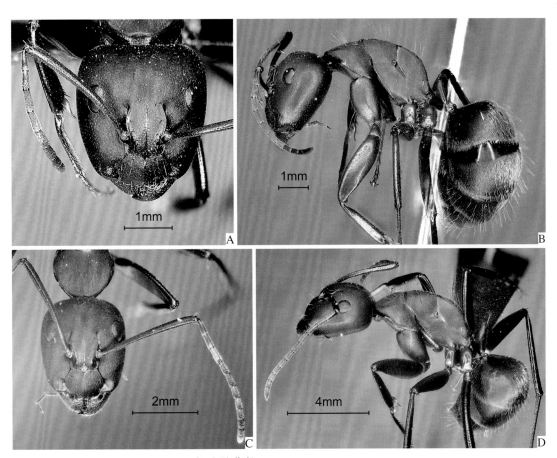

金毛弓背蚁*Camponotus tonkinus*

A. 大型工蚁头部正面观；B. 大型工蚁整体侧面观；C. 小型工蚁头部正面观；D. 小型工蚁整体侧面观

栗褐平头蚁*Colobopsis badia*

A.小型工蚁头部正面观；B.小型工蚁整体侧面观；C.小型工蚁整体背面观

栗褐平头蚁
Colobopsis badia (Smith, 1857)

【**分类地位**】 蚁亚科Formicinae / 平头蚁属*Colobopsis* Mayr, 1861

【**形态特征**】 小型工蚁体长5.6～5.8mm。正面观头部近梯形，向前变窄，后缘强烈隆起，后角极宽圆，侧缘中度隆起。上颚咀嚼缘具5个齿。唇基具弱的中央纵脊，缺前伸的中叶，前缘中度隆起。额脊短，缺额叶，触角窝外露。触角12节，柄节约1/2超过头后角，鞭节丝状。复眼较小，接近头后角。侧面观头前部斜切，胸部背面弓形被钝角状的并胸腹节后上角打断，前中胸背板缝明显，后胸沟浅凹；并胸腹节背面近平直，后上角钝角状，斜面陡坡状，约与背面等长，气门椭圆形。腹柄结较厚，近锥形，顶端锐角状。后腹部长卵形，腹末开口近圆形。上颚具丰富具毛刻点；头胸部具细密刻点；腹柄和后腹部具细密微刻点。身体背面具极稀疏立毛和平伏绒毛被，头部绒毛被丰富，胸部和腹柄绒毛被密集，后腹部绒毛被稠密。身体红棕色，复眼和足黑色；后腹部各节后缘灰白色，后缘之前各具1条黑色横带。

【**生态学特性**】 栖息于泸水东坡海拔1500m的针阔混交林内，在地表觅食。

掘穴蚁

Formica cunicularia Latreille, 1798

【分类地位】 蚁亚科Formicinae / 蚁属*Formica* Linnaeus, 1758

【形态特征】 工蚁体长4.9~5.3mm。正面观头部近梯形,后缘中度隆起,后角宽圆,侧缘轻度隆起。上颚咀嚼缘具6个齿。唇基具中央纵脊,前缘突出呈钝角状。额脊到达复眼前缘,缺额叶,触角窝外露。触角12节,柄节约1/2超过头后角,鞭节丝状。复眼较大,位于头中线之后,单眼3个。侧面观前中胸背板强烈隆起呈弓形,前中胸背板缝浅凹,后胸沟深凹;并胸腹节背面直,后上角宽圆,斜面稍短于背面,气门椭圆形。腹柄结鳞片状,顶端尖锐。后腹部长卵形,末端突出呈锥形,开口圆形,具1圈放射状短毛。上颚具细纵条纹;头部具细密微刻点;胸部、腹柄和后腹部较光滑。身体背面具稠密平伏短绒毛被,头部具少数立毛,胸部和腹柄缺立毛,后腹部具丰富短立毛。身体红棕色至黄棕色,头部和后腹部浅黑色。

【生态学特性】 栖息于贡山西坡、贡山东坡、福贡东坡、泸水西坡、泸水东坡、坝湾西坡、坝湾东坡、龙陵西坡、龙陵东坡海拔1500~2250m的季风常绿阔叶林、中山常绿阔叶林、针阔混交林、针叶林、华山松林内,在植物上、地表、石下、土壤内觅食,在朽木内、朽木下、地被下、地表、石下、土壤内筑巢。

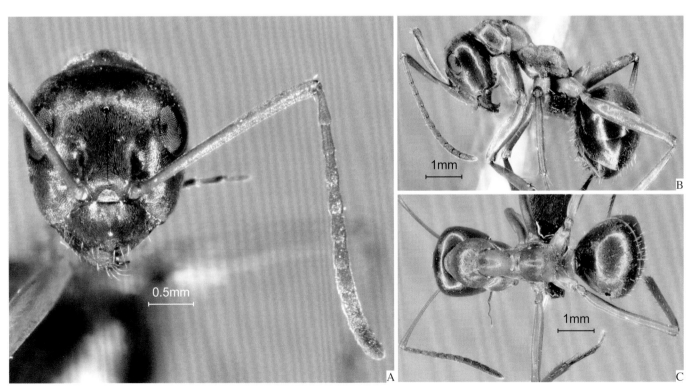

掘穴蚁*Formica cunicularia*

A. 工蚁头部正面观;B. 工蚁整体侧面观;C. 工蚁整体背面观

丝光蚁 *Formica fusca*

A. 工蚁头部正面观；B. 工蚁整体侧面观；C. 工蚁整体背面观

丝光蚁

Formica fusca Linnaeus, 1758

【分类地位】 蚁亚科Formicinae / 蚁属*Formica* Linnaeus, 1758

【形态特征】 工蚁体长4.9～5.2mm。正面观头部近梯形，后缘近平直，后角宽圆，侧缘轻度隆起。上颚咀嚼缘具7个齿。唇基具中央纵脊，前缘强烈隆起。额脊到达复眼前缘，缺额叶，触角窝外露。触角12节，柄节约2/5超过头后角，鞭节丝状。复眼较大，位于头中线之后，单眼3个。侧面观前中胸背板中度隆起呈弓形，前中胸背板缝浅凹，后胸沟深凹；并胸腹节背面轻度隆起，后上角宽圆，斜面与背面等长，气门椭圆形。腹柄结鳞片状，顶端尖锐。后腹部长卵形，末端突出呈锥形，开口圆形，具1圈放射状短毛。上颚具细纵条纹；头部具细密微刻点；胸部、腹柄和后腹部较光滑。身体背面具稠密平伏短绒毛被，头部具少数立毛，胸部和腹柄缺立毛，后腹部具丰富短立毛。身体黑色，附肢红棕色至暗棕色。

【生态学特性】 栖息于贡山西坡、贡山东坡、福贡东坡、泸水西坡、泸水东坡、坝湾西坡、坝湾东坡、龙陵西坡、龙陵东坡海拔1500～2250m的季风常绿阔叶林、中山常绿阔叶林、针阔混交林、针叶林、华山松林内，在植物上、地表、石下、土壤内觅食，在朽木内、朽木下、地被下、地表、石下、土壤内筑巢。

亮腹黑褐蚁

Formica gagatoides Ruzsky, 1904

【分类地位】 蚁亚科Formicinae ／蚁属*Formica* Linnaeus, 1758

【形态特征】 工蚁体长4.0～4.5mm。正面观头部近梯形，后缘和侧缘轻度隆起，后角宽圆。上颚咀嚼缘具7个齿。唇基具中央纵脊，前缘强烈隆起。额脊到达复眼前缘，缺额叶，触角窝外露。触角12节，柄节约2/5超过头后角，鞭节丝状。复眼较大，位于头中线之后，单眼3个。侧面观前中胸背板强烈隆起呈弓形，前中胸背板缝浅凹，后胸沟深凹；并胸腹节背面轻度隆起，后上角宽圆，斜面与背面等长，气门椭圆形。腹柄结鳞片状，顶端尖锐。后腹部长卵形，末端突出呈锥形，开口圆形，具1圈放射状短毛。上颚具细纵条纹；头部具细密微刻点；胸部较光滑，腹柄和后腹部光滑。身体背面具密集平伏短绒毛被，头部具少数立毛，胸部和腹柄缺立毛，后腹部具丰富短立毛。身体暗红棕色至黑色，后腹部浅黑色，附肢黄棕色至红棕色。

【生态学特性】 栖息于坝湾东坡海拔1250～3250m的季风常绿阔叶林、中山常绿阔叶林、苔藓常绿阔叶林、苔藓针阔混交林、苔藓矮林、针阔混交林、针叶林、铁杉落叶松林、冷杉落叶松林内，在植物上、苔藓下、牛粪下、地表、石下、土壤内觅食，在石下、土壤内筑巢。

亮腹黑褐蚁*Formica gagatoides*

A. 工蚁头部正面观；B. 工蚁整体侧面观；C. 工蚁整体背面观

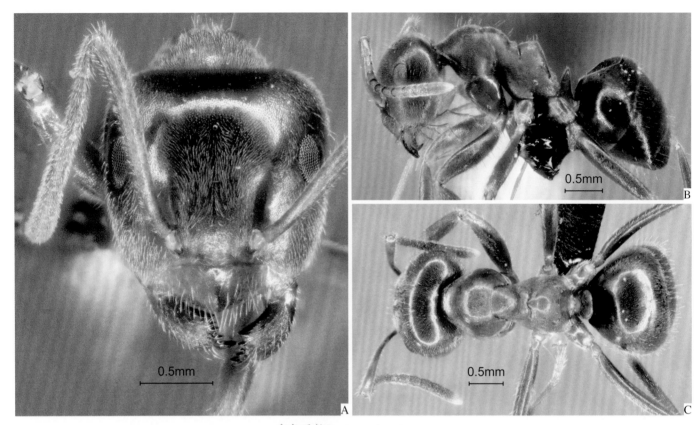

多色毛蚁*Lasius coloratus*

A. 工蚁头部正面观；B. 工蚁整体侧面观；C. 工蚁整体背面观

多色毛蚁

Lasius coloratus Santschi, 1937

【分类地位】 蚁亚科Formicinae / 毛蚁属*Lasius* Fabricius, 1804

【形态特征】 工蚁体长3.5～3.7mm。正面观头部近梯形，后缘近平直，后角宽圆，侧缘轻度隆起。上颚咀嚼缘具8个齿。唇基背面轻度隆起，前缘强烈隆起呈钝角状。额脊接近复眼前缘水平，额叶狭窄，触角窝大部外露。触角12节，柄节超过头后角，鞭节丝状。复眼中等大，位于头中线之后，单眼3个。侧面观前中胸背板强烈隆起呈弓形，前中胸背板缝明显，后胸沟深凹；并胸腹节背面直，后上角钝角状，斜面约为背面长的2.3倍，气门椭圆形。腹柄结鳞片状，顶端较尖。后腹部长卵形，末端突出呈锥形，开口圆形，具1圈放射状短毛。上颚具细纵条纹；头胸部具细密微刻点；腹柄和后腹部光滑。身体背面具丰富立毛和密集平伏绒毛被，柄节具丰富立毛和密集倾斜绒毛被。身体暗棕色，后腹部浅黑色，附肢黄棕色。

【生态学特性】 栖息于贡山西坡、泸水东坡、坝湾西坡、坝湾东坡、龙陵东坡海拔1250～3250m的季雨林、季风常绿阔叶林、中山常绿阔叶林、苔藓常绿阔叶林、针阔混交林、苔藓针阔混交林、针叶林、华山松林、冷杉落叶松林、箭竹林内，在植物上、树皮下、朽木内、朽木下、苔藓下、地被内、地被下、地表、石下、土壤内觅食，在树上、朽木内、朽木下、苔藓下、地被内、地被下、石下、土壤内筑巢。

黄毛蚁
Lasius flavus (Fabricius, 1782)

【分类地位】 蚁亚科Formicinae / 毛蚁属*Lasius* Fabricius, 1804

【形态特征】 工蚁体长3.0~3.2mm。正面观头部近梯形，后缘近平直，后角宽圆，侧缘轻度隆起。上颚咀嚼缘具7个齿。唇基背面轻度隆起，前缘中度隆起。额脊接近复眼前缘水平，额叶狭窄，触角窝大部外露。触角12节，柄节稍超过头后角，鞭节端部轻度变粗。复眼较小，位于头中线之后，单眼3个。侧面观前中胸背板强烈隆起呈弓形，前中胸背板缝明显，后胸沟深凹；并胸腹节背面轻度隆起，后上角窄圆，斜面约为背面长的3倍，气门椭圆形。腹柄结鳞片状，顶端尖锐。后腹部长卵形，末端突出呈锥形，开口圆形，具1圈放射状短毛。上颚具细纵条纹；身体光滑。身体背面具稀疏立毛和密集平伏绒毛被，后腹部立毛丰富；柄节具密集倾斜绒毛被，缺立毛。身体棕黄色，上颚红棕色，复眼黑色。

【生态学特性】 栖息于贡山东坡、泸水东坡海拔1750~2750m的季风常绿阔叶林、中山常绿阔叶林、针阔混交林、苔藓针阔混交林内，在地表、土壤内觅食，在石下、土壤内筑巢。

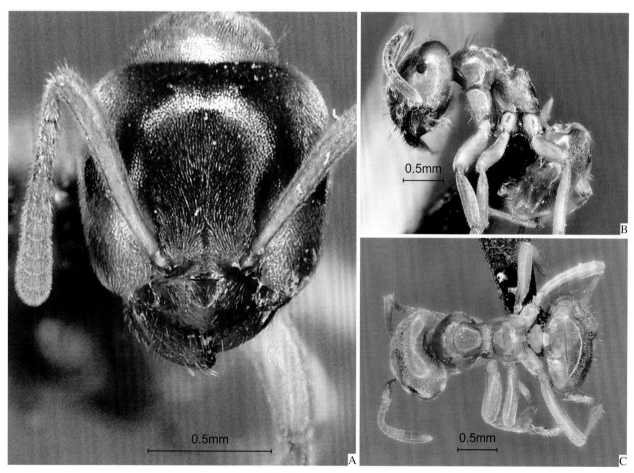

黄毛蚁*Lasius flavus*
A. 工蚁头部正面观；B. 工蚁整体侧面观；C. 工蚁整体背面观

喜马毛蚁 *Lasius himalayanus*

A. 工蚁头部正面观；B. 工蚁整体侧面观；C. 工蚁整体背面观

喜马毛蚁

Lasius himalayanus Bingham, 1903

【分类地位】 蚁亚科Formicinae / 毛蚁属*Lasius* Fabricius, 1804

【形态特征】 工蚁体长3.0～3.3mm。正面观头部近梯形，后缘近平直，后角宽圆，侧缘轻度隆起。上颚咀嚼缘具7个齿。唇基背面轻度隆起，前缘强烈隆起近钝角状。额脊到达复眼前缘水平，额叶狭窄，触角窝大部外露。触角12节，柄节约2/5超过头后角，鞭节丝状。复眼较小，位于头中线之后，单眼3个。侧面观前中胸背板强烈隆起呈弓形，前中胸背板缝明显，后胸沟深凹；并胸腹节背面近平直，后上角钝角状，斜面约为背面长的3倍，气门椭圆形。腹柄结鳞片状，顶端尖锐。后腹部长卵形，末端突出呈锥形，开口圆形，具1圈放射状短毛。上颚具细纵条纹；身体光滑。身体背面具稀疏立毛和密集平伏绒毛被，后腹部毛丰富；柄节具密集平伏绒毛被，缺立毛。身体暗棕色，后腹部后半部浅黑色，附肢黄棕色至暗棕色。

【生态学特性】 栖息于坝湾西坡、龙陵东坡海拔1250～3250m的季雨林、季风常绿阔叶林、中山常绿阔叶林、苔藓常绿阔叶林、针阔混交林、苔藓针阔混交林、针叶林、冷杉落叶松林内，在植物上、朽木内、地被下、地表、石下、土壤内觅食，在朽木内、朽木下、地被内、地被下、石下、土壤内筑巢。

东洋毛蚁

Lasius nipponensis Forel, 1912

【分类地位】 蚁亚科Formicinae / 毛蚁属*Lasius* Fabricius, 1804

【形态特征】 工蚁体长5.0～5.3mm。正面观头部近心形，后缘浅凹，后角宽圆，侧缘中度隆起。上颚咀嚼缘具10个齿。唇基背面轻度隆起，前缘强烈隆起近钝角状。额脊到达复眼前缘水平，额叶狭窄，触角窝大部外露。触角12节，柄节约2/5超过头后角，鞭节丝状。复眼中等大，位于头中线之后，单眼3个。侧面观前胸背板轻度隆起，前中胸背板缝浅凹，中胸背板强烈隆起，后胸沟深凹；并胸腹节背面轻度隆起，后上角窄圆，斜面约为背面长的2倍，气门椭圆形。腹柄结鳞片状，顶端尖锐。后腹部长卵形，末端突出呈锥形，开口圆形，具1圈放射状短毛。上颚具细纵条纹；身体光滑。身体背面具丰富立毛和平伏绒毛被，胸部立毛稀疏；柄节具丰富立毛和密集倾斜绒毛被。身体黑色至暗棕色，附肢红棕色至黄棕色。

【生态学特性】 栖息于贡山东坡海拔2250～2750m的中山常绿阔叶林、苔藓针阔混交林内，在地表觅食，在土壤内筑巢。

东洋毛蚁*Lasius nipponensis*

A. 工蚁头部正面观；B. 工蚁整体侧面观；C. 工蚁整体背面观

225

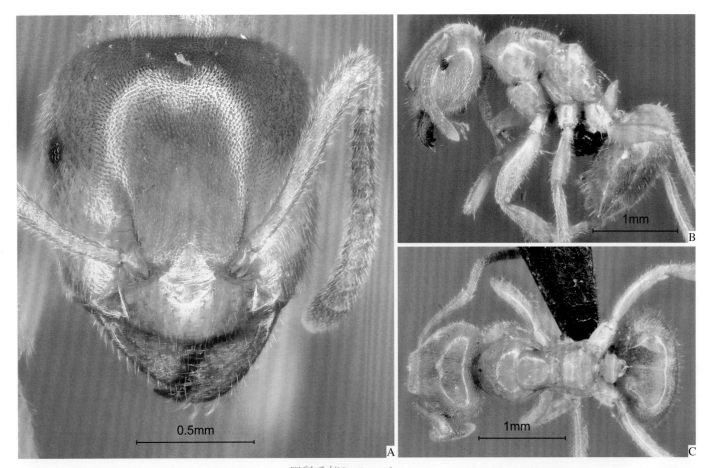

田鼠毛蚁*Lasius talpa*

A. 工蚁头部正面观；B. 工蚁整体侧面观；C. 工蚁整体背面观

田鼠毛蚁

Lasius talpa Wilson, 1955

【分 类 地 位】 蚁亚科Formicinae／毛蚁属*Lasius* Fabricius, 1804

【形 态 特 征】 工蚁体长2.9～3.1mm。正面观头部近梯形，后缘近平直，后角窄圆，侧缘轻度隆起。上颚咀嚼缘具6个齿。唇基背面轻度隆起，前缘钝角状。额脊很短，额叶狭窄，触角窝大部外露。触角12节，柄节刚到达头后角，鞭节端部轻度变粗。复眼很小，其直径小于柄节最大直径，位于头中线之后，单眼3个。侧面观前中胸背板强烈隆起呈弓形，前中胸背板缝浅凹，后胸沟深凹；并胸腹节背面直，后上角钝角状，斜面约为背面长的3.5倍，气门椭圆形。腹柄结鳞片状，顶端尖锐。后腹部长卵形，末端突出呈锥形，开口圆形，具1圈放射状短毛。上颚具细纵条纹；身体光滑。身体背面具丰富立毛和密集平伏绒毛被，后腹部立毛较密集；柄节具稀疏立毛和密集倾斜绒毛被。身体浅黄色，上颚咀嚼缘红棕色，复眼灰色。

【生态学特性】 栖息于泸水东坡海拔2000～2500m的中山常绿阔叶林、针阔混交林内，在土壤内觅食和筑巢。

遮盖毛蚁
Lasius umbratus (Nylander, 1846)

【分类地位】 蚁亚科Formicinae / 毛蚁属*Lasius* Fabricius, 1804

【形态特征】 工蚁体长3.9~4.1mm。正面观头部近梯形，后缘平直至浅凹，后角窄圆，侧缘轻度隆起。上颚咀嚼缘具7个齿。唇基背面轻度隆起，前缘钝角状。额脊很短，额叶狭窄，触角窝大部外露。触角12节，柄节稍超过头后角，鞭节端部轻度变粗。复眼较小，位于头中线之后，单眼3个。侧面观前中胸背板强烈隆起呈弓形，前中胸背板缝明显，后胸沟深凹；并胸腹节背面轻度隆起，后上角钝角状，斜面约为背面长的3倍，气门椭圆形。腹柄结鳞片状，顶端尖锐。后腹部长卵形，末端突出呈锥形，开口圆形，具1圈放射状短毛。上颚具细纵条纹；头部具细密微刻点，腹柄和后腹部光滑。身体背面具丰富立毛和密集平伏绒毛被；柄节具丰富立毛和密集倾斜绒毛被。身体黄棕色，上颚红棕色，复眼黑色。

【生态学特性】 栖息于坝湾东坡海拔2000m的中山常绿阔叶林内，在土壤内觅食，在土壤内筑巢。

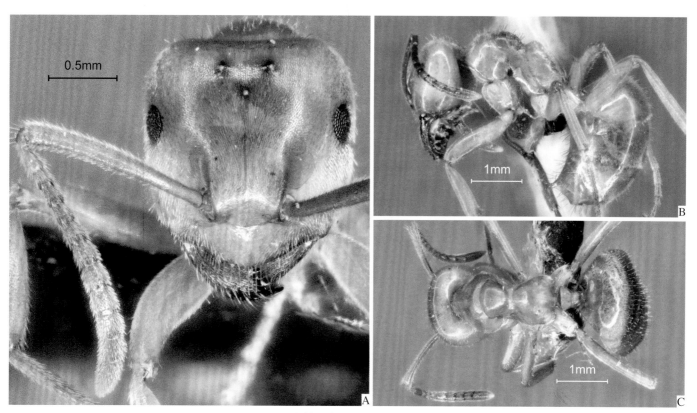

遮盖毛蚁*Lasius umbratus*
A. 工蚁头部正面观；B. 工蚁整体侧面观；C. 工蚁整体背面观

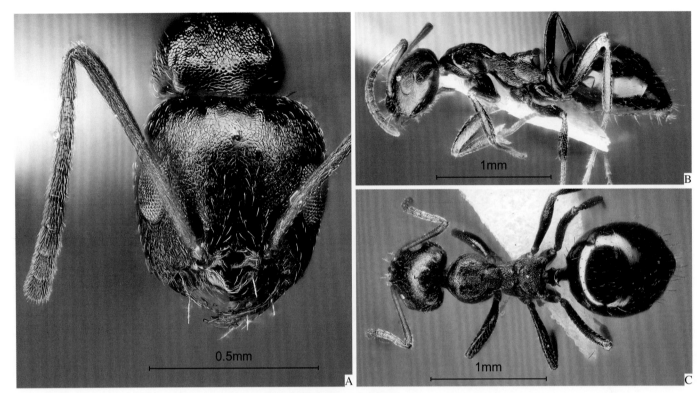

尖齿刺结蚁*Lepisiota acuta*
A. 工蚁头部正面观；B. 工蚁整体侧面观；C. 工蚁整体背面观

尖齿刺结蚁

Lepisiota acuta Xu, 1994

【分类地位】 蚁亚科Formicinae / 刺结蚁属*Lepisiota* Santschi, 1926

【形态特征】 工蚁体长2.1~2.8mm。正面观头部近梯形，后缘平直，后角宽圆，侧缘轻度隆起。上颚咀嚼缘具5个齿。唇基背面轻度隆起，前缘强烈隆起。额脊很短，额叶狭窄，触角窝大部外露。触角11节，柄节约1/3超过头后角，鞭节端部轻度变粗。复眼中等大，位于头中线稍后处，单眼3个。侧面观前中胸背板中度隆起呈弓形，前中胸背板缝明显，后胸沟深凹，后胸气门在沟前突起；并胸腹节背面直，并胸腹节刺尖齿状，气门位于齿突下方。腹柄结楔形，强烈前倾，背缘具1对后弯的尖齿。后腹部长卵形，末端突出呈锥形，开口圆形，具1圈放射状短毛。上颚光滑；头部具网状微刻纹；胸部背面具网状细刻纹，侧面具细纵皱纹；腹柄和后腹部光滑。身体背面具极稀疏立毛和稀疏平伏绒毛被。身体黑色，附肢暗棕色至黄棕色。

【生态学特性】 栖息于龙陵西坡海拔1500m的针阔混交林内，在地表、土壤内觅食，在土壤内筑巢。

开普刺结蚁
Lepisiota capensis (Mayr, 1862)

【分类地位】　蚁亚科Formicinae / 刺结蚁属*Lepisiota* Santschi, 1926

【形态特征】　工蚁体长2.1~2.7mm。正面观头部近梯形，后缘平直，后角宽圆，侧缘轻度隆起。上颚咀嚼缘具5个齿。唇基背面轻度隆起，前缘强烈隆起。额脊很短，额叶狭窄，触角窝大部外露。触角11节，柄节约2/7超过头后角，鞭节端部轻度变粗。复眼中等大，位于头中线上，单眼3个。侧面观前中胸背板中度隆起呈弓形，前中胸背板缝明显，后胸沟深凹，后胸气门在沟前突起；并胸腹节背面近平直，后上角瘤突状，气门位于瘤突后下方。腹柄结楔形，前倾，背缘具1对齿突。后腹部长卵形，末端突出呈锥形，开口圆形，具1圈放射状短毛。上颚光滑；头部具网状微刻纹；前胸和中胸背板光滑，中胸侧板具细纵皱纹，后胸和并胸腹节具网状细皱纹；腹柄和后腹部光滑。身体背面具丰富立毛和平伏绒毛被。身体黑色，附肢暗棕色至黄棕色。

【生态学特性】　栖息于龙陵西坡海拔1000~1750m的干热河谷稀树灌丛、云南松林内，在植物上、地表、土壤内觅食，在土壤内筑巢。

开普刺结蚁*Lepisiota capensis*
A. 工蚁头部正面观；B. 工蚁整体侧面观；C. 工蚁整体背面观

网纹刺结蚁 *Lepisiota reticulata*

A. 工蚁头部正面观；B. 工蚁整体侧面观；C. 工蚁整体背面观

网纹刺结蚁

Lepisiota reticulata Xu, 1994

【**分类地位**】 蚁亚科 Formicinae / 刺结蚁属 *Lepisiota* Santschi, 1926

【**形态特征**】 工蚁体长2.0~2.7mm。正面观头部近梯形，后缘平直，后角宽圆，侧缘轻度隆起。上颚咀嚼缘具5个齿。唇基背面轻度隆起，前缘强烈隆起。额脊很短，额叶狭窄，触角窝大部外露。触角11节，柄节约1/3超过头后角，鞭节端部轻度变粗。复眼中等大，位于头中线上，单眼3个。侧面观前中胸背板中度隆起呈弓形，前中胸背板缝明显，后胸沟深凹，后胸气门在沟前突起；并胸腹节背面近平直，后上角具粗齿，气门位于齿突后下方。腹柄结楔形，强烈前倾，背缘具1对后弯的尖齿。后腹部长卵形，末端突出呈锥形，开口圆形，具1圈放射状短毛。上颚光滑；头胸部具网状细刻纹，前胸侧面和中胸侧板上部具细纵皱纹；腹柄和后腹部光滑。身体背面具稀疏立毛和丰富平伏绒毛被，后腹部立毛丰富。身体红棕色，后腹部黑色，附肢黄棕色。

【**生态学特性**】 栖息于泸水东坡、坝湾东坡、龙陵东坡海拔750~1750m的干热河谷稀树灌丛、季风常绿阔叶林、针阔混交林、云南松林内，在植物上、地被下、地表、土壤内觅食，在土壤内筑巢。

罗思尼刺结蚁

Lepisiota rothneyi (Forel, 1894)

【分类地位】　蚁亚科Formicinae ／刺结蚁属*Lepisiota* Santschi, 1926

【形态特征】　工蚁体长2.1～2.3mm。正面观头部近梯形，后缘平直，后角窄圆，侧缘中度隆起。上颚咀嚼缘具5个齿。唇基背面轻度隆起，前缘强烈隆起。额脊很短，额叶狭窄，触角窝大部外露。触角11节，柄节约1/3超过头后角，鞭节丝状。复眼中等大，位于头中线上，单眼3个。侧面观前中胸背板强烈隆起呈弓形，前中胸背板缝明显，后胸沟深凹，后胸气门在沟前突起；并胸腹节背面中度隆起，后上角宽圆，斜面与背面等长，气门位于侧面。腹柄结近锥形，前倾，顶端窄圆。后腹部长卵形，末端突出呈锥形，开口圆形，具1圈放射状短毛。上颚具稀疏具毛刻点；头部光滑，前部具细纵皱纹；胸部、腹柄和后腹部光滑。身体背面具稀疏平伏绒毛被，头前部和后腹部具稀疏立毛，头后部、胸部和腹柄缺立毛。身体黑色，附肢黄棕色至暗棕色。

【生态学特性】　栖息于泸水东坡、坝湾东坡、龙陵西坡、龙陵东坡海拔1000～1750m的干热河谷稀树灌丛、季风常绿阔叶林、针阔混交林、针叶林、云南松林内，在植物上、地表、土壤内觅食，在地被内、土壤内筑巢。

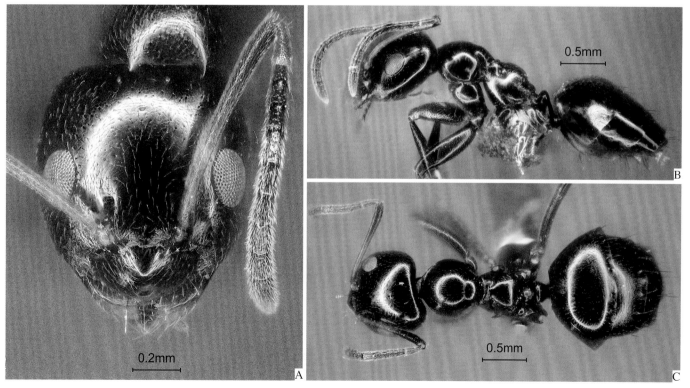

罗思尼刺结蚁*Lepisiota rothneyi*

A. 工蚁头部正面观；B. 工蚁整体侧面观；C. 工蚁整体背面观

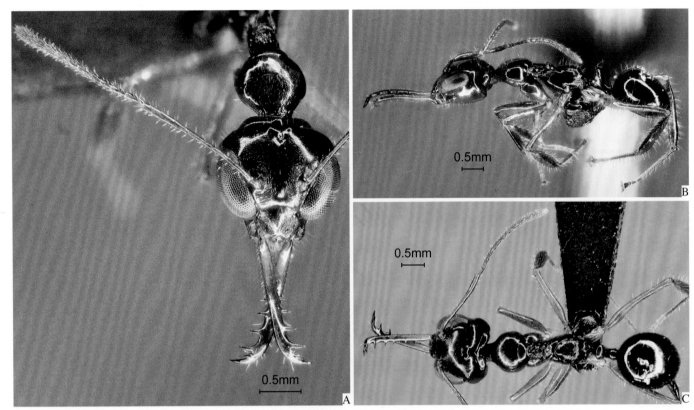

宾氏长齿蚁*Myrmoteras binghamii*
A.工蚁头部正面观；B.工蚁整体侧面观；C.工蚁整体背面观

宾氏长齿蚁

Myrmoteras binghamii Forel, 1893

【分类地位】 蚁亚科Formicinae／长齿蚁属*Myrmoteras* Forel, 1893

【形态特征】 工蚁体长6.3～6.5mm。正面观头部近三角形，向前变窄；后缘中度隆起，具3个低矮瘤突；后角宽圆，侧缘强烈隆起。上颚狭长线形，内缘具9个齿，向端部逐渐变大，端齿和亚端齿间还具2个细齿。唇基前缘圆形深凹。缺额脊和额叶，触角窝外露。触角12节，柄节约2/3超过头后角，鞭节丝状。复眼很大，肾形，占据头侧缘2/3，单眼3个。侧面观前胸背板轻度隆起，前中胸背板缝浅凹，中胸强烈收缩呈圆柱形，后胸沟浅凹，后胸气门在沟前突起；并胸腹节背面轻度隆起，后上角宽圆，斜面短于背面，气门位于侧面。腹柄结近梯形，前倾，前上角高于后上角。后腹部长卵形，末端突出呈锥形，开口圆形，具1圈放射状短毛。上颚光滑；头部光滑，唇基具细纵皱纹；胸部光滑，中胸侧板具粗糙纵皱纹；腹柄和后腹部光滑。身体背面具丰富立毛和倾斜绒毛被。身体红棕色，附肢黄棕色，复眼黑色。

【生态学特性】 栖息于龙陵东坡海拔1000～1500m的针阔混交林、云南松林内，在地表、土壤内觅食。

缅甸尼兰蚁
Nylanderia birmana (Forel, 1902)

【分类地位】 蚁亚科Formicinae / 尼兰蚁属*Nylanderia* Emery, 1906

【形态特征】 工蚁体长3.0～3.2mm。正面观头部近长方形，后缘中度隆起，中央浅凹，后角宽圆，侧缘轻度隆起。上颚咀嚼缘具6个齿。唇基背面轻度隆起，前缘强烈隆起。额脊较短，额叶狭窄，触角窝大部外露。触角12节，柄节约1/2超过头后角，鞭节丝状。复眼中等大，位于头中线上，单眼3个。侧面观前胸背板轻度隆起，前中胸背板缝明显；中胸背板平直，后胸沟深凹，后胸气门在沟前隆起；并胸腹节背面中度隆起，后上角宽圆，斜面约为背面长的1.5倍，气门位于后下角。腹柄结楔形，前倾，顶端较尖。后腹部长卵形，末端突出呈锥形，开口圆形，具1圈放射状短毛。上颚较光滑；头部具细密刻点；胸部、腹柄和后腹部光滑。身体背面具丰富粗长立毛和密集平伏绒毛被。身体黑色至暗棕色，附肢黄棕色至暗棕色。

【生态学特性】 栖息于贡山东坡、龙陵西坡海拔1500～1750m的针阔混交林内，在朽木下、地表、土壤内觅食，在土壤内筑巢。

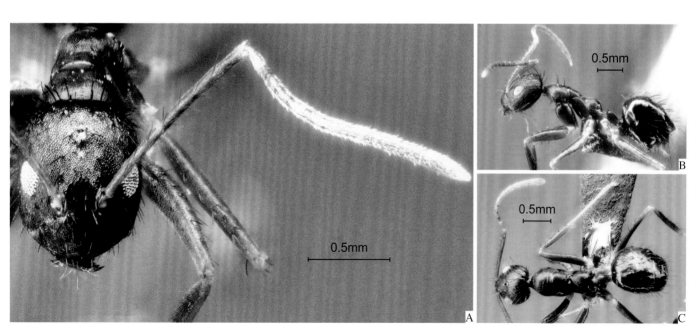

缅甸尼兰蚁*Nylanderia birmana*
A. 工蚁头部正面观；B. 工蚁整体侧面观；C. 工蚁整体背面观

布尼兰蚁*Nylanderia bourbonica*
A.工蚁头部正面观；B.工蚁整体侧面观；C.工蚁整体背面观

布尼兰蚁

Nylanderia bourbonica (Forel, 1886)

【分类地位】 蚁亚科Formicinae / 尼兰蚁属*Nylanderia* Emery, 1906

【形态特征】 工蚁体长3.0～3.2mm。正面观头部近梯形，向前变窄，后缘和侧缘中度隆起，后角宽圆。上颚咀嚼缘具6个齿。唇基背面轻度隆起，前缘宽形浅凹。额脊较短，额叶狭窄，触角窝大部外露。触角12节，柄节约1/2超过头后角，鞭节丝状。复眼中等大，位于头中线上，单眼3个。侧面观前中胸背板轻度隆起呈弱弓形，前中胸背板缝明显，后胸沟深凹，后胸气门在沟前隆起；并胸腹节背面中度隆起，后上角宽圆，斜面约为背面长的2倍，气门位于后下角。腹柄结楔形，前倾，顶端较尖。后腹部长卵形，末端突出呈锥形，开口圆形，具1圈放射状短毛。上颚较光滑；身体具细密微刻点。身体背面具密集粗钝立毛和稠密平伏绒毛被。身体暗棕色至黑色，附肢黄棕色至暗棕色。

【生态学特性】 栖息于贡山东坡、龙陵西坡海拔1500～1750m的针阔混交林内，在朽木下、地表、土壤内觅食，在土壤内筑巢。

黄足尼兰蚁
Nylanderia flavipes (Smith, 1874)

【分类地位】 蚁亚科Formicinae ／尼兰蚁属*Nylanderia* Emery, 1906

【形态特征】 工蚁体长2.0~2.3mm。正面观头部近长方形，后缘和侧缘轻度隆起，后角宽圆。上颚咀嚼缘具5个齿。唇基背面轻度隆起，前缘强烈隆起。额脊较短，额叶狭窄，触角窝大部外露。触角12节，柄节约3/7超过头后角，鞭节丝状。复眼中等大，位于头中线上，单眼3个。侧面观前中胸背板中度隆起呈弓形，前中胸背板缝明显，后胸沟深凹，后胸气门在沟前隆起；并胸腹节背面中度隆起，后上角宽圆，斜面约为背面长的2倍，气门接近斜面后缘。腹柄结楔形，前倾，顶端较尖。后腹部长卵形，末端突出呈锥形，开口圆形，具1圈放射状短毛。上颚和身体光滑。身体背面具丰富粗长立毛和平伏绒毛被，头部绒毛被密集，胸部侧面缺绒毛被。身体棕黄色，头部背面和后腹部端部2/3暗棕色。

【生态学特性】 栖息于贡山西坡、贡山东坡、福贡东坡、泸水西坡、泸水东坡、坝湾西坡、坝湾东坡、龙陵西坡、龙陵东坡海拔1000~2500m的干热河谷稀树灌丛、季雨林、季风常绿阔叶林、中山常绿阔叶林、针阔混交林、针叶林、云南松林内，在植物上、朽木内、朽木下、苔藓下、地被下、地表、土壤内觅食，在朽木内、土壤内筑巢。

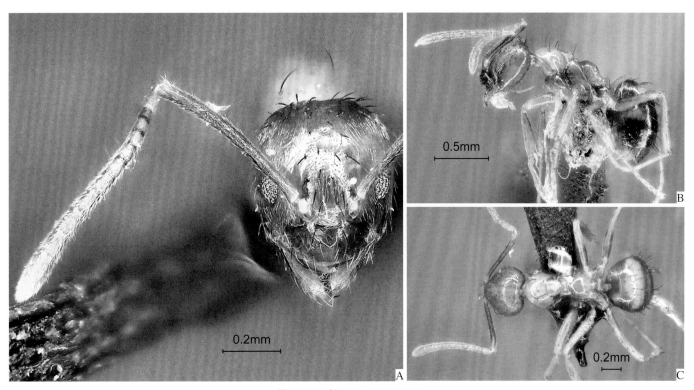

黄足尼兰蚁*Nylanderia flavipes*

A. 工蚁头部正面观；B. 工蚁整体侧面观；C. 工蚁整体背面观

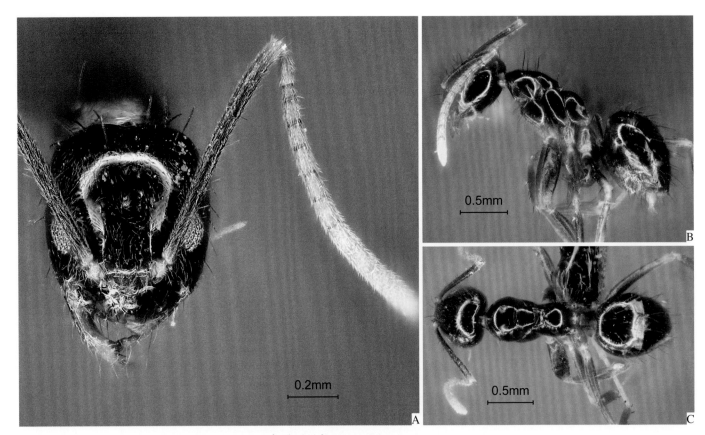

泰氏尼兰蚁*Nylanderia taylori*
A. 工蚁头部正面观；B. 工蚁整体侧面观；C. 工蚁整体背面观

泰氏尼兰蚁

Nylanderia taylori (Forel, 1894)

【分类地位】 蚁亚科Formicinae ／尼兰蚁属*Nylanderia* Emery, 1906

【形态特征】 工蚁体长2.2～2.4mm。正面观头部近长方形，后缘中度隆起，后角宽圆，侧缘轻度隆起。上颚咀嚼缘具5个齿。唇基背面轻度隆起，前缘中部近平直。额脊较短，额叶狭窄，触角窝大部外露。触角12节，柄节约1/2超过头后角，鞭节丝状。复眼中等大，位于头中线上，单眼3个。侧面观前中胸背板中度隆起呈弓形，前中胸背板缝明显，后胸沟深凹，后胸气门在沟前隆起；并胸腹节背面短，轻度隆起，后上角宽圆，斜面约为背面长的3倍，气门接近后下角。腹柄结楔形，前倾，顶端较尖。后腹部长卵形，末端突出呈锥形，开口圆形，具1圈放射状短毛。上颚和身体光滑。身体背面具稀疏粗长立毛和密集平伏绒毛被，胸部侧面缺绒毛被。身体暗棕色，头部背面和后腹部浅黑色。

【生态学特性】 栖息于贡山西坡、贡山东坡、福贡东坡、泸水东坡、坝湾西坡、坝湾东坡海拔1250～2000m的干热河谷稀树灌丛、季风常绿阔叶林、中山常绿阔叶林、针阔混交林、云南松林内，在植物上、朽木内、地被下、石下、地表、土壤内觅食，在地被下、土壤内筑巢。

黄猄蚁
Oecophylla smaragdina (Fabricius, 1775)

【分类地位】 蚁亚科Formicinae／织叶蚁属*Oecophylla* Smith, 1860

【形态特征】 工蚁体长6.0～10.5mm，弱多型性。正面观头部近梯形，向前变窄，后缘近平直，后角宽圆，侧缘中度隆起。上颚长三角形，咀嚼缘约具10个齿。唇基宽大，前缘轻度隆起。额脊较短，额叶狭窄，触角窝大部外露。触角12节，柄节约2/3超过头后角，鞭节丝状，端部轻度变粗。复眼中等大，位于头中线稍后处。侧面观前胸背板中度隆起呈弓形，前中胸背板缝明显；中胸前部强烈收缩呈圆柱形，后胸沟浅凹，后胸气门在沟前隆起；并胸腹节背面近平直，后上角宽圆，斜面稍长于背面，气门椭圆形。腹柄细长，棒状，向后变粗，后上角窄圆至宽圆。后腹部长卵形，腹末开口圆形，具1圈放射状短毛。上颚和身体光滑。身体背面具密集平伏绒毛被，缺立毛，后腹部具丰富短立毛。身体黄棕色，复眼灰色。

【生态学特性】 栖息于坝湾东坡、龙陵东坡海拔750～1250m的干热河谷稀树灌丛、干性常绿阔叶林内，在植物上、地表觅食，在植物上筑巢。

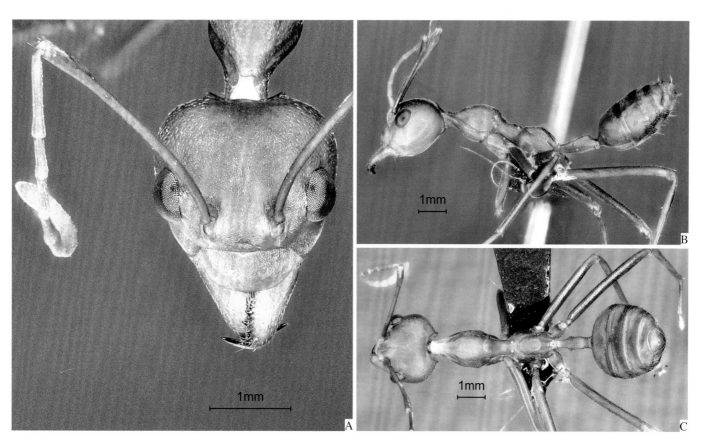

黄猄蚁*Oecophylla smaragdina*
A.工蚁头部正面观；B.工蚁整体侧面观；C.工蚁整体背面观

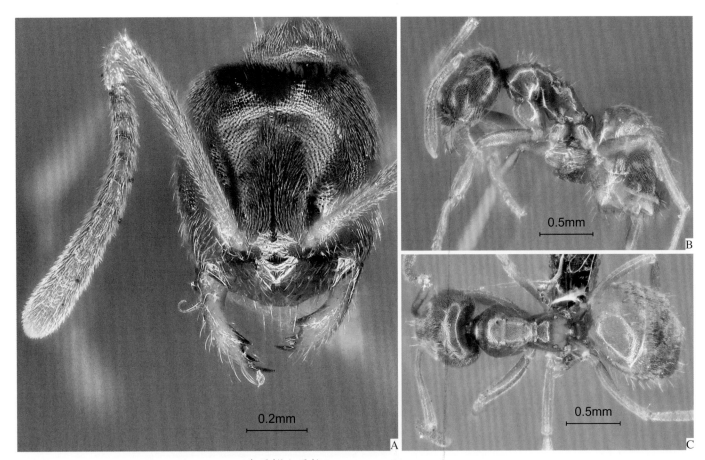

尖毛拟立毛蚁*Paraparatrechina aseta*
A.工蚁头部正面观；B.工蚁整体侧面观；C.工蚁整体背面观

尖毛拟立毛蚁

Paraparatrechina aseta (Forel, 1902)

【分类地位】 蚁亚科Formicinae / 拟立毛蚁属*Paraparatrechina* Donisthorpe, 1947

【形态特征】 工蚁体长2.4~2.5mm。正面观头部近梯形，向前变窄，后缘近平直，后角宽圆，侧缘轻度隆起。上颚咀嚼缘具6个齿。唇基背面轻度隆起，前缘强烈隆起，中央浅凹。额脊较短，额叶狭窄，触角窝大部外露。触角12节，柄节约1/3超过头后角，鞭节丝状。复眼中等大，位于头中线上，单眼3个。侧面观前中胸背板中度隆起呈弓形，前中胸背板缝明显，后胸沟浅凹，后胸气门在沟前隆起；并胸腹节背面短，轻度隆起，后上角宽圆，斜面约为背面长的2.5倍，气门接近斜面边缘。腹柄结楔形，前倾，顶端较尖。后腹部长卵形，末端突出呈锥形，开口圆形，具1圈放射状短毛。上颚和身体较光滑。身体背面具稀疏立毛和稠密平伏绒毛被，胸部侧面缺绒毛被。身体浅黑色至暗棕色，复眼黑色，附肢黄棕色。

【生态学特性】 栖息于贡山西坡、贡山东坡、福贡东坡、泸水西坡、泸水东坡、坝湾西坡、坝湾东坡、龙陵西坡、龙陵东坡海拔1500~2750m的季风常绿阔叶林、中山常绿阔叶林、苔藓常绿阔叶林、针阔混交林、苔藓针阔混交林、云南松林内，在植物上、朽木内、苔藓下、地表、石下、土壤内觅食，在树皮下、石下、土壤内筑巢。

孔明拟立毛蚁

Paraparatrechina kongming (Terayama, 2009)

【分类地位】 蚁亚科Formicinae ／拟立毛蚁属*Paraparatrechina* Donisthorpe, 1947

【形态特征】 工蚁体长1.6～1.8mm。正面观头部近梯形，向前变窄，后缘近平直，后角宽圆，侧缘轻度隆起。上颚咀嚼缘具5个齿。唇基背面轻度隆起，前缘强烈隆起近钝角状。额脊较短，额叶狭窄，触角窝大部外露。触角12节，柄节约2/7超过头后角，鞭节丝状，端部轻度变粗。复眼较小，位于头中线上，单眼3个。侧面观前中胸背板中度隆起呈弓形，前中胸背板缝明显，后胸沟浅凹，后胸气门在沟前隆起；并胸腹节背面短，中度隆起，后上角宽圆，斜面约为背面长的3倍，气门接近斜面边缘。腹柄结楔形，前倾，顶端较尖。后腹部长卵形，末端突出呈锥形，开口圆形，具1圈放射状短毛。上颚和身体较光滑。身体背面具稀疏立毛和稠密平伏绒毛被，胸部侧面缺绒毛被。身体红棕色，复眼和后腹部黑色，附肢黄棕色。

【生态学特性】 栖息于高黎贡山中部、南部中低海拔区域的山地雨林、常绿阔叶林、针阔混交林内，在地表觅食。

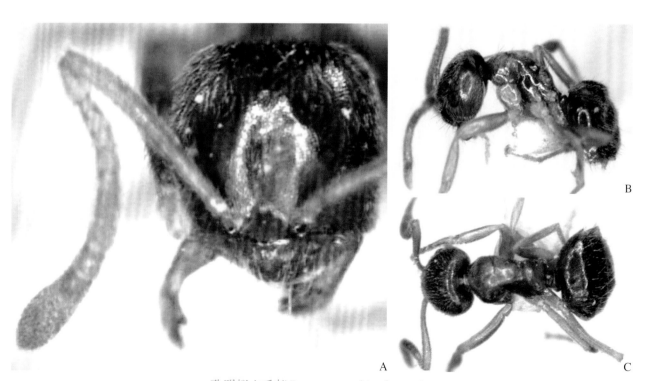

孔明拟立毛蚁*Paraparatrechina kongming*
A. 工蚁头部正面观；B. 工蚁整体侧面观；C. 工蚁整体背面观
（引自AntWiki，Hiraku Yoshitake和Takashi Kurihara／摄）

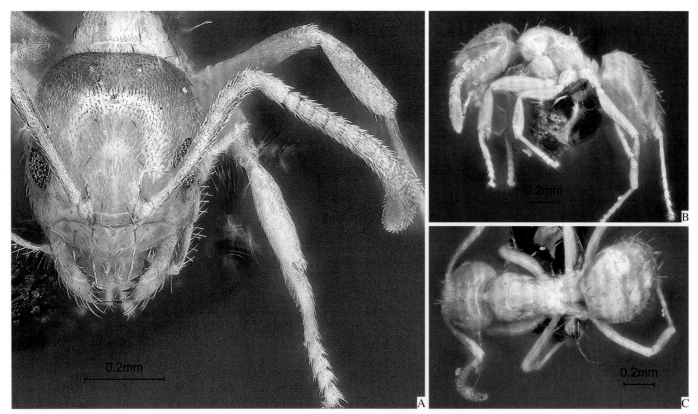

邵氏拟立毛蚁 *Paraparatrechina sauteri*

A. 工蚁头部正面观；B. 工蚁整体侧面观；C. 工蚁整体背面观

邵氏拟立毛蚁

Paraparatrechina sauteri (Forel, 1913)

【分类地位】 蚁亚科Formicinae／拟立毛蚁属*Paraparatrechina* Donisthorpe, 1947

【形态特征】 工蚁体长1.5～1.7mm。正面观头部近长方形，长大于宽，后缘近平直，后角宽圆，侧缘轻度隆起。上颚咀嚼缘具6个齿。唇基背面轻度隆起，前缘中央浅凹。额脊较短，额叶狭窄，触角窝大部外露。触角12节，柄节约1/3超过头后角，鞭节丝状，端部轻度变粗。复眼较小，位于头中线上，单眼3个。侧面观前中胸背板中度隆起呈弓形，前中胸背板缝明显，后胸沟浅凹，后胸气门在沟前隆起；并胸腹节背面短，轻度隆起，后上角宽圆，斜面约为背面长的3倍，气门到达斜面边缘。腹柄结楔形，前倾，顶端较尖。后腹部长卵形，末端突出呈锥形，开口圆形，具1圈放射状短毛。上颚光滑；身体较光滑。身体背面具稀疏立毛和稠密平伏绒毛被，胸部侧面缺绒毛被。身体暗棕色，复眼浅黑色，附肢棕黄色。

【生态学特性】 栖息于泸水东坡、坝湾东坡海拔1000～1500m的干热河谷稀树灌丛、针阔混交林、云南松林内，在地表、土壤内觅食，在土壤内筑巢。

长角立毛蚁

Paratrechina longicornis (Latreille, 1802)

【分类地位】　蚁亚科Formicinae ／立毛蚁属*Paratrechina* Motschulsky, 1863

【形态特征】　工蚁体长2.4～2.8mm。正面观头部近长方形，长大于宽，后缘中度隆起，后角宽圆，侧缘轻度隆起。上颚咀嚼缘具6个齿。唇基背面轻度隆起，前缘中央浅凹。额脊较短，额叶狭窄，触角窝大部外露。触角12节，柄节约2/3超过头后角，鞭节丝状。复眼较大，位于头中线稍后处，单眼3个。侧面观前胸背板近平直，前中胸背板缝明显；中胸背板平直，后胸沟浅凹，后胸气门在沟前隆起；并胸腹节背面与斜面分界不明显，中度隆起呈弓形，后上角极宽圆，气门位于后下部。腹柄结楔形，前倾，顶端较尖。后腹部长卵形，末端突出呈锥形，开口圆形，具1圈放射状短毛。上颚和身体光滑。身体背面具丰富粗长立毛和平伏绒毛被。身体红棕色至黑色，复眼灰白色，附肢黄棕色。

【生态学特性】　栖息于坝湾东坡海拔1000m的干热河谷稀树灌丛内，在地表觅食，在土壤内筑巢。

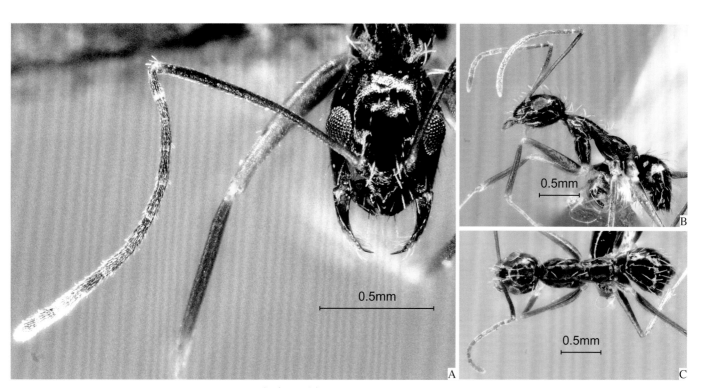

长角立毛蚁*Paratrechina longicornis*

A. 工蚁头部正面观；B. 工蚁整体侧面观；C. 工蚁整体背面观

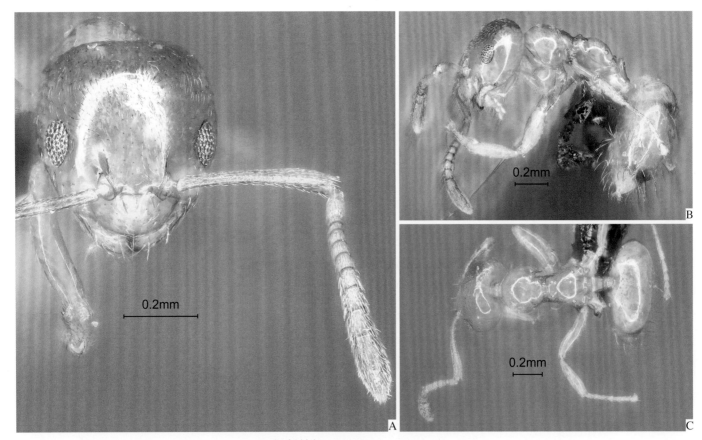

阿禄斜结蚁*Plagiolepis alluaudi*

A. 工蚁头部正面观；B. 工蚁整体侧面观；C. 工蚁整体背面观

阿禄斜结蚁

Plagiolepis alluaudi Emery, 1894

【分类地位】 蚁亚科Formicinae／斜结蚁属*Plagiolepis* Mayr, 1861

【形态特征】 工蚁体长1.0～1.1mm。正面观头部近梯形，向前变窄，后缘和侧缘中度隆起，后角宽圆。上颚咀嚼缘具5个齿。唇基背面轻度隆起，前缘强烈隆起。额脊较短，额叶狭窄，触角窝大部外露。触角11节，柄节约1/4超过头后角，鞭节丝状，端部轻度变粗。复眼中等大，位于头中线上。侧面观前中胸背板中度隆起呈弓形，前中胸背板缝明显；中胸中部收缩，在背面深凹；后胸沟浅凹，后胸气门在沟前隆起；并胸腹节背面与斜面分界不明显，中度隆起呈弓形，后上角极宽圆，气门接近斜面边缘。腹柄结楔形，前倾，顶端较尖。后腹部长卵形，末端突出呈锥形，开口圆形，具1圈放射状短毛。上颚和身体光滑。身体背面具稀疏立毛和丰富平伏绒毛被，胸部和腹柄背面缺立毛。身体棕黄色，复眼灰色，附肢浅黄色。

【生态学特性】 栖息于坝湾东坡海拔1000～1500m的干热河谷稀树灌丛、针阔混交林内，在地表、石下觅食。

小黄斜结蚁

Plagiolepis exigua Forel, 1894

【分 类 地 位】 蚁亚科Formicinae / 斜结蚁属*Plagiolepis* Mayr, 1861

【形 态 特 征】 工蚁体长1.1～1.3mm。正面观头部近梯形，向前变窄，后缘平直，后角宽圆，侧缘中度隆起。上颚咀嚼缘具5个齿。唇基背面轻度隆起，前缘强烈隆起。额脊较短，额叶狭窄，触角窝大部外露。触角11节，柄节刚到达头后角，鞭节丝状，端部轻度变粗。复眼中等大，位于头中线之前。侧面观前中胸背板强烈隆起呈弓形，前中胸背板缝明显；中胸中部收缩，在背面深凹；后胸气门隆起，后胸沟深凹；并胸腹节背面短，轻度隆起，后上角宽圆，斜面约为背面长的3倍，气门接近斜面边缘。腹柄结楔形，前倾，顶端较尖。后腹部长卵形，末端突出呈锥形，开口圆形，具1圈放射状短毛。上颚和身体光滑。身体背面具丰富平伏绒毛被，头前部和后腹部具极稀疏立毛，头后部、胸部和腹柄背面缺立毛。身体棕黄色，复眼灰色，附肢浅黄色。

【生态学特性】 栖息于泸水东坡、坝湾东坡海拔1000～1500m的干热河谷稀树灌丛、针阔混交林内，在地表、土壤内觅食。

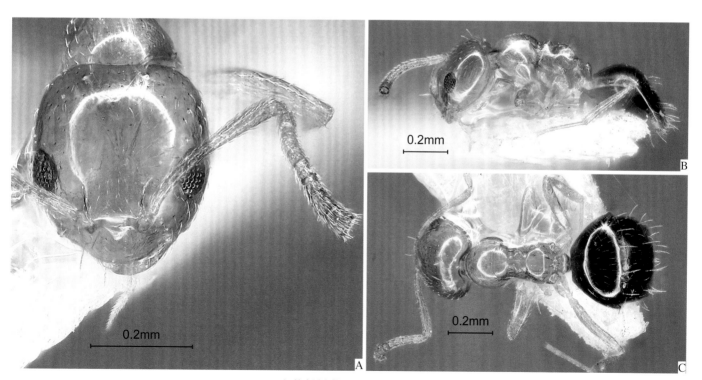

小黄斜结蚁*Plagiolepis exigua*

A. 工蚁头部正面观；B. 工蚁整体侧面观；C. 工蚁整体背面观

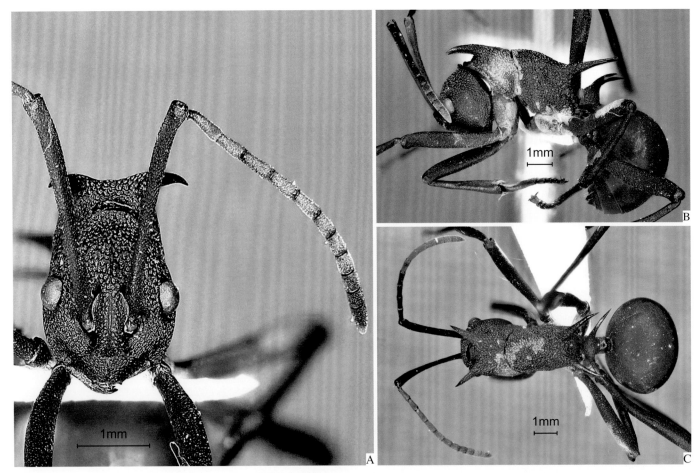

阿玛多刺蚁*Polyrhachis armata*
A. 工蚁头部正面观；B. 工蚁整体侧面观；C. 工蚁整体背面观

阿玛多刺蚁

Polyrhachis armata (Le Guillou, 1842)

【分类地位】 蚁亚科Formicinae / 多刺蚁属*Polyrhachis* Smith, 1857

【形态特征】 工蚁体长10.0～11.1mm。正面观头部近三角形，向前变宽，后缘窄圆，后角宽圆，前侧缘中度隆起，后侧缘较直。上颚咀嚼缘具5个齿。唇基具弱的中央纵脊，前缘强烈隆起。额脊到达复眼后缘水平，缺额叶，触角窝外露。触角12节，柄节约1/2超过头后缘，鞭节丝状。复眼中等大，突起，位于头中线上。侧面观前胸背板具1对下弯长刺，前中胸背板缝明显；中胸背板轻度隆起，缺后胸沟；并胸腹节背面直，后上角具1对下弯长刺，气门缝状。腹柄结方形，后上角具1对长刺。后腹部长卵形，腹末开口圆形。背面观前胸背板长刺直，指向前侧方；并胸腹节刺和腹柄结刺轻度内弯。上颚和唇基具细密刻点；头部、胸部和腹柄具密集小型凹坑，界面呈细网纹；后腹部具细密微刻点。身体背面具密集平伏绒毛被，缺立毛，头前部和后腹部末端具稀疏立毛。身体黑色。

【生态学特性】 栖息于高黎贡山南部低海拔区域的山地雨林、常绿阔叶林内，在植物上、地表觅食，在树干上筑丝质巢。

二色多刺蚁

Polyrhachis bicolor Smith, 1858

【分类地位】 蚁亚科Formicinae / 多刺蚁属*Polyrhachis* Smith, 1857

【形态特征】 工蚁体长8.2~8.6mm。正面观头部近椭圆形，后缘狭窄，具横脊，后角不明显，侧缘中度隆起。上颚咀嚼缘具5个齿。唇基具弱的中央纵脊，前缘近平直。额脊到达复眼中央水平，缺额叶，触角窝外露。触角12节，柄节约3/5超过头后缘，鞭节丝状。复眼较大，突起，位于头中线之后。侧面观胸部背面中度隆起呈弓形，前胸背板具1对上弯的短刺，前中胸背板缝明显，后胸沟消失；并胸腹节刺细长，气门缝状。腹柄结近锥形，具1对后弯的长刺。后腹部长卵形，腹末开口圆形。背面观前胸背板刺轻度外弯，并胸腹节刺直，腹柄结刺轻度内弯。上颚光滑；头胸部和腹柄具密集细刻点；后腹部具细密微刻点。身体背面具密集长立毛和稠密平伏绒毛被。身体黑色，上颚、鞭节端部、腿节基部和后腹部红棕色至黄棕色。

【生态学特性】 栖息于泸水东坡海拔1000m的干热河谷稀树灌丛内，在植物上、地表觅食。

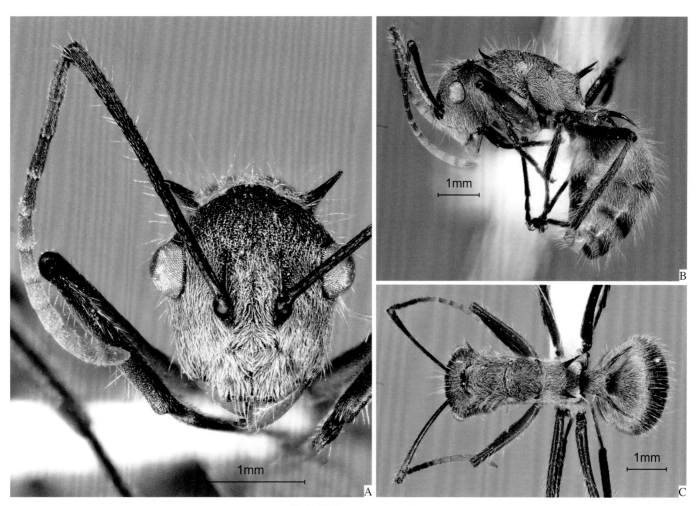

二色多刺蚁*Polyrhachis bicolor*

A. 工蚁头部正面观；B. 工蚁整体侧面观；C. 工蚁整体背面观

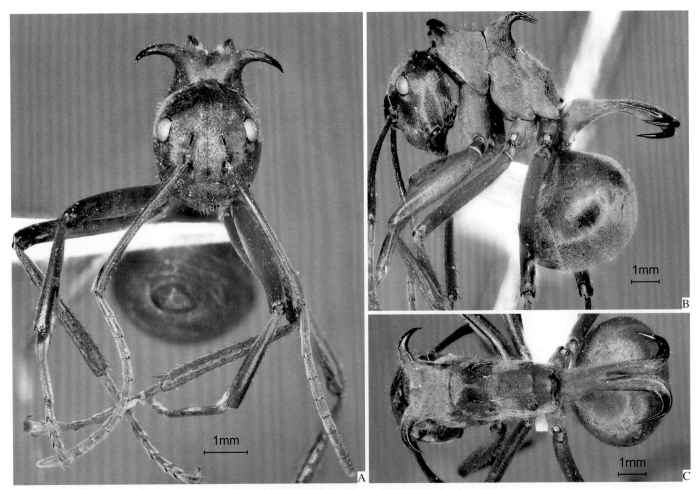

双钩多刺蚁Polyrhachis bihamata

A.工蚁头部正面观；B.工蚁整体侧面观；C.工蚁整体背面观

双钩多刺蚁

Polyrhachis bihamata (Fabricius, 1775)

【分类地位】 蚁亚科Formicinae / 多刺蚁属*Polyrhachis* Smith, 1857

【形态特征】 工蚁体长9.1~12.2mm。正面观头部近椭圆形，后缘窄圆，具横脊，后角不明显，侧缘中度隆起。上颚咀嚼缘具5个齿。唇基具弱的中央纵脊，前缘轻度隆起。额脊到达复眼中央水平，缺额叶，触角窝外露。触角12节，柄节约1/2超过头后缘，鞭节丝状。复眼中等大，隆起，位于头中线之后。侧面观前胸背板具1对下弯的钩状刺，前中胸背板缝明显；中胸背板具1对后弯的钩状长刺，后胸沟消失；并胸腹节后上角具1对三角形齿，气门缝状。腹柄结近锥形，顶端延伸出1对后弯的极长刺，顶端下弯呈钩状。后腹部长卵形，腹末开口圆形。背面观前胸背板刺粗壮，后弯呈钩状；中胸背板刺指向后方；腹柄结刺粗壮，基部贴合，端部下弯呈钩状。上颚具稀疏具毛刻点；头胸部和腹柄具密集细刻点；后腹部光滑。身体背面具稠密平伏绒毛被，缺立毛，胸部和腹柄结绒毛被较长，头前部和后腹部末端具密集立毛。身体黄棕色，头部和背面钩状刺末端黑色，附肢和后腹部端部暗红棕色。

【生态学特性】 栖息于高黎贡山南部低海拔区域的山地雨林、常绿阔叶林、针阔混交林内，在植物上、地表觅食，在树上筑巢。

缅甸多刺蚁

Polyrhachis burmanensis Donisthorpe, 1938

【分类地位】 蚁亚科Formicinae / 多刺蚁属*Polyrhachis* Smith, 1857

【形态特征】 工蚁体长6.0~6.3mm。正面观头部近梯形，后缘中度隆起，后角宽圆，侧缘近平直。上颚咀嚼缘具5个齿。唇基背面轻度隆起，前缘轻度隆起。额脊到达复眼中央水平，缺额叶，触角窝外露。触角12节，柄节约2/3超过头后角，鞭节丝状。复眼中等大，突起，位于头中线之后头后角处。侧面观胸部背面极度驼背，强烈隆起呈弓形，前中胸背板缝明显，后胸沟消失；并胸腹节背面和斜面分界不明显，轻度隆起呈弱弓形，气门缝状。腹柄结三角形，顶端延伸呈尖刺。后腹部长卵形，腹末开口圆形。背面观前胸背板肩角窄圆；腹柄结背缘中央具2个短刺突，两侧各具1个齿突。上颚具细密纵条纹；身体光滑。身体背面具稀疏平伏短绒毛被，头部背面和后腹部末端具稀疏立毛。身体黑色，足暗红棕色。

【生态学特性】 栖息于坝湾东坡海拔1250m的干热河谷稀树灌丛内，在植物上、地表觅食。

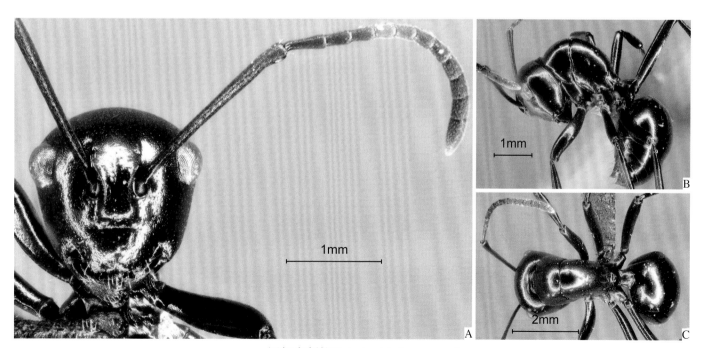

缅甸多刺蚁*Polyrhachis burmanensi*

A. 工蚁头部正面观；B. 工蚁整体侧面观；C. 工蚁整体背面观

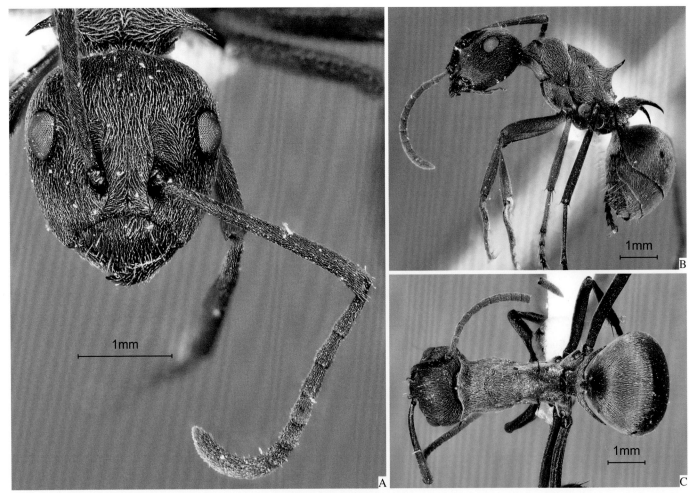

双齿多刺蚁*Polyrhachis dives*
A.工蚁头部正面观；B.工蚁整体侧面观；C.工蚁整体背面观

双齿多刺蚁

Polyrhachis dives Smith, 1857

【分类地位】 蚁亚科Formicinae / 多刺蚁属*Polyrhachis* Smith, 1857

【形态特征】 工蚁体长6.0~6.9mm。正面观头部近梯形，后缘和侧缘轻度隆起，后角宽圆。上颚咀嚼缘具5个齿。唇基具弱的中央纵脊，前缘中部平直或浅凹，两侧各具1个齿突。额脊到达复眼中央水平，缺额叶，触角窝外露。触角12节，柄节约1/2超过头后角，鞭节丝状。复眼中等大，突起，位于头中线之后。侧面观胸部背面轻度隆起呈弱弓形，前胸背板具1对长刺，前中胸背板缝浅凹，后胸沟细弱；并胸腹节背面直，后上角具1对长刺，气门缝状。腹柄结近锥形，顶端具1对后弯长刺。后腹部长卵形，腹末开口圆形。背面观前胸背板和并胸腹节刺直，腹柄结刺轻度后弯，背缘中部具1对小齿突。上颚具细纵条纹；头胸部和腹柄具密集粗刻点；后腹部具细密刻点。身体背面具稠密平伏绒毛被，头部背面和后腹部末端具稀疏立毛。身体黑色，复眼暗红棕色。

【生态学特性】 栖息于坝湾东坡海拔1000m的干热河谷稀树灌丛内，在植物上、地表觅食，在植物上筑巢。

叉多刺蚁
Polyrhachis furcata Smith, 1858

【分 类 地 位】　蚁亚科Formicinae / 多刺蚁属*Polyrhachis* Smith, 1857

【形 态 特 征】　工蚁体长6.6～6.8mm。正面观头部近梯形，后缘和侧缘中度隆起，后角宽圆。上颚咀嚼缘具5个齿。唇基具弱的中央纵脊，前缘轻度隆起。额脊到达复眼中央水平，缺额叶，触角窝外露。触角12节，柄节约1/2超过头后角，鞭节丝状。复眼中等大，隆起，位于头中线之后。侧面观胸部背面强烈隆起呈弓形，前胸背板具1对短刺，前中胸背板缝浅凹，后胸沟消失；并胸腹节具1对下弯的长刺，气门缝状。腹柄结近锥形，顶端延伸出1对极长的后弯长刺，顶端下弯呈钩状。后腹部长卵形，腹末开口圆形。背面观前胸背板刺轻度内弯；并胸腹节刺基部轻度内弯，端部轻度外弯；腹柄结刺基部分开，端部下弯呈钩状。上颚、头部和后腹部光滑；胸部具网状皱纹；腹柄基部具密集细刻点。身体背面具密集长立毛和密集平伏绒毛被，胸部绒毛被稠密，后腹部绒毛被丰富。身体黑色，复眼和附肢暗红棕色。

【生态学特性】　栖息于高黎贡山南部低海拔区域的山地雨林、常绿阔叶林、针阔混交林内，在植物上、地表觅食。

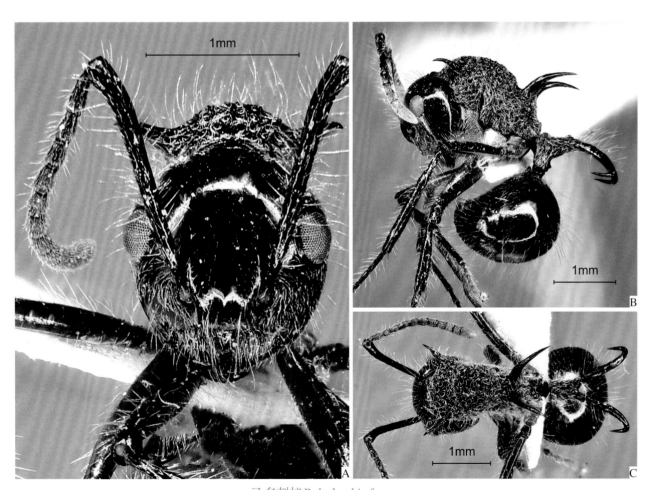

叉多刺蚁*Polyrhachis furcata*

A. 工蚁头部正面观；B. 工蚁整体侧面观；C. 工蚁整体背面观

哈氏多刺蚁*Polyrhachis halidayi*
A. 工蚁头部正面观；B. 工蚁整体侧面观；C. 工蚁整体背面观

哈氏多刺蚁

Polyrhachis halidayi Emery, 1889

【分类地位】 蚁亚科Formicinae / 多刺蚁属*Polyrhachis* Smith, 1857

【形态特征】 工蚁体长6.3～7.1mm。正面观头部近梯形，后缘中部中度隆起，后角宽圆，侧缘轻度隆起。上颚咀嚼缘具5个齿。唇基具弱的中央纵脊，前缘中度隆起。额脊到达复眼中央水平，缺额叶，触角窝外露。触角12节，柄节约1/2超过头后角，鞭节丝状。复眼中等大，隆起，位于头中线之后。侧面观胸部背面轻度隆起呈弱弓形，两侧具边缘，前中胸背板缝明显，后胸沟消失；并胸腹节具1对齿突，气门缝状。腹柄结锥形，背缘中部具1对齿突，两侧各具1个后弯长刺。后腹部长卵形，腹末开口圆形。背面观前胸背板肩角窄圆，腹柄结两侧长刺轻度后弯。上颚和唇基光滑；头胸部背面具纵皱纹；胸部侧面和腹柄具密集粗刻点；后腹部较光滑。身体背面具稀疏立毛和密集平伏绒毛被，胸部和腹柄背面缺立毛，后腹部绒毛被稠密。身体黑色，复眼和附肢暗红棕色。

【生态学特性】 栖息于泸水东坡海拔1750～2000m的中山常绿阔叶林、云南松林内，在植物上、地表觅食，在朽木内筑巢。

奇多刺蚁
Polyrhachis hippomanes Smith, 1861

【分类地位】 蚁亚科Formicinae / 多刺蚁属*Polyrhachis* Smith, 1857

【形态特征】 工蚁体长5.0~5.2mm。正面观头部近椭圆形，后缘强烈隆起，窄圆，后角不明显，侧缘中度隆起。上颚咀嚼缘具5个齿。唇基具中央纵脊，前缘中部近平直，两侧各具1个齿突。额脊到达复眼中央水平，缺额叶，触角窝外露。触角12节，柄节约1/2超过头后缘，鞭节丝状。复眼较大，突起，位于头中线之后。侧面观胸部背面中度隆起呈弓形，前胸背板肩角具齿突，前中胸背板缝明显，后胸沟消失；并胸腹节具1对轻度下弯的长刺，气门缝状。腹柄结近梯形，顶端具1对后弯的细长刺。后腹部长卵形，腹末开口圆形。背面观前胸背板肩角齿突三角形；并胸腹节刺粗而长，轻度内弯；腹柄结刺轻度内弯。上颚具稀疏具毛细刻点；头胸部具密集刻点；腹柄具细横纹；后腹部较光滑。身体背面具稠密平伏短绒毛被，头部绒毛被密集，头前部和后腹部端部具少数立毛。身体黑色，复眼和附肢暗红棕色。

【生态学特性】 栖息于泸水东坡、龙陵西坡海拔1000m的干热河谷稀树灌丛、山地雨林内，在植物上、地表觅食。

奇多刺蚁*Polyrhachis hippomanes*
A. 工蚁头部正面观；B. 工蚁整体侧面观；C. 工蚁整体背面观

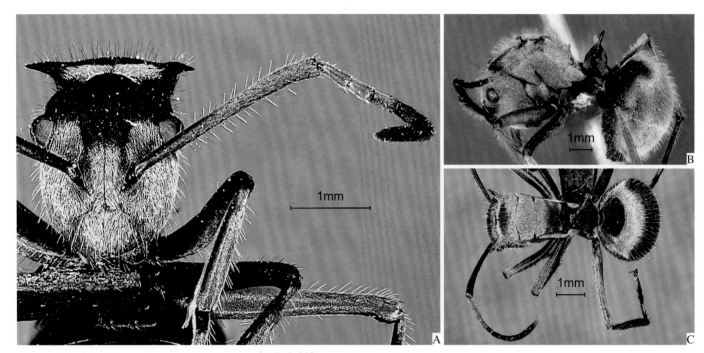

伊劳多刺蚁*Polyrhachis illaudata*
A. 工蚁头部正面观；B. 工蚁整体侧面观；C. 工蚁整体背面观

伊劳多刺蚁
Polyrhachis illaudata Walker, 1859

【分类地位】 蚁亚科Formicinae / 多刺蚁属*Polyrhachis* Smith, 1857

【形态特征】 工蚁体长7.6～10.1mm。正面观头部近椭圆形，后缘强烈隆起，中央浅凹，后角宽圆，侧缘中度隆起。上颚咀嚼缘具5个齿。唇基具中央纵脊，前缘强烈隆起，额脊到达复眼中央水平，缺额叶，触角窝外露。触角12节，柄节约1/2超过头后缘，鞭节丝状。复眼较大，突起，位于头中线之后。侧面观胸部背面中度隆起呈弓形，两侧具边缘，前胸背板肩角具轻度下弯中等长刺，前中胸背板缝明显，中胸背板前端具齿突，后胸沟消失；并胸腹节前端具瘤突，后上角具近直立的短齿突，气门缝状。腹柄结近锥形，顶端具1对轻度后弯的长刺，两侧各具1个短齿突。后腹部长卵形，腹末开口圆形。背面观前胸背板刺轻度内弯，腹柄结顶端长刺轻度内弯。上颚具细纵条纹；头胸部具纵条纹；腹柄具细横纹；后腹部具密集刻点。身体背面具密集立毛和稠密平伏绒毛被。身体黑色，复眼和附肢黑色至暗红棕色。

【生态学特性】 栖息于泸水东坡、坝湾东坡、龙陵东坡海拔1000～1500m的干热河谷稀树灌丛、针阔混交林内，在植物上、地表、石下、土壤内觅食，在土壤内筑巢。

平滑多刺蚁

Polyrhachis laevigata Smith, 1857

【分类地位】 蚁亚科Formicinae / 多刺蚁属*Polyrhachis* Smith, 1857

【形态特征】 工蚁体长6.1~6.3mm。正面观头部近梯形，后缘强烈隆起，后角宽圆，侧缘近平直。上颚咀嚼缘具5个齿。唇基缺中央纵脊，前缘中度隆起。额脊到达复眼中央水平，缺额叶，触角窝外露。触角12节，柄节约1/2超过头后缘，鞭节丝状。复眼较大，突起，位于头中线之后头后角处。侧面观胸部背面强烈隆起呈弓形，前中胸背板缝明显，后胸沟消失；并胸腹节刺粗而长，轻度下弯，气门缝状。腹柄结近梯形，顶端具1对后弯的细长刺。后腹部长卵形，腹末开口圆形。背面观前胸背板肩角直角形，并胸腹节刺轻微内弯，腹柄结轻度内弯。上颚和头部背面中央光滑，头部背面两侧具细纵皱纹；胸部背面、腹柄和后腹部较光滑，胸部侧面具细网纹。身体背面具丰富平伏短绒毛被，头前端和后腹部末端具少数立毛。身体黑色，足红棕色。

【生态学特性】 栖息于高黎贡山南部中低海拔区域的山地雨林、常绿阔叶林、针阔混交林内，在植物上、地表觅食。

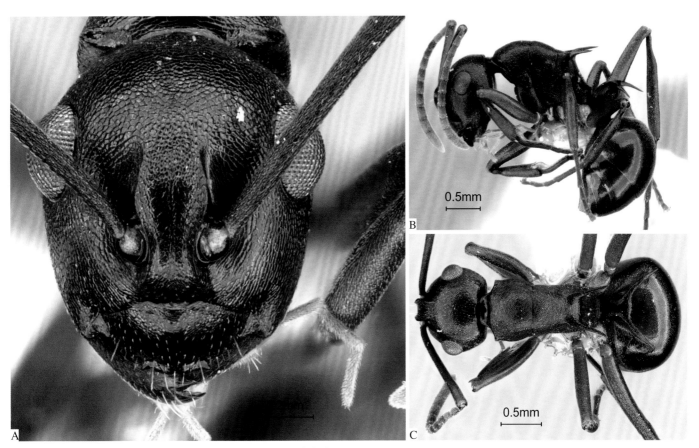

平滑多刺蚁*Polyrhachis laevigata*
A. 工蚁头部正面观；B. 工蚁整体侧面观；C. 工蚁整体背面观
（引自AntWeb，CASENT0906769，Michele Esposito / 摄）

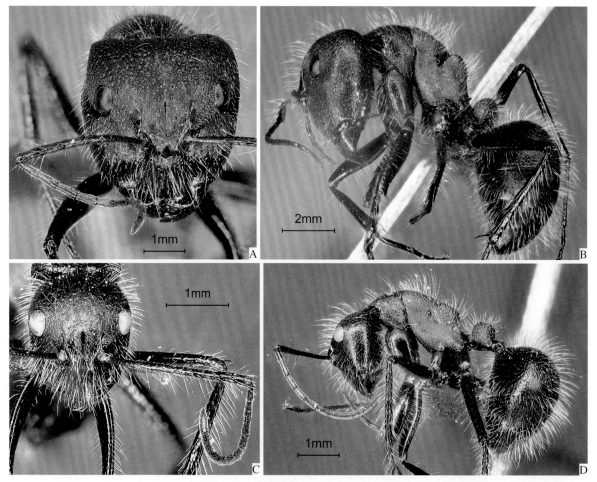

拟弓多刺蚁*Polyrhachis paracamponota*

A. 大型工蚁头部正面观；B. 大型工蚁整体侧面观；C. 小型工蚁头部正面观；D. 小型工蚁整体侧面观

拟弓多刺蚁

Polyrhachis paracamponota Wang & Wu, 1991

【分类地位】 蚁亚科Formicinae / 多刺蚁属*Polyrhachis* Smith, 1857

【形态特征】 大型工蚁体长14.6～14.8mm。正面观头部近梯形，后缘浅凹，后角窄圆，侧缘轻度隆起。上颚咀嚼缘具7个齿。唇基具中央纵脊，前缘轻度隆起。额脊到达复眼中央水平，缺额叶，触角窝外露。触角12节，柄节约1/4超过头后角，鞭节丝状。复眼较小，位于头中线之后。侧面观前中胸背板中度隆起呈弓形，前胸背板肩角具齿突，前中胸背板缝明显，后胸沟深切；并胸腹节背面短，强烈隆起，后上角极宽圆，斜面约为背面长的3倍，气门缝状。腹柄结近方形，背面强烈隆起。后腹部长卵形，腹末开口圆形。上颚具稀疏具毛刻点；头部具密集刻点和稀疏小型凹坑；胸部具密集刻点，并胸腹节和腹柄具网状皱纹；后腹部具密集刻点。身体背面具密集长立毛和密集平伏绒毛被。身体黑色，胸部和腹柄红棕色，后腹部基部背面具1对暗红色斑。

小型工蚁体长6.4～6.6mm，与大型工蚁相似但身体较小，头后缘强烈隆起，复眼位于头后角处，柄节约2/3超过头后角；后胸沟浅凹，并胸腹节背面直，后上角钝角状。

【生态学特性】 栖息于泸水东坡、坝湾西坡、龙陵西坡、龙陵东坡海拔1000～1500m的干热河谷稀树灌丛、山地雨林、针阔混交林内，在植物上、地表、土壤内觅食，在土壤内筑巢。

刻点多刺蚁

Polyrhachis punctillata Roger, 1863

【分类地位】 蚁亚科Formicinae / 多刺蚁属*Polyrhachis* Smith, 1857

【形态特征】 工蚁体长8.8~9.0mm。正面观头部近梯形，后缘中度隆起，后角宽圆，侧缘轻度隆起。上颚咀嚼缘具5个齿。唇基具弱的中央纵脊，前缘强烈隆起。额脊到达复眼中央水平，缺额叶，触角窝外露。触角12节，柄节约2/3超过头后角，鞭节丝状。复眼较大，位于头中线之后。侧面观胸部背面中度隆起呈弓形，两侧具边缘，前胸背板肩角具齿突，前中胸背板缝明显，后胸沟消失；并胸腹节后上角具尖齿突，气门缝状。腹柄结近楔形，背缘具4个齿突。后腹部长卵形，腹末开口圆形。背面观前胸背板肩角齿状，腹柄结背缘中部2个齿突较短，两侧齿突较长。上颚具细纵条纹；头胸部具密集粗刻点；腹柄和后腹部具密集细刻点。身体背面具稀疏短立毛和稠密平伏绒毛被，后腹部立毛密集。身体黑色，复眼暗红棕色。

【生态学特性】 栖息于坝湾东坡海拔1000m的干热河谷稀树灌丛内，在植物上、地表、土壤内觅食。

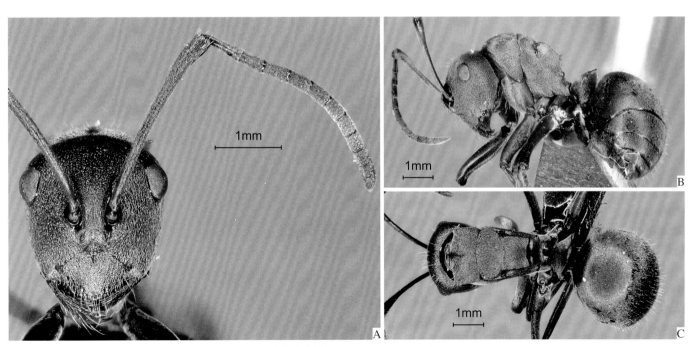

刻点多刺蚁*Polyrhachis punctillata*

A. 工蚁头部正面观；B. 工蚁整体侧面观；C. 工蚁整体背面观

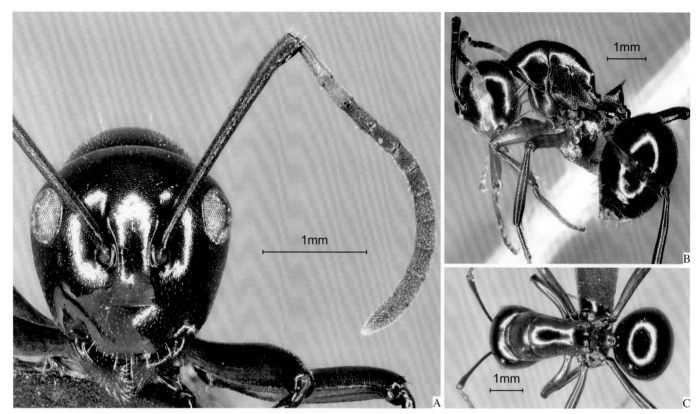

结多刺蚁*Polyrhachis rastellata*
A. 工蚁头部正面观；B. 工蚁整体侧面观；C. 工蚁整体背面观

结多刺蚁

Polyrhachis rastellata (Latreille, 1802)

【分类地位】 蚁亚科Formicinae / 多刺蚁属*Polyrhachis* Smith, 1857

【形态特征】 工蚁体长7.7～7.9mm。正面观头部近梯形，后缘中度隆起，后角宽圆，侧缘轻度隆起。上颚咀嚼缘具5个齿。唇基背面轻度隆起，前缘近平直。额脊到达复眼中央水平，缺额叶，触角窝外露。触角12节，柄节约2/3超过头后角，鞭节丝状。复眼较大，位于头中线之后，接近头后角。侧面观胸部背面极度驼背，强烈隆起呈弓形，前中胸背板缝明显，后胸沟消失；并胸腹节后上角具齿突，气门缝状。腹柄结三角形，背缘具4个齿或短刺。后腹部长卵形，腹末开口圆形。背面观前胸背板肩角宽圆，腹柄结背缘中部2个短尖刺，两侧各具1个齿突。上颚和身体光滑。身体背面具丰富平伏短绒毛被，头部背面和后腹部末端具稀疏立毛。身体黑色，复眼灰色，足红棕色。

【生态学特性】 栖息于泸水东坡海拔1250m的季风常绿阔叶林内，在植物上、地表觅食。

汤普森多刺蚁

Polyrhachis thompsoni Bingham, 1903

【分类地位】 蚁亚科Formicinae / 多刺蚁属*Polyrhachis* Smith, 1857

【形态特征】 工蚁体长7.2~7.4mm。正面观头部近椭圆形，后缘强烈隆起，后角极宽圆，侧缘中度隆起。上颚咀嚼缘具5个齿。唇基具弱的中央纵脊，前缘轻度隆起。额脊到达复眼后缘水平，缺额叶，触角窝外露。触角12节，柄节约1/2超过头后角，鞭节丝状。复眼较大，突起，位于头中线之后。侧面观胸部背面强烈隆起呈弓形，前胸背板肩角具轻度下弯短刺，前中胸背板缝明显，后胸沟消失；并胸腹节具轻微下弯的粗长刺，气门缝状。腹柄结近梯形，顶端具1对后弯的长刺。后腹部长卵形，腹末开口圆形。背面观前胸背板肩角短刺轻微内弯，并胸腹节长刺直，腹柄结长刺强烈内弯，背缘中部具2个小瘤突。上颚具密集细刻点；头胸部和腹柄具网状细皱纹；后腹部具密集细刻点。身体背面具丰富平伏短绒毛被，头前部绒毛被密集，头前部和后腹部末端具少数立毛。身体黑色，复眼黄棕色。

【生态学特性】 栖息于泸水东坡海拔1500~2000m的季风常绿阔叶林、中山常绿阔叶林、针阔混交林内，在植物上、地表觅食。

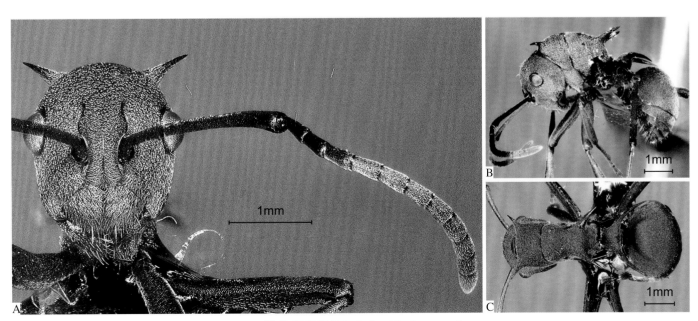

汤普森多刺蚁*Polyrhachis thompsoni*
A. 工蚁头部正面观；B. 工蚁整体侧面观；C. 工蚁整体背面观

光胫多刺蚁*Polyrhachis tibialis*

A.工蚁头部正面观；B.工蚁整体侧面观；C.工蚁整体背面观

光胫多刺蚁

Polyrhachis tibialis Smith, 1858

【分类地位】 蚁亚科Formicinae / 多刺蚁属*Polyrhachis* Smith, 1857

【形态特征】 工蚁体长5.4～5.6mm。正面观头部近梯形，后缘中度隆起，后角宽圆，侧缘轻度隆起。上颚咀嚼缘具5个齿。唇基具弱的中央纵脊，前缘中部近平直。额脊到达复眼后缘水平，缺额叶，触角窝外露。触角12节，柄节约1/2超过头后角，鞭节丝状。复眼较大，突起，位于头中线稍后处。侧面观胸部背面强烈隆起呈弓形，前胸背板肩角具短刺，前中胸背板缝明显，后胸沟消失；并胸腹节具直长刺，气门缝状。腹柄结近锥形，背缘两侧具1对后弯的长刺。后腹部长卵形，腹末开口圆形。背面观前胸背板肩角短刺粗，轻微前弯；并胸腹节长刺直；腹柄结长刺轻度后弯，背缘中部具2个齿突。上颚具细纵条纹；头胸部和腹柄具密集刻点；后腹部较光滑。身体背面具稠密平伏长绒毛被，头部背面和后腹部末端具少数立毛。身体黑色，复眼暗红棕色。

【生态学特性】 栖息于泸水东坡、坝湾西坡、坝湾东坡海拔1000～1750m的干热河谷稀树灌丛、季风常绿阔叶林、针阔混交林、云南松林内，在植物上、地表觅食。

角胸前结蚁

Prenolepis angularis Zhou, 2001

【分类地位】 蚁亚科Formicinae ／前结蚁属*Prenolepis* Mayr, 1861

【形态特征】 工蚁体长2.9～3.1mm。正面观头部近梯形，后缘和侧缘轻度隆起，后角宽圆。上颚咀嚼缘具6个齿。唇基背面轻度隆起，前缘中部近平直。额脊较短，额叶狭窄，触角窝大部外露。触角12节，柄节约1/2超过头后角，鞭节丝状，端部轻度变粗。复眼较大，位于头中线之后。侧面观前中胸背板中度隆起呈弓形，前中胸背板缝明显，中胸中部强烈收缩，后胸沟深凹；并胸腹节背面直，后上角钝角状，斜面与背面等长，气门圆形。腹柄结近楔形，强烈前倾，顶端较尖。后腹部长卵形，末端突出呈锥形，开口圆形，具1圈放射状短毛。上颚和身体光滑，中胸侧板具纵皱纹，并胸腹节具稀疏细刻点。身体背面具丰富长立毛和丰富平伏绒毛被，柄节具密集亚倾斜立毛。身体暗棕色至黑色，附肢黄棕色。

【生态学特性】 栖息于贡山东坡、泸水西坡海拔2000～2750m的中山常绿阔叶林、苔藓常绿阔叶林、针阔混交林、苔藓针阔混交林内，在植物上、树皮下、朽木内、朽木下、地被内、地表、石下、土壤内觅食，在树上、朽木内、地被内、石下、土壤内筑巢。

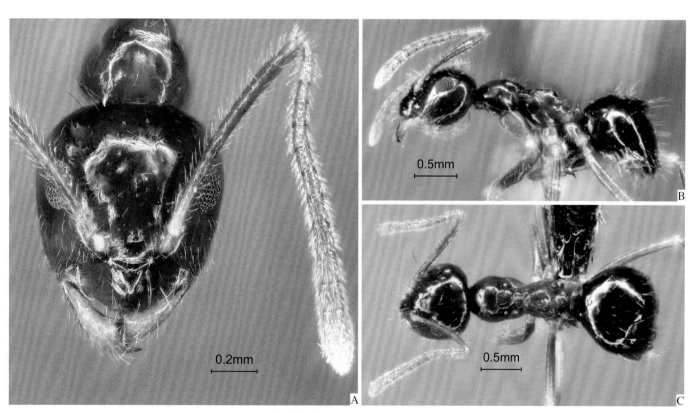

角胸前结蚁*Prenolepis angularis*

A. 工蚁头部正面观；B. 工蚁整体侧面观；C. 工蚁整体背面观

棒结前结蚁*Prenolepis fustinoda*
A. 工蚁头部正面观；B. 工蚁整体侧面观；C. 工蚁整体背面观

棒结前结蚁

Prenolepis fustinoda Williams & LaPolla, 2016

【分类地位】 蚁亚科Formicinae / 前结蚁属*Prenolepis* Mayr, 1861

【形态特征】 工蚁体长3.0~3.2mm。正面观头部近心形，后缘近平直，后角宽圆，侧缘中度隆起。上颚咀嚼缘具6个齿。唇基背面轻度隆起，前缘强烈隆起近钝角状。额脊较短，额叶狭窄，触角窝大部外露。触角12节，柄节约1/2超过头后角，鞭节丝状，端部轻度变粗。复眼较大，位于头中线之后。侧面观前中胸背板强烈隆起呈弓形，前中胸背板缝明显，中胸中部强烈收缩，后胸沟深凹；并胸腹节背面轻度隆起，后上角宽圆，斜面与背面等长，气门圆形。腹柄棒状，向前变粗，腹柄结低矮，背面圆形隆起。后腹部长卵形，末端突出呈锥形，开口圆形，具1圈放射状短毛。上颚光滑；头部具密集细刻点，颊区具细纵条纹；胸部、腹柄和后腹部光滑，中胸侧板上部和后胸侧板下部具纵皱纹。身体背面具丰富长立毛和平伏绒毛被，头部和后腹部立毛密集，柄节具密集亚倾斜立毛。身体红棕色，后腹部黑色，附肢黄棕色至暗棕色。

【生态学特性】 栖息于高黎贡山中部、南部中低海拔区域的山地雨林、常绿阔叶林、针阔混交林内，在地表觅食。

那氏前结蚁

Prenolepis naoroji Forel, 1902

【分类地位】　蚁亚科Formicinae／前结蚁属*Prenolepis* Mayr, 1861

【形态特征】　工蚁体长3.2~3.7mm。正面观头部近梯形，后缘和侧缘中度隆起，后角宽圆。上颚咀嚼缘具6个齿。唇基背面轻度隆起，前缘强烈隆起近钝角状。缺额脊，额叶狭窄，触角窝大部外露。触角12节，柄节约1/2超过头后角，鞭节丝状。复眼大，隆起，位于头中线稍后处。侧面观前中胸背板强烈隆起呈弓形，前中胸背板缝明显，中胸中部强烈收缩，后胸沟深凹；并胸腹节背面轻度隆起，后上角宽圆，斜面与背面等长，气门圆形。腹柄结楔形，强烈前倾，顶端较尖。后腹部长卵形，末端突出呈锥形，开口圆形，具1圈放射状短毛。上颚和身体光滑。身体背面具丰富长立毛和平伏绒毛被，后腹部立毛密集，柄节具密集倾斜立毛。身体浅黑色，复眼和后腹部黑色，附肢暗棕色。

【生态学特性】　栖息于坝湾西坡、龙陵西坡海拔1250~2500m的季风常绿阔叶林、中山常绿阔叶林、针阔混交林内，在植物上、地表、石下、土壤内觅食，在地被内、石下、土壤内筑巢。

那氏前结蚁*Prenolepis naoroji*

A. 工蚁头部正面观；B. 工蚁整体侧面观；C. 工蚁整体背面观

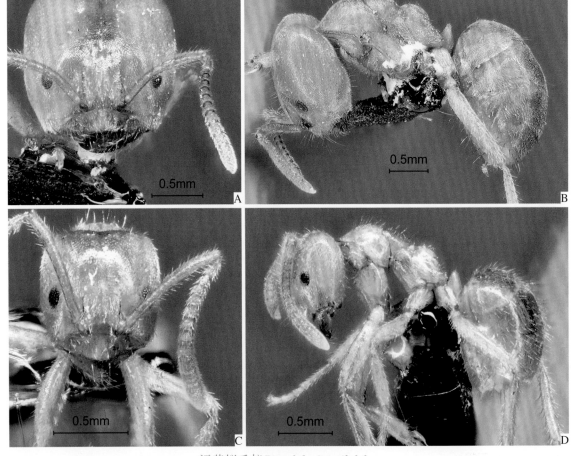

污黄拟毛蚁*Pseudolasius cibdelus*

A. 大型工蚁头部正面观；B. 大型工蚁整体侧面观；C. 小型工蚁头部正面观；D. 小型工蚁整体侧面观

污黄拟毛蚁

Pseudolasius cibdelus Wu & Wang, 1992

【分类地位】 蚁亚科Formicinae / 拟毛蚁属*Pseudolasius* Emery, 1887

【形态特征】 大型工蚁体长4.5～4.7mm。正面观头部近方形，后缘角状深凹，后头叶窄圆，侧缘中度隆起。上颚咀嚼缘具5个齿。唇基短，前缘宽形浅凹。额脊接近头中线，额叶较窄，部分遮盖触角窝。触角12节，柄节未到达头后角，鞭节向端部轻度变粗。复眼小，位于头中线之前。侧面观前中胸背板中度隆起呈弓形，前中胸背板缝明显，后胸沟深凹，后胸气门在沟内隆起；并胸腹节背面短，中度隆起，后上角宽圆，斜面约为背面长的2倍，气门圆形。腹柄结楔形，前倾，顶端较尖。后腹部长卵形，末端突出呈锥形，开口圆形，具1圈放射状短毛。上颚光滑；头胸部具细密刻点；腹柄和后腹部较光滑。身体背面具稀疏立毛和密集倾斜绒毛被。身体棕黄色，上颚棕红色，复眼黑色。

小型工蚁体长3.0～3.2mm，与大型工蚁相似但身体较小，正面观头部近梯形，后缘中央微凹，后角宽圆，侧缘轻度隆起。唇基前缘强烈隆起，额脊到达复眼中央水平，柄节约1/4超过头后角。复眼位于头中线上。上颚具细纵条纹；身体光滑。身体背面具密集立毛和密集平伏绒毛被。

【生态学特性】 栖息于泸水东坡、坝湾东坡海拔1000～1500m的干热河谷稀树灌丛、针阔混交林、云南松林内，在地表、土壤内觅食，在土壤内筑巢。

埃氏拟毛蚁

Pseudolasius emeryi Forel, 1911

【分类地位】 蚁亚科Formicinae / 拟毛蚁属*Pseudolasius* Emery, 1887

【形态特征】 大型工蚁体长6.6~6.8mm。正面观头部近梯形，后缘角状深凹，后头叶窄圆，侧缘中度隆起。上颚咀嚼缘具6个齿。唇基前缘平直。额脊到达复眼中央水平，额叶较窄，部分遮盖触角窝。触角12节，柄节未到达头后角，鞭节向端部轻度变粗。复眼较小，位于头中线之前。侧面观前中胸背板中度隆起呈弓形，前中胸背板缝明显，后胸沟浅凹，后胸气门在沟前隆起；并胸腹节背面较直，后上角宽圆，斜面约与背面等长；腹柄结楔形，前倾，顶端较尖。后腹部长卵形，末端突出呈锥形，开口圆形，具1圈放射状短毛。上颚具稀疏具毛刻点；头胸部具细密刻点，腹柄和后腹部较光滑。身体背面具密集立毛和稠密平伏绒毛被。身体暗棕色，头部两侧和附肢黄棕色，复眼黑色。

小型工蚁体长1.7~2.0mm，与大型工蚁相似但身体很小；头部近长方形，后缘浅凹，侧缘轻度隆起；复眼极小，仅具少数小眼；并胸腹节背面轻度隆起；身体光滑，身体背面具密集立毛和平伏绒毛被，身体浅黄色至黄棕色。

中型工蚁体型介于大型工蚁和小型工蚁之间。

【生态学特性】 栖息于贡山西坡、贡山东坡、福贡东坡、泸水东坡、坝湾西坡、坝湾东坡、龙陵西坡、龙陵东坡海拔1000~2000m的干热河谷稀树灌丛、山地雨林、季风常绿阔叶林、中山常绿阔叶林、针阔混交林、针叶林、云南松林内，在植物上、地被下、地表、石下、土壤内觅食，在朽木内、土壤内筑巢。

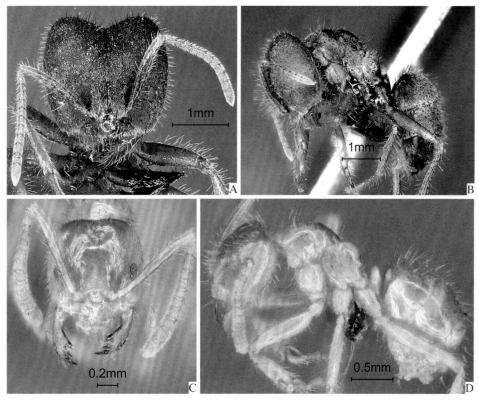

埃氏拟毛蚁*Pseudolasius emeryi*

A.大型工蚁头部正面观；B.大型工蚁整体侧面观；C.小型工蚁头部正面观；D.小型工蚁整体侧面观

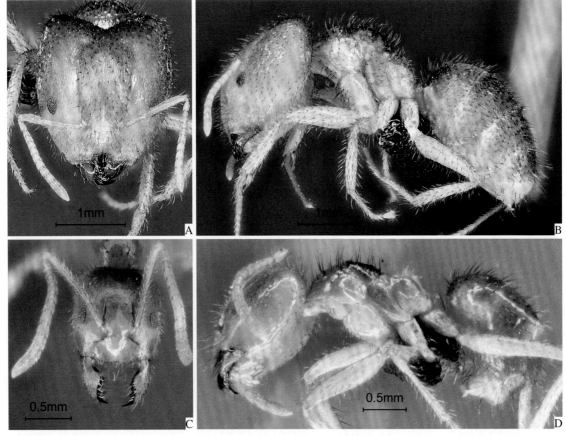

西氏拟毛蚁 *Pseudolasius silvestrii*

A. 大型工蚁头部正面观；B. 大型工蚁整体侧面观；C. 小型工蚁头部正面观；D. 小型工蚁整体侧面观

西氏拟毛蚁

Pseudolasius silvestrii Wheeler, 1927

【分类地位】 蚁亚科Formicinae / 拟毛蚁属*Pseudolasius* Emery, 1887

【形态特征】 大型工蚁体长4.1~4.4mm。正面观头部近梯形，后缘角状深凹，后头叶宽圆，侧缘轻度隆起。上颚咀嚼缘具6个齿。唇基前缘中央圆形深凹。额脊超过复眼水平，额叶较窄，部分遮盖触角窝。触角12节，柄节未到达头后角，鞭节向端部轻度变粗。复眼较小，位于头中线之前。侧面观前中胸背板强烈隆起呈弓形，前中胸背板缝明显，后胸沟深凹，后胸气门在沟前隆起；并胸腹节背面轻度隆起，后上角宽圆，斜面约为背面长的2倍。腹柄结楔形，前倾，顶端较尖。后腹部长卵形，末端突出呈锥形，开口圆形，具1圈放射状短毛。上颚光滑；头部具细密刻点；胸部、腹柄和后腹部光滑，中胸具细密刻点。身体背面具密集立毛和平伏绒毛被，头部绒毛被稠密。身体黄棕色，上颚和后腹部暗棕色，附肢棕黄色。

小型工蚁体长2.4~2.7mm，与大型工蚁相似但身体很小；头部近长方形，后缘浅凹；唇基前缘中部轻度前伸，前缘近平直；触角柄节约1/5超过头后角。后胸沟浅凹；腹柄结较厚，三角形。身体光滑，胸部背面立毛稀疏，身体黄棕色，附肢浅黄色。

中型工蚁体型介于大型和小型工蚁之间。

【生态学特性】 栖息于泸水东坡、龙陵东坡海拔1000~1250的山地雨林、针阔混交林内，在地表、石下、土壤内觅食，在土壤内筑巢。

扎姆拟毛蚁

Pseudolasius zamrood Akbar et al., 2017

【**分类地位**】 蚁亚科Formicinae / 拟毛蚁属*Pseudolasius* Emery, 1887

【**形态特征**】 大型工蚁体长3.6～3.8mm。正面观头部近梯形，后缘角状深凹，后头叶宽圆，侧缘轻度隆起。上颚咀嚼缘具5个齿。唇基前缘中部平直。额脊长于额叶，额叶较窄，部分遮盖触角窝。触角12节，柄节未到达头后角，鞭节向端部轻度变粗。复眼极小，仅具少数小眼，位于头中线之前。侧面观前中胸背板中度隆起呈弓形，前中胸背板缝浅凹，后胸沟深凹，后胸气门在沟前隆起；并胸腹节背面短，中度隆起，后上角宽圆，斜面约为背面长的2倍。腹柄结楔形，前倾，顶端较尖。后腹部长卵形，末端突出呈锥形，开口圆形，具1圈放射状短毛。上颚具稀疏具毛刻点；头部具细密刻点；胸部、腹柄和后腹部光滑。身体背面具密集立毛和平伏绒毛被，头部绒毛被稠密。身体黄棕色，附肢棕黄色。

小型工蚁体长3.4～3.5mm，与大型工蚁相似但身体较小；头部近梯形，后缘浅凹，侧缘轻度隆起；触角较长，柄节刚到达头后角，复眼很小；前中胸背板强烈隆起呈弓形。

【**生态学特性**】 栖息于泸水东坡、坝湾西坡、坝湾东坡海拔1000～1500m的干热河谷稀树灌丛、季风常绿阔叶林、针阔混交林内，在地表、土壤内觅食，在土壤内筑巢。

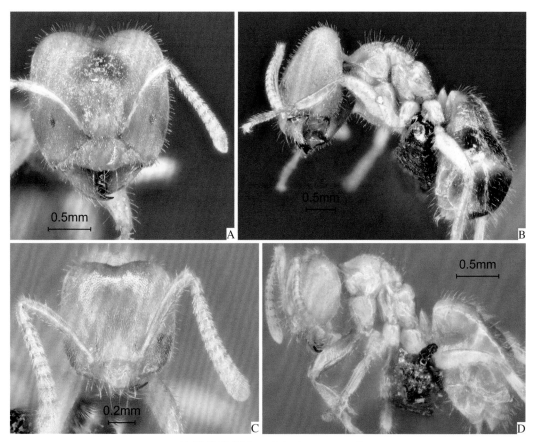

扎姆拟毛蚁*Pseudolasius zamrood*

A. 大型工蚁头部正面观；B. 大型工蚁整体侧面观；C. 小型工蚁头部正面观；D. 小型工蚁整体侧面观

参考文献

郭宁妍, 钱昱含, 徐正会, 等, 2021. 滇西南地区蚂蚁物种多样性研究[J]. 西南农业学报, 34(8): 1728-1739.

郭宁妍, 钱昱含, 徐正会, 等, 2022. 滇西南地区蚂蚁物种分布格局研究[J]. 云南农业大学学报(自然科学), 37(1): 10-23.

黄钊, 徐正会, 刘霞, 等, 2019. 滇东北地区的蚂蚁物种多样性[J]. 生态学杂志, 38(12): 3697-3705.

李安娜, 徐正会, 许国莲, 等, 2017. 云南铜壁关自然保护区及邻近地区蚂蚁多样性研究[J]. 西南林业大学学报, 37(2): 135-141.

梅象信, 徐正会, 张继玲, 等, 2006. 昆明西山森林公园东坡蚂蚁物种多样性研究[J]. 林业科学研究, 19(2): 170-176.

钱怡顺, 钱昱含, 徐正会, 等, 2021. 云南哀牢山自然保护区蚁科昆虫区系分析[J]. 河南农业大学学报, 55(3): 485-494.

宋扬, 徐正会, 李春良, 等, 2013. 云南南滚河自然保护区蚁科昆虫区系分析[J]. 林业科学研究, 26(6): 773-780.

宋扬, 徐正会, 李春良, 2014. 云南南滚河自然保护区蚂蚁群落研究[J]. 西部林业科学, 43(5): 93-100.

唐觉, 李参, 1992. 膜翅目: 蚁科[M] //陈世骧主编. 横断山区昆虫(第2册). 北京: 科学出版社: 1371-1374.

魏格纳, 2006. 海陆的起源[M]. 李旭旦, 译. 北京: 北京大学出版社.

吴坚, 王常禄, 1995. 中国蚂蚁[M]. 北京: 中国林业出版社.

熊清华, 艾怀森, 2006. 高黎贡山自然与生物多样性研究[M]. 北京: 科学出版社.

徐正会, 2002. 西双版纳自然保护区蚁科昆虫生物多样性研究[M]. 昆明: 云南科技出版社.

徐正会, 褚姣娇, 张成林, 等, 2011. 藏东南工布自然保护区的蚂蚁种类及分布格局[J]. 四川动物, 30(1): 118-123.

徐正会, 房华, 赵梦乔, 等, 2022. 云南高黎贡山蚂蚁区系及物种多样性研究[J]. 西南林业大学学报(自然科学), 42(5): 1-17.

徐正会, 付磊, 李继乖, 等, 2006. 高黎贡山自然保护区东西坡蚂蚁群落比较研究[M]//熊清华, 艾怀森. 高黎贡山自然与生物多样性研究. 北京: 科学出版社: 563-571.

徐正会, 蒋兴成, 陈志强, 等, 2001a. 高黎贡山自然保护区东坡垂直带蚂蚁群落研究[J]. 林业科学研究, 14(2): 115-124.

徐正会, 李继乖, 付磊, 等, 2001b. 高黎贡山自然保护区西坡垂直带蚂蚁群落研究[J]. 动物学研究, 22(1): 58-63.

徐正会, 吴定敏, 陈志强, 等, 2001c. 高黎贡山自然保护区东坡水平带蚂蚁群落研究[J]. 林业科学研究, 14(6): 603-609.

徐正会, 柳太勇, 何云峰, 等, 1999a. 西双版纳四种植被亚型原始林和次生林蚂蚁群落比较研究[J]. 动物学研究, 20(5): 360-364.

徐正会, 曾光, 柳太勇, 等, 1999b. 西双版纳地区不同植被亚型蚁科昆虫群落研究[J]. 动物学研究, 20(2): 118-125.

徐正会, 龙启珍, 付磊, 等, 2002. 高黎贡山自然保护区西坡水平带蚂蚁群落研究[C] //廉振民, 奚耕思, 黄原, 等. 动物科学. 西安: 陕西师范大学出版社: 286-294.

徐正会, 杨比伦, 刘霞, 等, 2021. 西藏蚂蚁区系及物种多样性研究[J]. 西南林业大学学报(自然科学), 41(1): 1-16.

薛纪如, 1995. 高黎贡山国家自然保护区[M]. 北京: 中国林业出版社.

张荣祖, 2011. 中国动物地理[M]. 北京: 科学出版社.

周善义, 2001. 广西蚂蚁[M]. 桂林: 广西师范大学出版社.

诸慧琴, 徐正会, 张新民, 等, 2019. 滇东南地区的蚂蚁物种多样性[J]. 环境昆虫学报, 41(3): 533-544.

诸慧琴, 徐正会, 和玉成, 等, 2020. 滇东南地区蚂蚁群落结构研究[J]. 湖北农业科学, 59(5): 113-120.

AntMaps, 2022. AntMaps [Z/OL]. [2022-02-17]. https://antmaps.org/.

AntWeb, 2022. AntWeb [Z/OL]. [2022-02-17]. https://www.antweb.org/.

AntWiki, 2022. AntWiki [Z/OL]. [2022-02-17]. https://www.antwiki.org/.

BINGHAM C T, 1903. The fauna of British India, including Ceylon and Burma. Hymenoptera: Vol. II Ants and Cuckoo-wasps [M]. London: Taylor and Francis: 506.

BOLTON B, 1994. Identification Guide to the Ant Genera of the World [M]. Cambridge, Mass.: Harvard University Press: 222.

BOLTON B, 1995. A New General Catalogue of the Ants of the World [M]. Cambridge, Mass.: Harvard University Press: 504.

BOLTON B, 2022. An Online Catalog of the Ants of the World [Z/OL]. [2022-02-17]. http://www.antcat.org/.

Conservation International, 2022. Biodiversity Hotspots [Z/OL]. [2022-02-17]. https://www.conservation.org/priorities/biodiversity-hotspots.

DUBOVIKOFF D A, 2005. The system of taxon *Bothriomyrmex* Emery, 1869 sensu lato (Hymenoptera: Formicidae) and relatives genera [J] . Kavkazskii Entomologicheskii Byulleten, 1: 89-94.

EGUCHI K, 2008. A revision of northern Vietnamese species of the ant genus *Pheidole* (Insecta: Hymenoptera: Formicidae: Myrmicinae) [J]. Zootaxa, 1902: 1-118.

GUÉNARD B , DUNN R R, 2012. A checklist of the ants of China [J]. Zootaxa, 3358: 1-77.

HÖLLDOBLER B, WILSON E O, 1990. The Ants [M]. Cambridge, USA: Belknap Press of Harvard University Press.

LAPOLLA J, BRADY S G, SHATTUCK S O, 2010. Phylogeny and taxonomy of the *Prenolepis* genus-group of ants (Hymenoptera: Formicidae) [J]. Systematic Entomology, 35: 118-131.

LENGYEL S, GOVE A D, LATIMER A M, et al., 2010. Convergent evolution of seed dispersal by ants, and phylogeny and biogeography in flowering plants: a global survey [J]. Perspectives in Plant Ecology, Evolution and Systematics, 12(1): 43-55.

LIU C, GUÉNARD B, HITA GARCIA F, et al., 2015. New records of ant species from Yunnan, China [J]. ZooKeys, 477: 17-78.

LIU C, FISCHER G, HITA GARCIA F, et al., 2020. Ants of the Hengduan Mountains: a new altitudinal survey and updated checklist for Yunnan Province highlight an understudied insect biodiversity hotspot [J]. ZooKeys, 978: 1-171.

MAYR G, 1889. Insecta in itinere Cl. Przewalski in Asia Centrali novissime lecta. XVII. Formiciden aus Tibet [J]. Trudy Russkago Entomologicheskago Obshchestva, 24: 278-280.

MOREAU C S, BELL C D, VILA R, et al., 2006. Phylogeny of the ants: diversification in the age of angiosperms [J]. Science, 312(5770): 101-104.

RADCHENKO A G, ELMES Q W, 2010. *Myrmica* Ants (Hymenoptera: Formicidae) of the Old World. Fauna Mundi: Vol. 3 [M]. Warszawa: Natura Optima dux Foundation.

SCHMIDT C A, SHATTUCK S O, 2014. The higher classification of the ant subfamily Ponerinae (Hymenoptera: Formicidae), with a review of ponerine ecology and behavior [J]. Zootaxa, 3817 (1): 1-242.

STAAB M, HITA GARCIA F, LIU C, et al., 2018. Systematics of the ant genus *Proceratium* Roger (Hymenoptera, Formicidae, Proceratiinae) in China with descriptions of three new species based on micro-CT enhanced next-generation-morphology [J]. ZooKeys, 770: 137-192.

TERAYAMA M, 2009. A synopsis of the family Formicidae of Taiwan (Insecta: Hymenoptera)[J]. Research Bulletin of Kanto Gakuen University, 17: 81-266.

THOMAS J A, SETTELE J, 2004. Evolutionary biology: butterfly mimics of ants [J]. Nature, 432: 283-284.

WALLACE A R, 1876. The Geographical Distribution of Animals: Vol.1 [M]. London: Macmillan.

WARD P S, BRADY S G, FISHER B L, et al., 2015. The evolution of myrmicine ants: phylogeny and biogeography of a hyperdiverse ant clade (Hymenoptera: Formicidae) [J]. Systematic Entomology, 40: 61-81.

WILSON E O, 1971. The Insect Societies [M]. Cambridge, USA: Harvard University Press.

XU Z H, 2001A. Four new species of the ant genus *Ponera* Latreille (Hymenoptera: Formicidae) from Yunnan, China [J]. Entomotaxonomia, 23(3): 217-226.

XU Z H, 2001b. A systematic study on the ant genus *Amblyopone* Erichson from China (Hymenoptera: Formicidae). Acta Zootaxonomica Sinica, 26(4): 551-556.

XU Z H, 2003. A systematic study on Chinese species of the ant genus *Oligomyrmex* Mayr (Hymenoptera, Formicidae) [J]. Acta Zootaxonomica Sinica, 28(2): 310-322.

XU Z H, 2006. Three new species of the ant genera *Amblyopone* Erichson, 1842 and *Proceratium* Roger, 1863 (Hymenoptera: Formicidae) from Yunnan, China [J]. Myrmecologische Nachrichten, 8: 151-155.

XU Z H, 2012. *Gaoligongidris planodorsa*, a new genus and species of the ant subfamily Myrmicinae from China with a key to the genera of Stenammini of the world (Hymenoptera: Formicidae) [J]. Sociobiology, 59(2): 331-342.

XU Z H, CHAI Z Q, 2004. Systematic study on the ant genus *Tetraponera* F. Smith (Hymenoptera, Formicidae) of China [J]. Acta Zootaxonomica Sinica, 29(1): 63-76.

XU Z H, LIU X, 2012. Three new species of the ant genus *Myopias* (Hymenoptera: Formicidae) from China with a key to the known Chinese species. Sociobiology, 59(1): 819-834.

YOSHIMURA M, FISHER B L, 2012. A revision of male ants of the Malagasy Amblyoponinae (Hymenoptera: Formicidae) with resurrections of the genera *Stigmatomma* and *Xymmer* [J]. PLoS ONE, 7 (3): e33325.

中文名索引

学名索引

附录　高黎贡山已知蚂蚁名录

　　该名录依据Bolton (1995)分类系统记载高黎贡山已知蚂蚁11亚科67属245种，亚科参照系统发育顺序排序，亚科内各属按照属名拉丁字母顺序排序，属内物种按照种名拉丁字母顺序排序。依据AntWiki（2022）和AntMaps（2022）的地理分布信息，提供了每个物种在我国各省、自治区、直辖市、特别行政区的分布以及在国外国家和地区的地理分布，以方便读者和研究人员参考。

1 钝猛蚁亚科Amblyoponinae

1）点眼猛蚁属*Stigmatomma* Roger, 1859

（1）梅里点眼猛蚁*Stigmatomma meilianum* (Xu & Chu, 2012)

分布：中国（云南）。

（2）八齿点眼猛蚁*Stigmatomma octodentatum* (Xu, 2006)

分布：中国（云南、西藏）。

（3）三叶点眼猛蚁*Stigmatomma trilobum* (Xu, 2001)

分布：中国（云南）。

2 刺猛蚁亚科Ectatomminae

2）曲颊猛蚁属*Gnamptogenys* Roger, 1863

（4）双色曲颊猛蚁*Gnamptogenys bicolor* (Emery, 1889)

分布：中国（云南、西藏、湖南、福建、广西、广东、海南），印度，缅甸，越南，老挝，柬埔寨，泰国，马来西亚，印度尼西亚。

（5）方结曲颊猛蚁*Gnamptogenys quadrutinodules* Chen et al., 2017

分布：中国（云南、江西、福建）。

3 卷尾猛蚁亚科Proceratiinae

3）盘猛蚁属*Discothyrea* Roger, 1863

（6）版纳盘猛蚁*Discothyrea banna* Xu et al., 2014

分布：中国（云南、江西）。

（7）滇盘猛蚁*Discothyrea diana* Xu et al., 2014

分布：中国（云南）。

4）卷尾猛蚁属 *Proceratium* Roger, 1863

（8）长腹卷尾猛蚁*Proceratium longigaster* Karavaiev, 1935

分布：中国（云南、湖南、浙江），越南。

（9）龙门卷尾猛蚁*Proceratium longmenense* Xu, 2006

分布：中国（云南）。

（10）赵氏卷尾猛蚁*Proceratium zhaoi* Xu, 2000

分布：中国（云南）。

4 猛蚁亚科Ponerinae

5）钩猛蚁属*Anochetus* Mayr, 1861

（11）玛氏钩猛蚁*Anochetus madaraszi* Mayr, 1897

分布：中国（云南、广西），印度，孟加拉国，斯里兰卡，菲律宾。

（12）小眼钩猛蚁*Anochetus subcoecus* Forel, 1912

分布：中国（云南、西藏、台湾、广西）。

6）短猛蚁属*Brachyponera* Emery, 1900

（13）黄足短猛蚁*Brachyponera luteipes* (Mayr, 1862)

分布：中国（云南、四川、贵州、陕西、北京、河北、山东、河南、安徽、江苏、上海、浙江、湖北、湖南、江西、福建、台湾、广西、广东、香港、澳门、海南），日本，印度，孟加拉国，斯里兰卡，缅甸，越南，老挝，泰国，菲律宾，马来西亚，婆罗洲，印度尼西亚，密克罗尼西亚，帕劳，新西兰。

（14）黑色短猛蚁*Brachyponera nigrita* (Emery, 1895)

分布：中国（云南、台湾），印度，尼泊尔，缅甸，越南，泰国。

7）中盲猛蚁属*Centromyrmex* Mayr, 1866

（15）费氏中盲猛蚁*Centromyrmex feae* (Emery, 1889)

分布：中国（云南、贵州、台湾、广西、广东、香港），印度，斯里兰卡，缅甸，越南，老挝，柬埔寨，泰国，菲律宾，印度尼西亚。

8）隐猛蚁属*Cryptopone* Emery, 1892

（16）邵氏隐猛蚁*Cryptopone sauteri* (Wheeler, 1906)

分布：中国（云南、四川、贵州、湖北、湖南、浙江、广西），朝鲜，韩国，日本。

9）扁头猛蚁属*Ectomomyrmex* Mayr, 1867

（17）敏捷扁头猛蚁*Ectomomyrmex astutus* (Smith, 1858)

分布：中国（云南、四川、贵州、甘肃、陕西、北京、河北、山东、河南、安徽、江苏、上海、浙江、湖北、江西、福建、台湾、广西、广东、香港、澳门、海南），朝鲜，韩国，日本，印度，缅甸，越南，泰国，马来西亚，婆罗洲，印度尼西亚，澳大利亚。

（18）爪哇扁头猛蚁*Ectomomyrmex javanus* Mayr, 1867

分布：中国（云南、贵州、北京、山东、湖北、湖南、浙江、江西、福建、台湾、广西、广东、香港），朝鲜，韩国，日本，印度，越南，柬埔寨，菲律宾，印度尼西亚。

（19）列氏扁头猛蚁*Ectomomyrmex leeuwenhoeki* (Forel, 1886)

分布：中国（云南、贵州、甘肃、广西、广东、海南），印度，孟加拉国，越南，老挝，泰国，菲律宾，马来西亚，婆罗洲，印度尼西亚。

（20）邵氏扁头猛蚁*Ectomomyrmex sauteri* (Forel, 1912)

分布：中国（云南、西藏、陕西、浙江、湖南、台湾），日本。

（21）郑氏扁头猛蚁*Ectomomyrmex zhengi* Xu, 1996

分布：中国（云南、西藏）。

10）真猛蚁属*Euponera* Forel, 1891

（22）多毛真猛蚁*Euponera pilosior* Wheeler, 1928

分布：中国（云南、四川、贵州、澳门），韩国，日本。

11）姬猛蚁属*Hypoponera* Santschi, 1938

（23）邻姬猛蚁*Hypoponera confinis* (Roger, 1860)

分布：中国（云南、西藏、广西、广东），印度，孟加拉国，斯里兰卡，菲律宾；东南亚地区。

（24）日本姬猛蚁*Hypoponera nippona* (Santschi, 1937)

分布：中国（云南、西藏、四川、湖南、湖北、台湾），日本。

（25）刻点姬猛蚁*Hypoponera punctatissima* (Roger, 1859)

分布：中国（云南、台湾），俄罗斯，日本，斯里兰卡；东南亚，澳大利亚，西亚地区，欧洲，非洲，北美洲，南美洲。

（26）邵氏姬猛蚁*Hypoponera sauteri* Wheeler, 1929

分布：中国（云南、西藏、四川、贵州、陕西、河南、安徽、湖北、湖南、江西、台湾、广西、广东），朝鲜，韩国，日本。

（27）平截姬猛蚁*Hypoponera truncata* (Smith, 1860)

分布：中国（云南、台湾），印度，马来西亚，婆罗洲，印度尼西亚，苏拉威西。

12）**细颚猛蚁属***Leptogenys* Roger, 1861

（28）宾氏细颚猛蚁*Leptogenys binghamii* Forel, 1900

分布：中国（云南、广西），印度，缅甸。

（29）缅甸细颚猛蚁*Leptogenys birmana* Forel, 1900

分布：中国（云南），印度，孟加拉，缅甸，越南，柬埔寨，泰国。

（30）基氏细颚猛蚁*Leptogenys kitteli* (Mayr, 1870)

分布：中国（云南、四川、贵州、浙江、湖北、湖南、江西、福建、台湾、广西、广东、香港、海南），印度，缅甸，越南，泰国，马来西亚，婆罗洲，印度尼西亚。

（31）光亮细颚猛蚁*Leptogenys lucidula* Emery, 1894

分布：中国（云南），印度，缅甸，越南，柬埔寨。

（32）孟子细颚猛蚁*Leptogenys mengzii* Xu, 2000

分布：中国（云南、西藏）。

（33）红色细颚猛蚁*Leptogenys rufida* Zhou et al., 2012

分布：中国（云南、浙江、广西）。

13）**小眼猛蚁属***Myopias* Roger, 1861

（34）锥头小眼猛蚁*Myopias conicara* Xu, 1998

分布：中国（云南、西藏），越南。

14）**大齿猛蚁属***Odontomachus* Latreille, 1804

（35）环纹大齿猛蚁*Odontomachus circulus* Wang, 1993

分布：中国（云南、西藏、四川）。

（36）光亮大齿猛蚁*Odontomachus fulgidus* Wang, 1993

分布：中国（云南、贵州、湖南、广西、广东）。

（37）粒纹大齿猛蚁*Odontomachus granatus* Wang, 1993

分布：中国（云南、福建、广西、广东）。

15）**齿猛蚁属***Odontoponera* Mayr, 1862

（38）横纹齿猛蚁*Odontoponera transversa* (Smith, 1857)

分布：中国（云南），泰国，菲律宾，马来西亚，新加坡，婆罗洲，印度尼西亚。

16）**宽猛蚁属***Platythyrea* Roger, 1863

（39）平行宽猛蚁*Platythyrea parallela* (Smith, 1859)

分布：中国（云南），印度，孟加拉国，斯里兰卡，越南，老挝，泰国，菲律宾，澳大利亚；东南亚。

17）**猛蚁属***Ponera* Latreille, 1804

（40）坝湾猛蚁*Ponera bawana* Xu, 2001

分布：中国（云南）。

（41）二齿猛蚁*Ponera diodonta* Xu, 2001

分布：中国（云南、西藏）。

（42）广西猛蚁*Ponera guangxiensis* Zhou, 2001

分布：中国（云南、香港、广西）。

（43）粗柄猛蚁*Ponera paedericera* Zhou, 2001

分布：中国（云南、四川、广西）。

（44）五齿猛蚁*Ponera pentodontos* Xu, 2001

分布：中国（云南、陕西）。

（45）片马猛蚁*Ponera pianmana* Xu, 2001

分布：中国（云南、西藏、四川）。

（46）黄色猛蚁*Ponera xantha* Xu, 2001

分布：中国（云南）。

5 粗角蚁亚科Cerapachyinae

18）**粗角猛蚁属** *Cerapachys* Smith, 1857

（47）槽结粗角蚁*Cerapachys sulcinodis* Emery, 1889

分布：中国（云南、西藏、四川、贵州、甘肃、湖北、湖南、福建、广西、广东、香港、海南），印度，缅甸，越南，老挝，菲律宾，印度尼西亚。

19）**金粗角蚁属***Chrysapace* Crawley, 1924

（48）纵脊金粗角蚁*Chrysapace costatus* (Bharti & Wachkoo, 2013)

分布：中国（云南、广西），印度，越南，泰国。

6 行军蚁亚科Dorylinae

20）**行军蚁属***Dorylus* Fabricius, 1793

（49）东方行军蚁*Dorylus orientalis* Westwood, 1835

分布：中国（云南、四川、重庆、贵州、浙江、湖南、江西、福建、广西、广东、海南），巴基斯坦，印度，尼泊尔，孟加拉国，斯里兰卡，缅甸，越南，泰国，马来西亚，婆罗洲，印度尼西亚。

7 盲蚁亚科Aenictinae

21）**盲蚁属***Aenictus* Shuckard, 1840

（50）锡兰盲蚁*Aenictus ceylonicus* (Mayr, 1866)

分布：中国（云南），印度，斯里兰卡。

（51）齿突盲蚁*Aenictus dentatus* Forel, 1911

分布：中国（云南、湖南、广西、广东），印度，泰国，马来西亚，婆罗洲，印度尼西亚。

（52）霍氏盲蚁*Aenictus hodgsoni* Forel, 1901

分布：中国（云南、浙江、江西、广西、广东），印度，缅甸，越南，老挝，柬埔寨，泰国，印度尼西亚。

（53）光头盲蚁*Aenictus laeviceps* (Smith, 1857)

分布：中国（云南、四川、安徽、江苏、浙江、湖北、湖南、江西、福建、广西、广东、海南），印度，孟加拉国，缅甸，越南，泰国，菲律宾，马来西亚，新加坡，婆罗洲，印度尼西亚。

（54）近齿盲蚁*Aenictus paradentatus* Jaitrong et al., 2012

分布：中国（云南），越南，老挝，泰国。

（55）瓦氏盲蚁*Aenictus watanasiti* Jaitrong & Yamane, 2013

分布：中国（云南、贵州），越南，泰国。

8 伪切叶蚁亚科Pseudomyrmecinae

22）**细长蚁属***Tetraponera* Smith, 1852

（56）飘细长蚁*Tetraponera allaborans* (Walker, 1859)

分布：中国（云南、四川、湖北、湖南、福建、台湾、广西、香港、海南），巴基斯坦，印度，尼泊尔，孟加拉国，斯里兰卡，缅甸，越南，老挝，柬埔寨，泰国，菲律宾，澳大利亚；东南亚。

（57）无缘细长蚁*Tetraponera amargina* Xu & Chai, 2004

分布：中国（云南、浙江）。

（58）狭唇细长蚁*Tetraponera attenuata* Smith, 1877

分布：中国（云南、湖南、台湾、广西、广东），日本，印度，缅甸，越南，老挝，柬埔寨，泰国，菲律宾，马来西亚，婆罗洲，印度尼西亚。

（59）叉唇细长蚁*Tetraponera furcata* Xu & Chai, 2004

分布：中国（云南）。

9 切叶蚁亚科Myrmicinae

23）**盘腹蚁属**_Aphaenogaster_ Mayr, 1853

（60）凯氏盘腹蚁*Aphaenogaster caeciliae* Viehmeyer, 1922

分布：中国（云南、四川、甘肃、宁夏、陕西、河南）。

（61）贝卡盘腹蚁*Aphaenogaster beccarii* Emery, 1887

分布：中国（云南、西藏、四川、浙江、湖南、福建、广西、广东），印度，斯里兰卡，印度尼西亚。

（62）家盘腹蚁*Aphaenogaster famelica* (Smith, 1874)

分布：中国（云南、四川、福建），俄罗斯，朝鲜，韩国，日本。

（63）费氏盘腹蚁*Aphaenogaster feae* Emery, 1889

分布：中国（云南、西藏、湖南、福建、广西、广东），缅甸，印度。

（64）日本盘腹蚁*Aphaenogaster japonica* Forel, 1911

分布：中国（云南、四川、陕西、辽宁、北京、山东、河南、安徽、湖北、广西），俄罗斯，朝鲜，韩国，日本。

（65）温雅盘腹蚁*Aphaenogaster lepida* Wheeler, 1929

分布：中国（云南、西藏、湖南、台湾、广东）。

（66）舒尔盘腹蚁*Aphaenogaster schurri* (Forel, 1902)

分布：中国（云南、四川），印度，缅甸。

（67）玄天盘腹蚁*Aphaenogaster xuantian* Terayama, 2009

分布：中国（云南、台湾）。

24）**心结蚁属**_Cardiocondyla_ Emery, 1869

（68）木心结蚁*Cardiocondyla itsukii* Seifert et al., 2017

分布：中国（云南、广西），日本，印度，尼泊尔，不丹，斯里兰卡，泰国，菲律宾，印度尼西亚，夏威夷，基里巴斯，留尼汪。

（69）火神心结蚁*Cardiocondyla kagutsuchi* Terayama, 1999

分布：中国（云南、台湾、广西），日本，印度，尼泊尔，不丹，斯里兰卡，越南，泰国，菲律宾；东南亚。

（70）罗氏心结蚁*Cardiocondyla wroughtonii* (Forel, 1890)

分布：中国（云南、四川、贵州、福建、台湾、广西、广东），日本，印度，斯里兰卡，越南，老挝，柬埔寨，泰国，菲律宾，澳大利亚；东南亚，西亚地区，非洲，北美洲，南美洲。

25）**重头蚁属**_Carebara_ Westwood, 1840

（71）近缘重头蚁*Carebara affinis* (Jerdon, 1851)

分布：中国（云南、台湾、广西、广东、香港），印度，孟加拉国，斯里兰卡，缅甸，老挝，泰国，菲律宾，马来西亚，婆罗洲，印度尼西亚，澳大利亚。

（72）高结重头蚁*Carebara altinodus* (Xu, 2003)

分布：中国（云南、西藏、江西）。

（73）双角重头蚁*Carebara bihornata* (Xu, 2003)

分布：中国（云南）。

（74）黑沟重头蚁*Carebara melasolena* (Zhou & Zheng, 1997)

分布：中国（云南、四川、浙江、湖北、湖南、江西、广西、海南）。

（75）钝齿重头蚁*Carebara obtusidenta* (Xu, 2003)

分布：中国（云南、西藏、四川、湖南），印度。

（76）直背重头蚁*Carebara rectidorsa* (Xu, 2003)

分布：中国（云南）。

（77）纹头重头蚁*Carebara reticapita* (Xu, 2003)

分布：中国（云南）。

26）**沟纹蚁属***Cataulacus* Smith, 1854

（78）粒沟纹蚁*Cataulacus granulatus* (Latreille, 1802)

分布：中国（云南、湖南、广西、广东、海南），印度，尼泊尔，斯里兰卡，缅甸，越南，老挝，柬埔寨，泰国，马来西亚，新加坡，婆罗洲，印度尼西亚。

（79）红足沟纹蚁*Cataulacus taprobanae* Smith, 1853

分布：中国（云南、福建、广西、广东、海南），印度，斯里兰卡。

27）**举腹蚁属***Crematogaster* Lund, 1831

（80）煤黑举腹蚁*Crematogaster anthracina* Smith, 1857

分布：中国（云南、湖北、湖南、广西），缅甸，马来西亚，新加坡，婆罗洲，印度尼西亚。

（81）比罗举腹蚁*Crematogaster biroi* Mayr, 1897

分布：中国（云南、河南、山东、安徽、浙江、湖南、福建、台湾、广西、广东），巴基斯坦，印度，斯里兰卡。

（82）棕色举腹蚁*Crematogaster brunnea* Smith, 1857

分布：中国（云南、西藏），印度，斯里兰卡，马来西亚，婆罗洲，印度尼西亚。

（83）乌木举腹蚁*Crematogaster ebenina* Forel, 1902

分布：中国（海南、云南、西藏），印度，缅甸。

（84）立毛举腹蚁*Crematogaster ferrarii* Emery, 1887

分布：中国（云南、西藏、四川、湖南、广西、广东），老挝，柬埔寨，马来西亚，婆罗洲，印度尼西亚，喀拉喀托岛。

（85）澳门举腹蚁*Crematogaster macaoensis* Wu & Wang, 1995

分布：中国（云南、广西、广东、海南）。

（86）玛氏举腹蚁*Crematogaster matsumurai* Forel, 1901

分布：中国（云南、陕西、辽宁、河北、山东、安徽、江苏、湖北、湖南、福建、台湾），朝鲜，韩国，日本。

（87）大阪举腹蚁*Crematogaster osakensis* Forel, 1896

分布：中国（云南、西藏、四川、陕西、山西、安徽、上海、浙江、湖北、湖南、江西、广西），朝鲜，韩国，日本。

（88）光亮举腹蚁*Crematogaster politula* Forel, 1902

分布：中国（云南、西藏、贵州），印度，孟加拉国。

（89）黑褐举腹蚁*Crematogaster rogenhoferi* Mayr, 1879

分布：中国（云南、西藏、甘肃、安徽、江苏、浙江、湖南、江西、福建、台湾、广西、广东、海南），印度，斯里兰卡，缅甸，越南，老挝，泰国，菲律宾，马来西亚，婆罗洲，印度尼西亚。

（90）罗思尼举腹蚁*Crematogaster rothneyi* Mayr, 1879

分布：中国（云南、四川、福建），巴基斯坦，印度，孟加拉国，斯里兰卡，缅甸，越南，柬埔寨，泰国，菲律宾，印度尼西亚。

（91）特拉凡举腹蚁*Crematogaster travancorensis* Forel, 1902

分布：中国（云南），印度。

（92）秋布举腹蚁*Crematogaster treubi* Emery, 1896

分布：中国（云南），缅甸，老挝，柬埔寨，泰国，马来西亚，印度尼西亚，文莱。

（93）沃尔什举腹蚁*Crematogaster walshi* Forel, 1902

分布：中国（云南、四川），印度，斯里兰卡，越南。

（94）上海举腹蚁*Crematogaster zoceensis* Santschi, 1925

分布：中国（云南、四川、河北、河南、山东、安徽、上海、浙江、湖南、江西、福建）。

28）**双凸蚁属**Dilobocondyla Santschi, 1910

（95）江口双凸蚁*Dilobocondyla eguchii* Bharti & Kumar, 2013

分布：中国（云南），越南。

29）**摇蚁属**Erromyrma Bolton & Fisher, 2016

（96）宽结摇蚁*Erromyrma latinodis* (Mayr, 1872)

分布：中国（云南、西藏、四川、湖北、湖南、福建、台湾），日本，印度，孟加拉国，斯里兰卡，泰国，马达加斯加，新西兰；东南亚，非洲。

30）**高黎贡蚁属**Gaoligongidris Xu, 2012

（97）平背高黎贡蚁*Gaoligongidris planodorsa* Xu, 2012

分布：中国（云南）。

31）**棱结蚁属**Gauromyrmex Menozzi, 1933

（98）棘棱结蚁*Gauromyrmex acanthinus* (Karavaiev, 1935)

分布：中国（云南、西藏、四川、山东、安徽、浙江、湖北、湖南、台湾、广西），印度，越南。

32）**无刺蚁属**Kartidris Bolton, 1991

（99）母卫无刺蚁*Kartidris matertera* Bolton, 1991

分布：中国（云南），泰国。

33）**冠胸蚁属**Lophomyrmex Emery, 1892

（100）贝氏冠胸蚁*Lophomyrmex bedoti* Emery, 1893

分布：中国（云南），印度，孟加拉国，斯里兰卡，泰国，菲律宾，马来西亚，婆罗洲，印度尼西亚。

（101）四刺冠胸蚁*Lophomyrmex quadrispinosus* (Jerdon, 1851)

分布：中国（云南），印度，斯里兰卡，印度尼西亚。

34）**弯蚁属**Lordomyrma Emery, 1897

（102）不丹弯蚁*Lordomyrma bhutanensis* (Baroni Urbani, 1977)

分布：中国（云南、西藏、四川、陕西），尼泊尔，不丹。

35）**小家蚁属**Monomorium Mayr, 1855

（103）中华小家蚁*Monomorium chinense* Santschi, 1925

分布：中国（云南、西藏、四川、北京、河北、山西、山东、安徽、江苏、上海、浙江、湖南、江西、福建、广西、广东），朝鲜，韩国，日本，越南，泰国，密克罗尼西亚。

（104）东方小家蚁*Monomorium orientale* Mayr, 1879

分布：中国（云南、西藏、浙江、广东），印度，孟加拉国，缅甸，菲律宾。

（105）法老小家蚁*Monomorium pharaonis* (Linnaeus, 1758)

分布：中国（云南、西藏、四川、新疆、宁夏、黑龙江、辽宁、河北、河南、江苏、浙江、湖北、湖南、福建、台湾、广西、广东、海南）；亚洲，欧洲，非洲，大洋洲，北美洲，南美洲。

36）**双脊蚁属**Myrmecina Curtis, 1829

（106）弯刺双脊蚁*Myrmecina curvispina* Zhou et al., 2008

分布：中国（云南、广西），越南。

（107）少节双脊蚁*Myrmecina pauca* Huang et al., 2008

分布：中国（云南、湖南）。

（108）邵氏双脊蚁*Myrmecina sauteri* Forel, 1912

分布：中国（云南、浙江、江西、台湾、广西）。

（109）中华双脊蚁*Myrmecina sinensis* Wheeler, 1921

分布：中国（云南、辽宁、浙江、广西）。

（110）条纹双脊蚁*Myrmecina striata* Emery, 1889

分布：中国（云南、四川、江苏、广西），印度，斯里兰卡，缅甸。

37）**红蚁属***Myrmica* Latreille, 1804

（111）棒结红蚁*Myrmica bactriana* Ruzsky, 1915

分布：中国（云南、西藏、四川、新疆、青海、甘肃），尼泊尔。

（112）龙红蚁*Myrmica draco* Radchenko et al., 2001

分布：中国（云南、陕西、河南、广西、广东）。

（113）异皱红蚁*Myrmica heterorhytida* Radchenko & Elmes, 2009

分布：中国（云南）。

（114）玛氏红蚁*Myrmica margaritae* Emery, 1889

分布：中国（云南、四川、甘肃、河南、安徽、浙江、湖北、湖南、福建、台湾、广西），印度，缅甸。

（115）近丽红蚁*Myrmica pararitae* Radchenko & Elmes, 2008

分布：中国（云南、四川）。

（116）多皱红蚁*Myrmica pleiorhytida* Radchenko & Elmes, 2009

分布：中国（云南）。

（117）丽塔红蚁*Myrmica ritae* Emery, 1889

分布：中国（云南、四川、贵州），印度，尼泊尔，缅甸，泰国。

（118）皱纹红蚁*Myrmica rugosa* Mayr, 1865

分布：中国（云南、西藏），印度，尼泊尔，不丹，吉尔吉斯斯坦。

38）**大头蚁属***Pheidole* Westwood, 1841

（119）阿伦大头蚁*Pheidole allani* Bingham, 1903

分布：中国（云南），印度，缅甸。

（120）康斯坦大头蚁*Pheidole constanciae* Forel, 1902

分布：中国（云南、广东），印度。

（121）卡泼林大头蚁*Pheidole capellinii* Emery, 1887

分布：中国（云南、四川、湖南、福建、广西、广东），印度，缅甸，越南，印度尼西亚。

（122）长节大头蚁*Pheidole fervens* Smith, 1858

分布：中国（云南、四川、河南、湖南、江西、福建、台湾、广西、广东、海南），日本，印度，斯里兰卡，越南，泰国，菲律宾，伊朗，毛里求斯，美国；东南亚。

（123）亮红大头蚁*Pheidole fervida* Smith, 1874

分布：中国（云南、四川、贵州、河南、安徽、浙江、湖北、湖南、福建、台湾、广西），俄罗斯，朝鲜，韩国，日本，越南，夏威夷。

（124）强壮大头蚁*Pheidole fortis* Eguchi，2006

分布：中国（云南），越南，泰国。

（125）盖氏大头蚁*Pheidole gatesi* (Wheeler，1927)

分布：中国（云南、广西、海南），缅甸，越南，泰国。

（126）印度大头蚁*Pheidole indica* Mayr, 1879

分布：中国（云南、西藏、四川、贵州、河南、安徽、湖北、湖南、福建、台湾、广西、广东），韩国，日本，巴基斯坦，印度，尼泊尔，孟加拉国，斯里兰卡；西亚地区，欧洲，非洲，北美洲，南美洲。

（127）巨大头蚁*Pheidole magna* Eguchi, 2006

分布：中国（云南、广西），越南。

（128）尼特纳大头蚁*Pheidole nietneri* Emery, 1901

分布：中国（云南、西藏），巴基斯坦，印度，斯里兰卡，缅甸。

（129）宽结大头蚁*Pheidole nodus* Smith, 1874

分布：中国（云南、西藏、四川、陕西、辽宁、北京、河北、河南、山东、安徽、江苏、上海、湖北、湖南、浙江、江西、福建、台湾、广西、广东），韩国，日本，印度，孟加拉国，斯里兰卡，越南，泰国，印度尼西亚。

（130）皮氏大头蚁*Pheidole pieli* Santschi, 1925

分布：中国（云南、西藏、四川、贵州、河北、河南、安徽、江苏、上海、浙江、湖北、湖南、广西、广东），韩国，日本，越南，泰国。

（131）斜纹大头蚁*Pheidole plagiaria* Smith, 1860

分布：中国（云南、广西、海南），缅甸，越南，老挝，柬埔寨，泰国，菲律宾，马来西亚，印度尼西亚。

（132）平额大头蚁*Pheidole planifrons* Santschi, 1920

分布：中国（云南），越南，泰国，印度尼西亚。

（133）罗伯特大头蚁*Pheidole roberti* Forel, 1902

分布：中国（云南、西藏、四川、浙江、江西、福建、广东），巴基斯坦，印度，孟加拉国，缅甸，菲律宾。

（134）皱胸大头蚁*Pheidole rugithorax* Eguchi, 2008

分布：中国（云南），缅甸，越南，泰国。

（135）塞奇大头蚁*Pheidole sagei* Forel, 1902

分布：中国（云南、西藏、四川），巴基斯坦，印度，尼泊尔。

（136）膨胀大头蚁*Pheidole tumida* Eguchi, 2008

分布：中国（云南、浙江、广西、香港），越南，老挝，泰国，马来西亚，婆罗洲，印度尼西亚。

（137）维氏大头蚁*Pheidole vieti* Eguchi, 2008

分布：中国（云南），越南。

（138）普通大头蚁*Pheidole vulgaris* Eguchi, 2006

分布：中国（云南、广西、广东），印度，越南，泰国。

（139）上海大头蚁*Pheidole zoceana* Santschi, 1925

分布：中国（云南、上海、湖南），越南，泰国。

39）棱胸蚁属*Pristomyrmex* Mayr, 1886

（140）短刺棱胸蚁*Pristomyrmex brevispinosus* Emery, 1887

分布：中国（云南、西藏、台湾、广西、广东），日本，印度，泰国，菲律宾，马来西亚，婆罗洲，印度尼西亚，喀拉喀托群岛，巴布亚新几内亚。

（141）弯钩棱胸蚁*Pristomyrmex hamatus* Xu & Zhang, 2002

分布：中国（云南）。

（142）刻点棱胸蚁*Pristomyrmex punctatus* (Smith, 1860)

分布：中国（云南、西藏、四川、贵州、陕西、辽宁、河南、山东、安徽、江苏、上海、浙江、湖北、湖南、台湾、广西、广东、海南），朝鲜，韩国，日本，斯里兰卡，越南，老挝，泰国，菲律宾，马来西亚，新加坡，婆罗洲，印度尼西亚，新几内亚，新西兰。

40）角腹蚁属*Recurvidris* Bolton

（143）弯刺角腹蚁*Recurvidris recurvispinosa* (Forel, 1890)

分布：中国（云南、安徽、湖北、湖南、台湾、广西、广东），印度，尼泊尔，斯里兰卡，缅甸，老挝，泰国。

41）火蚁属*Solenopsis* Westwood, 1840

（144）贾氏火蚁*Solenopsis jacoti* Wheeler, 1923

分布：中国（云南、四川、青海、甘肃、宁夏、陕西、北京、河南、山东、安徽、江西、广西、广东）。

（145）亮火蚁*Solenopsis nitens* Bingham, 1903

分布：中国（云南），印度，斯里兰卡。

42）瘤颚蚁属*Strumigenys* Smith, 1860

（146）阿萨姆瘤颚蚁*Strumigenys assamensis* Baroni Urbani & De Andrade, 1994

分布：中国（云南），印度。

（147）吉上瘤颚蚁*Strumigenys kichijo* (Terayama et al., 1996)

分布：中国（云南、湖南、福建、台湾、香港），不丹，越南，泰国。

（148）刘氏瘤颚蚁*Strumigenys lewisi* Cameron, 1886

分布：中国（云南、四川、贵州、陕西、北京、山东、江苏、上海、浙江、湖北、湖南、福建、台湾、广西、广东），朝鲜，韩国，日本，缅甸，越南，菲律宾，纽埃岛，马耳他。

（149）薄帘瘤颚蚁*Strumigenys rallarhina* Bolton, 2000

分布：中国（云南、西藏、广西、香港），越南。

（150）粗瘤颚蚁*Strumigenys strygax* Bolton, 2000

分布：中国（云南），泰国，马来西亚，婆罗洲，印度尼西亚。

（151）沟瘤颚蚁*Strumigenys taphra* (Bolton, 2000)

分布：中国（云南），泰国。

43）**切胸蚁属***Temnothorax* Mayr, 1855

（152）角肩切胸蚁*Temnothorax angulohumerus* Zhou et al., 2010

分布：中国（云南、湖南、广西）。

44）**铺道蚁属***Tetramorium* Mayr, 1855

（153）阿普特铺道蚁*Tetramorium aptum* Bolton, 1977

分布：中国（云南），越南，泰国，马来西亚，婆罗洲，印度尼西亚。

（154）双脊铺道蚁*Tetramorium bicarinatum* (Nylander, 1846)

分布：中国（云南、西藏、四川、贵州、甘肃、浙江、湖南、福建、台湾、广西、广东、海南），韩国，日本，印度，孟加拉国，不丹，斯里兰卡，越南，泰国，菲律宾，澳大利亚，新西兰；东南亚，西亚地区，欧洲，北美洲，南美洲。

（155）毛发铺道蚁*Tetramorium ciliatum* Bolton, 1977

分布：中国（云南），越南，泰国。

（156）光颚铺道蚁*Tetramorium insolens* (Smith, 1861)

分布：中国（云南、西藏、四川、广西），斯里兰卡，老挝，泰国，菲律宾，匈牙利，波兰，美国，墨西哥；东南亚。

（157）凯沛铺道蚁*Tetramorium kheperra* (Bolton, 1976)

分布：中国（云南、西藏、香港），印度，越南，菲律宾，马来西亚，婆罗洲，印度尼西亚，英国。

（178）克氏铺道蚁*Tetramorium kraepelini* Forel, 1905

分布：中国（云南、西藏、四川、陕西、河南、安徽、湖北、湖南、江西、福建、广西、广东），日本，越南，柬埔寨，泰国，菲律宾，婆罗洲，印度尼西亚。

（159）拉帕铺道蚁*Tetramorium laparum* Bolton, 1977

分布：中国（云南、西藏），菲律宾，马来西亚，婆罗洲，印度尼西亚。

（160）日本铺道蚁*Tetramorium nipponense* Wheeler, 1928

分布：中国（云南、西藏、四川、浙江、湖北、湖南、福建、台湾、广西、广东），日本，不丹，越南，柬埔寨，泰国。

（161）钝齿铺道蚁*Tetramorium obtusidens* Viehmeyer, 1916

分布：中国（云南），泰国，菲律宾，马来西亚，新加坡，婆罗洲，印度尼西亚。

（162）全唇铺道蚁*Tetramorium repletum* Wang et al., 1988

分布：中国（云南）。

（163）汤加铺道蚁*Tetramorium tonganum* Mayr, 1870

分布：中国（云南、四川），日本，斯里兰卡，菲律宾，东南亚。

（164）沃尔什铺道蚁*Tetramorium walshi* (Forel, 1890)

分布：中国（云南、四川、湖南、福建、广西、广东），印度，孟加拉国，斯里兰卡，泰国，菲律宾，新加坡。

（165）罗氏铺道蚁Tetramorium wroughtonii (Forel, 1902)

分布：中国（云南、西藏、四川、河南、安徽、湖北、湖南、福建、台湾、广西、广东、海南），印度，越南，泰国，菲律宾，澳大利亚；东南亚。

45）**毛发蚁属**Trichomyrmex Mayr, 1865

（166）迈尔毛发蚁Trichomyrmex mayri (Forel, 1902)

分布：中国（云南、四川、广西、广东），印度，斯里兰卡，缅甸，越南，泰国，马来西亚，印度尼西亚，澳大利亚；非洲，西亚地区。

46）**扁胸蚁属**Vollenhovia Mayr, 1865

（167）埃氏扁胸蚁Vollenhovia emeryi Wheeler, 1906

分布：中国（云南、四川、台湾、广西、广东），朝鲜，韩国，日本，泰国。

（168）褐红扁胸蚁Vollenhovia pyrrhoria Wu & Xiao, 1989

分布：中国（云南、湖北、湖南、广西）。

10 臭蚁亚科Dolichoderinae

47）**时臭蚁属**Chronoxenus Santschi, 1919

（169）小眼时臭蚁Chronoxenus myops (Forel, 1895)

分布：中国（云南、广西），巴基斯坦，印度。

（170）罗氏时臭蚁Chronoxenus wroughtonii (Forel, 1895)

分布：中国（云南、湖南、福建、台湾、广东），印度，斯里兰卡。

48）**臭蚁属**Dolichoderus Lund, 1831

（171）邻臭蚁Dolichoderus affinis Emery, 1889

分布：中国（云南、湖南、广西、广东），印度，缅甸，越南，老挝，菲律宾，马来西亚，婆罗洲，印度尼西亚。

（172）费氏臭蚁Dolichoderus feae Emery, 1889

分布：中国（云南、广东），印度，缅甸，泰国。

（173）鳞结臭蚁Dolichoderus squamanodus Xu, 2001

分布：中国（云南）。

（174）黑腹臭蚁Dolichoderus taprobanae (Smith, 1858)

分布：中国（云南、浙江、湖南、江西、福建、台湾、广西、广东、海南），印度，尼泊尔，孟加拉国，斯里兰卡，缅甸，越南，老挝，泰国，马来西亚，婆罗洲，印度尼西亚。

49）**虹臭蚁属**Iridomyrmex Mayr, 1862

（175）扁平虹臭蚁Iridomyrmex anceps (Roger, 1863)

分布：中国（云南、安徽、上海、浙江、湖北、湖南、江西、福建、台湾、广西、广东、香港），印度，孟加拉国，斯里兰卡，缅甸，越南，老挝，泰国，菲律宾，澳大利亚；东南亚，西亚地区。

50）**凹臭蚁属**Ochetellus Shattuck, 1992

（176）无毛凹臭蚁Ochetellus glaber (Mayr, 1862)

分布：中国（云南、西藏、四川、陕西、河南、山东、安徽、江苏、上海、浙江、湖北、湖南、江西、福建、台湾、广西、广东、澳门、海南），韩国，日本，印度，斯里兰卡，菲律宾，东南亚，澳大利亚，新西兰，美国。

51）**酸臭蚁属**Tapinoma Foerster, 1850

（177）黑头酸臭蚁Tapinoma melanocephalum (Fabricius, 1793)

分布：中国（云南、西藏、四川、重庆、河南、山东、安徽、浙江、湖北、湖南、福建、台湾、广西、广东、香港、澳门、海南）；亚洲，欧洲，非洲，大洋洲，北美洲，南美洲。

52）**狡臭蚁属**Technomyrmex Mayr, 1872

（178）白足狡臭蚁Technomyrmex albipes (Smith, 1861)

分布：中国（云南、贵州、台湾、广西、广东、香港、海南），朝鲜，韩国，日本，印度，孟加拉国，斯里兰卡，越南，老挝，柬埔寨，菲律宾，澳大利亚，夏威夷，丹麦；东南亚，西亚地区，非洲。

（179）长角狡臭蚁*Technomyrmex antennus* Zhou, 2001

分布：中国（云南、西藏、四川、湖北、湖南、广西、广东），越南。

（180）二色狡臭蚁*Technomyrmex bicolor* Emery, 1893

分布：中国（云南、四川、湖北、湖南），印度，斯里兰卡。

（181）高狡臭蚁*Technomyrmex elatior* Forel, 1902

分布：中国（云南、广东），印度，尼泊尔，斯里兰卡，越南，柬埔寨，菲律宾，马来西亚，新加坡，婆罗洲，印度尼西亚，文莱。

（182）普拉特狡臭蚁*Technomyrmex pratensis* (Smith, 1860)

分布：中国（云南、湖南、广西），印度，越南，柬埔寨，泰国，菲律宾，马来西亚，婆罗洲，印度尼西亚。

11 蚁亚科Formicinae

53）**捷蚁属***Anoplolepis* Santschi, 1914

（183）长足捷蚁*Anoplolepis gracilipes* (Smith, 1857)

分布：中国（云南、西藏、福建、台湾、广西、广东、香港、澳门、海南），日本，印度，孟加拉国，斯里兰卡，越南，老挝，柬埔寨，泰国，菲律宾，阿拉伯联合酋长国，澳大利亚，夏威夷，毛里求斯，智利，墨西哥；东南亚。

54）**弓背蚁属***Camponotus* Mayr, 1861

（184）安宁弓背蚁*Camponotus anningensis* Wu & Wang, 1989

分布：中国（云南、西藏、四川、广东）。

（185）侧扁弓背蚁*Camponotus compressus* (Fabricius, 1787)

分布：中国（云南），巴基斯坦，印度，尼泊尔，孟加拉国，斯里兰卡，缅甸，阿富汗。

（186）重庆弓背蚁*Camponotus chongqingensis* Wu & Wang, 1989

分布：中国（云南、四川、贵州、湖北、湖南、广西）。

（187）江华弓背蚁*Camponotus jianghuaensis* Xiao & Wang, 1989

分布：中国（云南、湖南、福建、广西、广东）。

（188）毛钳弓背蚁*Camponotus lasiselene* Wang & Wu, 1994

分布：中国（云南、西藏、湖南、广西、广东），越南，泰国。

（189）白斑弓背蚁*Camponotus leucodiscus* Wheeler, 1919

分布：中国（云南），菲律宾，马来西亚，婆罗洲，印度尼西亚。

（190）平和弓背蚁*Camponotus mitis* (Smith, 1858)

分布：中国（云南、西藏、贵州、陕西、湖北、湖南、江西、福建、广西、广东、香港、澳门、海南），印度，斯里兰卡。

（191）尼科巴弓背蚁*Camponotus nicobarensis* Mayr, 1865

分布：中国（云南、西藏、湖南、福建、台湾、广西、广东、香港、澳门、海南），印度，孟加拉国，越南，老挝，泰国。

（192）巴瑞弓背蚁*Camponotus parius* Emery, 1889

分布：中国（云南、西藏、四川、福建、广西、广东、香港、澳门、海南），印度，孟加拉国，斯里兰卡，缅甸，老挝。

（193）拟哀弓背蚁*Camponotus pseudolendus* Wu & Wang, 1989

分布：中国（云南、四川、广西）。

（194）辐毛弓背蚁*Camponotus radiatus* Forel, 1892

分布：中国（云南），印度。

（195）网纹弓背蚁*Camponotus reticulatus* Roger, 1863

分布：中国（云南），斯里兰卡，东南亚。

（196）西姆森弓背蚁*Camponotus siemsseni* Forel, 1901

分布：中国（云南、西藏、四川、台湾），印度，泰国，印度尼西亚。

（197）金毛弓背蚁 *Camponotus tonkinus* Santschi, 1925

分布：中国（云南、广西、广东），越南。

55）**平头蚁属** *Colobopsis* Mayr, 1861

（198）栗褐平头蚁 *Colobopsis badia* (Smith, 1857)

分布：中国（云南、西藏），印度，斯里兰卡，马来西亚，新加坡，婆罗洲，印度尼西亚。

56）**蚁属** *Formica* Linnaeus, 1758

（199）掘穴蚁 *Formica cunicularia* Latreille, 1798

分布：中国（云南、四川、新疆、青海、甘肃、宁夏、陕西、内蒙古、北京、河北、山西、山东、河南、安徽、湖北、湖南、广西），蒙古国，俄罗斯，印度，巴基斯坦；西亚地区，欧洲。

（200）丝光蚁 *Formica fusca* Linnaeus, 1758

分布：中国（云南、西藏、四川、新疆、青海、甘肃、宁夏、陕西、内蒙古），俄罗斯，巴基斯坦，印度，尼泊尔；西亚地区，欧洲，非洲北部。

（201）亮腹黑褐蚁 *Formica gagatoides* Ruzsky, 1904

分布：中国（云南、西藏、四川、新疆、青海、甘肃、宁夏、陕西、河北、湖北），俄罗斯，日本，印度；欧洲。

57）**毛蚁属** *Lasius* Fabricius, 1804

（202）多色毛蚁 *Lasius coloratus* Santschi, 1937

分布：中国（云南、四川、陕西、台湾），日本。

（203）黄毛蚁 *Lasius flavus* (Fabricius, 1782)

分布：中国（云南、贵州、陕西、新疆、甘肃、宁夏、黑龙江、吉林、辽宁、内蒙古、北京、山西、河南、浙江、湖北、江西、广西、广东、海南），俄罗斯，蒙古国，韩国，日本；西亚地区，欧洲。

（204）喜马毛蚁 *Lasius himalayanus* Bingham, 1903

分布：中国（云南、西藏），巴基斯坦，印度，阿富汗。

（205）东洋毛蚁 *Lasius nipponensis* Forel, 1912

分布：中国（云南、四川、贵州、甘肃、宁夏、陕西、黑龙江、吉林、辽宁、北京、河北、山西、河南、浙江、湖北、湖南、福建、台湾、广西、广东），俄罗斯，朝鲜，韩国，日本。

（206）田鼠毛蚁 *Lasius talpa* Wilson, 1955

分布：中国（云南、台湾），朝鲜，韩国，日本，印度，巴基斯坦。

（207）遮盖毛蚁 *Lasius umbratus* (Nylander, 1846)

分布：中国（云南、四川、新疆、陕西、黑龙江），俄罗斯，朝鲜，韩国，日本；西亚地区，欧洲。

58）**刺结蚁属** *Lepisiota* Santschi, 1926

（208）尖齿刺结蚁 *Lepisiota acuta* Xu, 1994

分布：中国（云南、四川）。

（209）开普刺结蚁 *Lepisiota capensis* (Mayr, 1862)

分布：中国（云南、西藏、四川、贵州、湖南、广西），印度，斯里兰卡，马达加斯加；非洲。

（210）网纹刺结蚁 *Lepisiota reticulata* Xu, 1994

分布：中国（贵州、云南、广西）。

（211）罗思尼刺结蚁 *Lepisiota rothneyi* (Forel, 1894)

分布：中国（云南、西藏、四川、湖北、湖南、福建、台湾、广西、广东、香港、澳门、海南），印度，孟加拉国，缅甸，马来西亚，新加坡。

59）**长齿蚁属** *Myrmoteras* Forel, 1893

（212）宾氏长齿蚁 *Myrmoteras binghamii* Forel, 1893

分布：中国（云南），缅甸，越南，泰国。

60）尼兰蚁属*Nylanderia* Emery, 1906

（213）缅甸尼兰蚁*Nylanderia birmana* (Forel, 1902)

分布：中国（云南、西藏、贵州、福建），印度，缅甸。

（214）布尼兰蚁*Nylanderia bourbonica* (Forel, 1886)

分布：中国（云南、西藏、四川、贵州、陕西、河南、安徽、浙江、湖北、湖南、江西、福建、台湾、广西、广东、海南），印度，孟加拉国，斯里兰卡，东南亚，澳大利亚，毛里求斯，美国，夏威夷；非洲，中美洲。

（215）黄足尼兰蚁*Nylanderia flavipes* (Smith, 1874)

分布：中国（云南、西藏、四川、重庆、贵州、陕西、辽宁、吉林、北京、河北、河南、山东、安徽、江苏、上海、浙江、湖北、湖南、江西、福建、台湾、广西、广东），俄罗斯，朝鲜，韩国，日本，阿拉伯联合酋长国，伊朗，伊比利亚半岛，西班牙，美国。

（216）泰氏尼兰蚁*Nylanderia taylori* (Forel, 1894)

分布：中国（云南、四川、浙江、湖南、福建、广东），印度，孟加拉国，斯里兰卡，越南，印度尼西亚。

61）织叶蚁属*Oecophylla* Smith, 1860

（217）黄猄蚁*Oecophylla smaragdina* (Fabricius, 1775)

分布：中国（云南、福建、台湾、广西、广东、海南），印度，尼泊尔，孟加拉国，斯里兰卡，老挝，柬埔寨，泰国，菲律宾，澳大利亚；东南亚。

62）拟立毛蚁属*Paraparatrechina* Donisthorpe, 1947

（218）尖毛拟立毛蚁*Paraparatrechina aseta* (Forel, 1902)

分布：中国（云南、陕西、湖北、湖南、广西、广东），印度。

（219）孔明拟立毛蚁*Paraparatrechina kongming* (Terayama, 2009)

分布：中国（云南、台湾）。

（220）邵氏拟立毛蚁*Paraparatrechina sauteri* (Forel, 1913)

分布：中国（云南、西藏、四川、贵州、陕西、河南、安徽、浙江、湖北、湖南、江西、台湾、广西、广东、海南），朝鲜，韩国。

63）立毛蚁属*Paratrechina* Motschulsky, 1863

（221）长角立毛蚁*Paratrechina longicornis* (Latreille, 1802)

分布：中国（云南、四川、贵州、浙江、湖南、福建、台湾、广西、广东、香港、澳门、海南），日本，巴基斯坦，印度，尼泊尔，孟加拉国，斯里兰卡，越南，老挝，柬埔寨，泰国，菲律宾，澳大利亚；东南亚，西亚地区，欧洲，非洲，北美洲，南美洲。

64）斜结蚁属*Plagiolepis* Mayr, 1861

（222）阿禄斜结蚁*Plagiolepis alluaudi* Emery, 1894

分布：中国（云南、四川、青海、甘肃、宁夏、陕西、山东、河南、安徽、上海、浙江、湖北、湖南、台湾、广西），日本，印度，伊朗，瑞士，非洲；东南亚。

（223）小黄斜结蚁*Plagiolepis exigua* Forel, 1894

分布：中国（云南、湖南、湖北、福建、台湾），印度，斯里兰卡，阿拉伯联合酋长国，新几内亚，马达加斯加，塞舌尔。

65）多刺蚁属*Polyrhachis* Smith, 1857

（224）阿玛多刺蚁*Polyrhachis armata* (Le Guillou, 1842)

分布：中国（云南、广西、海南），印度，老挝，柬埔寨，泰国，菲律宾，马来西亚，婆罗洲，印度尼西亚。

（225）二色多刺蚁*Polyrhachis bicolor* Smith, 1858

分布：中国（云南、广西），印度，孟加拉，缅甸，越南，老挝，柬埔寨，泰国，菲律宾，澳大利亚；东南亚。

（226）双钩多刺蚁*Polyrhachis bihamata* (Fabricius, 1775)

分布：中国（云南、广西、广东），印度，缅甸，越南，老挝，柬埔寨，泰国，菲律宾，马来西亚，婆罗洲，印度尼西亚，文莱。

（227）缅甸多刺蚁*Polyrhachis burmanensis* Donisthorpe, 1938

分布：中国（云南），缅甸。

（228）双齿多刺蚁*Polyrhachis dives* Smith, 1857

分布：中国（云南、四川、贵州、河北、山东、安徽、江苏、浙江、湖北、湖南、江西、福建、台湾、广西、广东、海南），日本，印度，斯里兰卡，缅甸，越南，老挝，柬埔寨，泰国，菲律宾，澳大利亚；东南亚。

（229）叉多刺蚁*Polyrhachis furcata* Smith, 1858

分布：中国（云南），印度，缅甸，柬埔寨，泰国，菲律宾，马来西亚，婆罗洲，印度尼西亚。

（230）哈氏多刺蚁*Polyrhachis halidayi* Emery, 1889

分布：中国（云南、浙江、福建、广西、广东、海南），印度，缅甸，越南，老挝，泰国。

（231）奇多刺蚁*Polyrhachis hippomanes* Smith, 1861

分布：中国（云南、西藏、贵州），印度，泰国，马来西亚，婆罗洲，印度尼西亚，苏拉威西岛。

（232）伊劳多刺蚁*Polyrhachis illaudata* Walker, 1859

分布：中国（云南、西藏、四川、贵州、陕西、河南、浙江、湖北、湖南、江西、福建、台湾、广西、广东、香港、海南），印度，尼泊尔，孟加拉国，斯里兰卡，老挝，泰国，菲律宾，马来西亚，婆罗洲，印度尼西亚，喀拉喀托群岛。

（233）平滑多刺蚁*Polyrhachis laevigata* Smith, 1857

分布：中国（云南），马来西亚，婆罗洲，印度尼西亚。

（234）拟弓多刺蚁*Polyrhachis paracamponota* Wang & Wu, 1991

分布：中国（云南、广西）。

（235）刻点多刺蚁*Polyrhachis punctillata* Roger, 1863

分布：中国（云南、四川、贵州、广西、广东、海南），印度，斯里兰卡，缅甸，印度尼西亚。

（236）结多刺蚁*Polyrhachis rastellata* (Latreille, 1802)

分布：中国（云南、贵州、浙江、湖北、湖南、江西、台湾、广西、广东、海南），印度，斯里兰卡，泰国，菲律宾，马来西亚，婆罗洲，印度尼西亚，新几内亚。

（237）汤普森多刺蚁*Polyrhachis thompsoni* Bingham, 1903

分布：中国（云南），印度，缅甸。

（238）光胫多刺蚁*Polyrhachis tibialis* Smith, 1858

分布：中国（云南），印度，斯里兰卡，孟加拉国，缅甸，老挝，泰国，马来西亚，婆罗洲，印度尼西亚。

66）前结蚁属*Prenolepis* Mayr, 1861

（239）角胸前结蚁*Prenolepis angularis* Zhou, 2001

分布：中国（云南、河南、浙江、湖北、湖南、广西）。

（240）棒结前结蚁*Prenolepis fustinoda* Williams & LaPolla, 2016

分布：中国（云南、贵州），尼泊尔，泰国。

（241）那氏前结蚁*Prenolepis naoroji* Forel, 1902

分布：中国（云南、四川、贵州、陕西、河南、浙江、湖北、湖南、江西、福建、广西、广东、海南），印度，尼泊尔，斯里兰卡，越南，泰国，菲律宾，马来西亚，印度尼西亚。

67）拟毛蚁属*Pseudolasius* Emery, 1887

（242）污黄拟毛蚁*Pseudolasius cibdelus* Wu & Wang, 1992

分布：中国（云南、贵州、河南、湖北、湖南、福建、广西、广东）。

（243）埃氏拟毛蚁*Pseudolasius emeryi* Forel, 1911

分布：中国（云南、四川、浙江、湖北、福建、广西、广东），印度，缅甸。

（244）西氏拟毛蚁*Pseudolasius silvestrii* Wheeler, 1927

分布：中国（云南、广西），缅甸，越南，柬埔寨，泰国。

（245）扎姆拟毛蚁*Pseudolasius zamrood* Akbar et al., 2017

分布：中国（云南），印度。